TRIZ-basierte Technologiefrüherkennung

Von der Fakultät für Maschinenwesen der Rheinisch-Westfälischen Technischen Hochschule Aachen zur Erlangung des akademischen Grades eines Doktors der Ingenieurwissenschaften genehmigte Dissertation

vorgelegt von

Diplom-Ingenieur Markus Grawatsch

aus

Bergisch Gladbach

Berichter:

Univ.-Prof. Dr.-Ing. Dipl.-Wirt. Ing. Günther Schuh

Univ.-Prof. em. Dr.-Ing. Dipl.-Wirt. Ing. Dr. h.c. mult. Walter Eversheim

Tag der mündlichen Prüfung:

16. August 2005

Fraunhofer Institut
Produktionstechnologie

Berichte aus der Produktionstechnik

Markus Grawatsch

TRIZ-basierte Technologiefrüherkennung

Herausgeber:
Prof. em. Dr.-Ing. Dr. h. c. mult. Dipl.-Wirt. Ing. W. Eversheim
Prof. Dr.-Ing. F. Klocke
Prof. em. Dr.-Ing. Dr. h. c. mult. Prof. h. c. T. Pfeifer
Prof. Dr.-Ing. Dipl.-Wirt. Ing. G. Schuh
Prof. em. Dr.-Ing. Dr.-Ing. E. h. M. Weck
Prof. Dr.-Ing. C. Brecher
Prof. Dr.-Ing. R. Schmitt

Band 19/2005
Shaker Verlag
D 82 (Diss. RWTH Aachen)

Bibliografische Information der Deutschen Bibliothek
Die Deutsche Bibliothek verzeichnet diese Publikation in der Deutschen
Nationalbibliografie; detaillierte bibliografische Daten sind im Internet
über http://dnb.ddb.de abrufbar.

Zugl.: Aachen, Techn. Hochsch., Diss., 2005

Copyright Shaker Verlag 2005
Alle Rechte, auch das des auszugsweisen Nachdruckes, der auszugsweisen
oder vollständigen Wiedergabe, der Speicherung in Datenverarbeitungs-
anlagen und der Übersetzung, vorbehalten.

Printed in Germany.

ISBN 3-8322-4624-X
ISSN 0943-1756

Shaker Verlag GmbH • Postfach 101818 • 52018 Aachen
Telefon: 02407 / 95 96 - 0 • Telefax: 02407 / 95 96 - 9
Internet: www.shaker.de • eMail: info@shaker.de

Vorwort

Die vorliegende Arbeit entstand während meiner Tätigkeit als wissenschaftlicher Mitarbeiter am Fraunhofer-Institut für Produktionstechnologie IPT, Aachen. Hier hatte ich die Möglichkeit, als junger Ingenieur die unterschiedlichsten Aufgaben mit einem Höchstmaß an Eigenverantwortung und Freiheit für unsere Kunden aus der Industrie zu bewältigen. Parallel dazu ermöglichte mir die Dissertation, mich sowohl in die Methoden der technischen Problemlösung als auch des Technologiemanagements detailliert einzuarbeiten und dabei meinen eigenen Horizont zu erweitern.

Ich wünsche mir, dass die Ergebnisse dieser Arbeit Technologiemanager dabei unterstützen, die richtigen Entscheidungen zu treffen, und dass meine Arbeit so einen Beitrag zum technischen Fortschritt leistet.

Mein besonderer Dank gilt Herrn Prof. Eversheim und Herrn Prof. Schuh, die mir das Schreiben dieser Arbeit ermöglichten. Unter Herrn Prof. Eversheim konnte ich meine Arbeit in der Gruppe Innovationsmanagement beginnen und mich mit der TRIZ-Methodik vertraut machen. Der Führungs- und Strategiewechsel durch Herrn Prof. Schuh brachte neue Denkanstöße. So konnte ich die bereits gewonnenen Erkenntnisse und gesammelten Erfahrungen für das Technologiemanagement nutzbar machen.

Vier Jahre harter Arbeit waren dank eines guten Arbeitsklimas vier sehr schöne Jahre. Stellvertretend für alle Kollegen, die den „Laborgeist" lebendig gehalten haben, möchte ich Michael Hilgers, Christian Rosier und Thomas Breuer danken. Insbesondere Letzterer hat durch seine konstruktive Kritik sehr zu meiner Motivation und zur Leistungssteigerung beigetragen. Weiterhin möchte ich meinem Mentor Daniel Spielberg für den Grundstein zu meiner Arbeit, Martin Lammerskötter für die philosophischen Diskussionen, Dr. Jens Schröder und Sebastian Schöning für die inhaltlichen Anmerkungen sowie Frau Romberg für die sprachlichen Korrekturen danken.

Die Arbeit hat zwangsläufig dazu geführt, dass ich viel zu wenig Zeit mit meinen Freunden verbringen konnte. Ich freue mich, dass sie den Kontakt dennoch aufrechterhalten und mich in schweren Stunden immer wieder aufgebaut haben. Vom ersten Semester an bis zur Promotion haben mich Torsten Gerrath und Michael Heselhaus als Lernpartner, Arbeitskollegen und „Leidensgenossen" begleitet und mich immer dabei unterstützt, den „inneren Schweinehund zu überwinden", schwierige Situationen zu reflektieren und nach getaner Arbeit abzuschalten.

Mein besonderer Dank gilt meinen Eltern, die mir durch Ihre Erziehung ein solides Bildungs- und Wertefundament vermittelt haben und gleichzeitig meine freie Entfaltung ermöglichten. Ihnen widme ich diese Arbeit.

Aachen, im Oktober 2005   Markus Grawatsch

A) Verzeichnisse

A)	Verzeichnisse	I
B)	Inhaltsverzeichnis	II
C)	Abbildungsverzeichnis	VI
D)	Abkürzungsverzeichnis	VIII
E)	Literaturverzeichnis	139
F)	Knotenverzeichnis und Ablaufstruktur der Methodik	156

B) Inhaltsverzeichnis

1 Einleitung 1
   1.1 Ausgangssituation und Problemstellung 1
   1.2 Zielsetzung, Lösungsansatz und Eingrenzung 2
   1.3 Wissenschaftstheoretische Charakterisierung der Arbeit 3
   1.4 Vorgehensweise und Aufbau der Arbeit 5

2 Grundlagen und Kennzeichnung der derzeitigen Situation 7
   2.1 Grundlegende Begriffe und Zusammenhänge 7
      2.1.1 Objektbezogene Abgrenzung 7
         2.1.1.1 Technologie 7
         2.1.1.2 Potenzial von (Produkt-) Technologien 8
         2.1.1.3 Bezugsrahmen der Forschungsarbeit 9
      2.1.2 Prozessbezogene Abgrenzung 12
         2.1.2.1 Technologiemanagement 12
         2.1.2.2 Technologiefrüherkennung 13
         2.1.2.3 Einordnung der Technologiefrüherkennung 14
      2.1.3 Subjektbezogene Abgrenzung 16
   2.2 Analyse und kritische Würdigung relevanter Ansätze 18
      2.2.1 Extrapolierende Früherkennungsmethoden 18
         2.2.1.1 Das S-Kurven-Konzept und das Lebenszyklusmodell 19
         2.2.1.2 Trendextrapolation und Trendanalyse 22
      2.2.2 Normative Früherkennungsmethoden 22
         2.2.2.1 Szenariotechnik 23
         2.2.2.2 Delphi-Methode 24
         2.2.2.3 Relevanzbaum-Methode und Trend-Auswirkungs-Analyse 24
      2.2.3 Integrierende Früherkennungskonzepte 25
         2.2.3.1 Technology-Roadmapping 26
         2.2.3.2 Portfolio-Analyse 27

	2.2.3.3	Technologiefrühaufklärung nach PEIFFER	28
	2.2.3.4	Frühaufklärung nach KLOPP und HARTMANN	28
	2.2.3.5	Frühaufklärung nach KRYSTEK und MÜLLER-STEWENS	29
2.3		Analyse adaptierbarer Ansätze	31
	2.3.1	Systemtechnik	31
	2.3.2	Morphologie	32
	2.3.3	TRIZ – die Theorie des erfinderischen Problemlösens	33
2.4		Forschungsbedarf und Lösungshypothese	37
3		Konzeption der Methodik	40
3.1		Systemtechnische Analyse des Untersuchungsbereichs	41
3.2		Voraussetzung für die Methodikanwendung	43
	3.2.1	Zielsystem der Methodik	43
	3.2.2	Inhaltliche Anforderungen an die Methodik	44
	3.2.3	Formale Anforderungen an die Methodik	46
3.3		Modellsystem der Methodik	48
	3.3.1	Grundlagen der Modelltheorie	48
	3.3.2	Modellierung der Aufbaustruktur	50
3.4		Modellierung der Ablaufstruktur	53
	3.4.1	Das Vorgehensmodell des Systems Engineering	53
	3.4.2	Das Grobkonzept der Ablaufstruktur	55
	3.4.2.1	Prozessschritt „Informationsbedarf bestimmen"	56
	3.4.2.2	Prozessschritt „Technologien recherchieren"	58
	3.4.2.3	Prozessschritt „Entwicklungen antizipieren"	58
	3.4.2.4	Prozessschritt „Erkenntnisse kommunizieren"	59
	3.4.3	Auswahl der Modellierungsmethode	61
3.5		Zwischenfazit: Grobkonzept der Methodik	63
4		Detaillierung der Methodik	64
4.1		Informationsbedarf bestimmen	65
	4.1.1	Systemtechnische Strukturierung des Suchbereichs	65

4.1.2	Funktionale Systembeschreibung	70
4.1.3	Morphologischer Ansatz zur Definition des Suchraums	71
4.1.4	Das Modell des Suchbereichs	72
4.2	Technologien recherchieren	74
4.2.1	Rechercheobjekte	75
4.2.2	Lebenszyklusmodell	75
4.2.3	Indikatoren des Lebenszyklusmodells	77
4.2.4	Informationsquellen	80
4.2.5	Recherchestrategien	81
4.3	Entwicklungen antizipieren	85
4.3.1	Modell der Leistungsgrenze	85
4.3.1.1	Definition der technologischen Leistungsfähigkeit	85
4.3.1.2	Das Modell der technologischen Leistungsfähigkeit	87
4.3.1.3	Berechnungsvorschriften für die Leistungsgrenze	91
4.3.1.4	Bestimmung des S-Kurven-Verlaufs	93
4.3.2	Evolutionsmodell	95
4.3.2.1	Anforderungen zur Auswahl von Evolutionsprinzipien	96
4.3.2.2	Sammlung von Evolutionsprinzipien	98
4.3.2.3	Auswahl von Evolutionsprinzipien	99
4.3.2.4	Vorgehensmodell zur Erarbeitung von Entwicklungsmöglichkeiten	104
4.3.3	Potenzialmodell	107
4.3.3.1	Bewertungsdimensionen für das Potenzial von Technologien	109
4.3.3.2	Transformation der S-Kurven-Darstellung in die Portfolio-Darstellung	112
4.4	Zwischenfazit: Detaillierung der Methodik	114
5	Fallbeispiel	116
5.1	Methodenbeispiele der TRIZ-basierten Technologiefrüherkennung	116
5.1.1	Das Potenzial der Schraubenvakuumpumpe	116
5.1.2	Das Potenzial der Brennstoffzelle als portable Energiequelle	121
5.1.3	Suchbereich	121

- 5.1.4 Lebenszyklus 124
- 5.1.5 Technologische Leistungsfähigkeit 126
- 5.1.6 Entwicklungsmöglichkeiten. 127
- 5.1.7 Technologische Leistungsgrenze 129
- 5.1.8 Technologisches Potenzial 132
- 5.2 Fazit aus den Methodenbeispielen 135
- 6 Zusammenfassung 136

C) Abbildungsverzeichnis

Bild 1-1:	Ausgangssituation, Problemstellung und Zielsetzung der Forschungsarbeit	3
Bild 1-2:	Realwissenschaftliche Charakterisierung der Forschungsarbeit	4
Bild 1-3:	Forschungsprozess und Aufbau der Arbeit	5
Bild 2-1:	Vorgehensweise des Grundlagenkapitels	7
Bild 2-2:	Branchenstrukturanalyse und Wettbewerbsstrategien nach PORTER	10
Bild 2-3:	Bezugsrahmen der Forschungsarbeit	11
Bild 2-4:	Einordnung der Technologiefrüherkennung in das Technologiemanagement	14
Bild 2-5:	Integriertes Technologiemanagement	15
Bild 2-6:	S-Kurven-Konzept technologischer Entwicklung	19
Bild 2-7:	Die S-Kurve und korrelierende Kurven	20
Bild 2-8:	Indikatoren für die Lebenszyklusphase einer Technologie	21
Bild 2-9:	Vorgehen bei der Szenario-Erstellung	23
Bild 2-10:	Auszug eines Relevanzbaums zur Effizienzsteigerung von Automobilen	25
Bild 2-11:	Beispiel einer Projekt-Roadmap	26
Bild 2-12:	Technologieportfolio nach PFEIFFER	28
Bild 2-13:	Technologiefrühaufklärungsprozess nach PEIFFER	29
Bild 2-14:	Phasen und Methoden des Fledermaus-Prinzips	29
Bild 2-15:	Begriffe der Systemtechnik	31
Bild 2-16:	Morphologischer Kasten	33
Bild 2-17:	Grundprinzip der TRIZ-Methodik	34
Bild 2-18:	Darstellung des Potenzials einer Technologie im S-Kurven-Modell	38
Bild 3-1:	Vorgehensweise zur Konzeption der Methodik	40
Bild 3-2:	Systemtechnische Darstellung des Untersuchungsbereichs	41
Bild 3-3:	Vorgehen bei der Erstellung des Anforderungsprofils	43
Bild 3-4:	Zielsystem der Methodik	44
Bild 3-5:	Inhaltliche Anforderungen	45
Bild 3-6:	Formale Anforderungen	47
Bild 3-7:	Grundlagen der allgemeinen Modelltheorie	49
Bild 3-8:	Aufbaustruktur der Methodik	51
Bild 3-9:	Verknüpfung zwischen Zielsystem und Aufbaustruktur	52
Bild 3-10:	Die vier Grundgedanken des Systems Engineering	54

Verzeichnisse

Bild 3-11:	Ablaufstruktur der Methodik	55
Bild 3-12:	Modifizierte IDEF0 Modellierung	62
Bild 4-1:	Vorgehensweise zur Detaillierung der Methodik	64
Bild 4-2:	Das Konzept 9-Windows im Vergleich zur Systemtheorie	66
Bild 4-3:	Systemhierarchisches Beschreibungsmodell	69
Bild 4-4:	Modell des Suchbereichs	72
Bild 4-5:	Zielsystem der Recherche	74
Bild 4-6:	Indikatoren des Lebenszyklusmodells	78
Bild 4-7:	Zuordnung von Rechercheobjekt zu Informationsquelle	82
Bild 4-8:	Technologische Grenze am Beispiel des Moore'schen Gesetzes	86
Bild 4-9:	Technologische Grenze am Beispiel Wärmekraftmaschinen und Brennstoffzellen	87
Bild 4-10:	Modell für die Korrelation zwischen Leistungsparametern.	89
Bild 4-11:	Modell der technologischen Leistungsfähigkeit	91
Bild 4-12:	Funktionale Bestimmung des S-Kurven-Verlaufs	94
Bild 4-13:	Vorgehen zur Entwicklung des Modells zur Erarbeitung von Entwicklungsmöglichkeiten	95
Bild 4-14:	Auswahl und Gruppierung der Evolutionsprinzipien	100
Bild 4-15:	Evolutionsgesetze	102
Bild 4-16:	Das Evolutionsmodell	103
Bild 4-17:	Vorgehensmodell zur Erarbeitung von Entwicklungsmöglichkeiten	105
Bild 4-18:	Aggregation der Einzelinformationen zum Technologiepotenzial	108
Bild 4-19:	Bewertungsmodell für das Potenzial von Technologien	110
Bild 4-20:	Portfolio zur Bewertung des Potenzials von Produkttechnologien	113
Bild 5-1:	Systemtechnische Darstellung des Suchraumes durch Systemebenen	118
Bild 5-2:	Entwicklung und technologische Grenze der Schraubenvakuumpumpe	119
Bild 5-3:	Potenzialbewertung durch Portfoliodarstellung	120
Bild 5-4:	Modell des Suchbereichs für die Brennstoffzelle	122
Bild 5-5:	Positionierung der Technologien auf der Lebenszykluskurve	125
Bild 5-6:	Technologische Leistungsfähigkeit	126
Bild 5-7:	Entwicklungsmöglichkeiten für Brennstoffzelle und Akkumulator	128
Bild 5-8:	Maximale Leistungsfähigkeit der Brennstoffzelle	130
Bild 5-9:	Maximale Leistungsfähigkeit des Akkumulators	132
Bild 5-10:	Potenzial der Brennstoffzellen- und Akkumulator-Technologie	133

D) Abkürzungsverzeichnis

η	Wirkungsgrad
∞	Unendlich
$f()$	Funktion (von)
ΔH	Reaktionsenthalpie
ΔS	Reaktionsenthropie
€	Euro
A	Ampere oder Wert für die anfängliche Leistung
ARIS	Architektur Integrierter Informationssysteme
b	Parameter
BMBF	Bundesministerium für Bildung und Forschung
c	Korrelationswert
c^i	neuer Korrelationswert
DFG	Deutsche Forschungsgemeinschaft
E	Emissionen
EU	Europäische Union
F&E	Forschung und Entwicklung
f.	folgende Seite
G	Giga oder Wert für die Leistungsgrenze
H	Wert für die historische Leistung
I	Input (Eingang) oder Wert für die Ist-Leistung
IDEF	Integrated Computer Aided Manufacturing Program Definition
inno	durch Innovation bedingt
ist	Ist-Zustand
j	ja
K	Kilo oder Kosten
k	natürliche Zahl; Kilo-
kg	Kilogramm
l	Liter
lim	Grenzwert (für t gegen Undendlich)
M	Mega

m	Parameter, Milli-, Meter oder Masse
max	maximal
min	minimal
n	natürliche Zahl oder nein
N	nützliche Eigenschaften
neu	neuer Zustand
O	Output (Ausgang)
P	(Leistungs-) Parameter
p^-	Normierter Parameter für schädliche Funktion
p^+	Normierter Parameter für nützliche Funktion
PT	Potenzial einer Technologie
S	schädliche Eigenschaft oder Spannung
s	Sekunde
S.	Seite
SA/SD	Structured Analysis and Structured Design
SADT	Structured Analysis Design Technique
SE	Systems Engineering
T	(Produkt-) Technologie, Temperatur oder Zeit
t	Zeit
TF	Technologiefeld
TFE	Technologiefrüherkennung
TL	Technologische Leistungsfähigkeit
TRIZ	Theorie des erfinderischen Problemlösens
V	Volt oder Volumen
vgl.	vergleiche
W	Watt, Energie oder Wert für den Wendepunkt
w	(Ge-) Wichtungsfaktor
x	Variable
y	Variable

1 Einleitung

Der verschärfte technologische Darwinismus zwingt zu vorausschauendem Handeln!

Die Früherkennung ist seit jeher ein integraler Bestandteil des menschlichen Lebens, der sich nicht nur in spirituellen Riten, sondern insbesondere im täglichen Überlebenskampf äußert. Der Mensch, der die Gefahr rechtzeitig erkennt, kann mit entsprechender Vorlaufzeit auf sie reagieren. Menschen mit Wissen um die Zukunft können seit jeher ihre Chancen verbessern. Der vorausschauende Jäger kann dem Wild an Stellen auflauern, die es mit hoher Wahrscheinlichkeit passieren wird, und der Bauer kann seine Ernteerträge erhöhen, indem er seine Tätigkeiten den Wetterprognosen anpasst.

Unsere Geschichte ist voll von Beispielen dafür, dass der technologische Vorsprung ein entscheidendes Kriterium für Wachstum, Expansion und Wohlstand ist. So gelang es beispielsweise den Mongolen im 13. bis 15. Jahrhundert ein Reich aufzubauen, das sich vom Pazifischen Ozean bis zu den Karpaten erstreckte. Neben reiterischem und kriegsstrategischem Geschick war der aus mehreren Horn- und Holzschichten verleimte Bogen die Technologie, die die militärische Überlegenheit sicherstellte. Die folgenden Jahrhunderte zeichneten sich weltgeschichtlich durch die Expansion und die Entdeckungen der Europäer aus. Errungenschaften wie die kompassunterstützte Navigation und die Kunst, immer größere Kriegsschiffe zu bauen, sind Beispiele, wie technologische Diskontinuitäten zu sprunghaften Verschiebungen der Machtverhältnisse führen. Ein rechtzeitiges Erkennen und Reagieren auf die technologischen Verschiebungen hätte vormals überlegene Volksgruppen sicherlich vor der Abhängigkeit oder Unterwerfung durch neue technologische Kompetenzträger bewahrt.

1.1 Ausgangssituation und Problemstellung

Die Tatsache, dass neue Technologien auf vielfache Weise in der Lage sind, den Wettbewerb zu verändern [vgl. ZAHN92, S. 5] und dass die frühzeitige Wahrnehmung von Veränderungen einer der entscheidenden Erfolgsfaktoren im internationalen Wettbewerb ist [vgl. ZWEC02, S. 25], gilt heute mehr denn je [vgl. SCHU00, S. 23]: „Um sich Führerschaft zu sichern, ist es notwendig, die zur Verfügung stehenden (neuen) technologischen Möglichkeiten einerseits zu nutzen und andererseits zu denen zu gehören, die Standards definieren und im Markt durchsetzen (…) können" [SCHU01, S. 65].

Die Internationale Studie „Innovationsagenda 2006" [vgl. INNO04] hat gezeigt, dass eine hohe Innovationsleistung für den Unternehmenserfolg essenziell ist. Demzufolge müssen sich Unternehmen vermehrt darauf konzentrieren, Fähigkeiten zu entwickeln, mit denen Innovationen effektiv und effizient umgesetzt werden können [vgl. SCHU04a, S. 40]. Dazu bietet das Technologiemanagement technologieorientierten Unternehmen den planerischen Rahmen, um sich durch neue und etablierte Technologien günstig am Markt zu positionieren und den Innovationsvorsprung gegenüber Wettbewerbern zu halten bzw. auf- oder auszubauen. Dabei wird unter Technologiemanagement die Gesamtheit der Planungsaktivitäten verstanden, die zur Unternehmenssicherung und Stärkung der Marktposition durch gezielte Änderung der Produkt- und Produktionstechnologien erforderlich sind [vgl. BIND96, S. 96 f.; SPUR98, S. 106-109].

Voraussetzung für jede technologische Planungsaktivität ist die Analyse der relevanten Technologien [vgl. EVER96, S. 4-38]. Im Sinne eines effektiven Managements („die richtigen Dinge tun") müssen dabei frühzeitig die richtigen technologischen Entscheidungen getroffen

Einleitung

werden, um zu einer Nutzenmaximierung zu gelangen und die Entwicklungsressourcen gewinnbringend einzusetzen [vgl. BRAN02, S. 3; AWK99, S. 101; GAUS97, S. 15]. Damit stellt sich die Frage, wie solide Analysen frühzeitig und effizient durchgeführt werden können, um die richtigen Entscheidungen vorzubereiten.

Hier bietet die Technologiefrüherkennung die Chance, Zeit zu gewinnen [vgl. KRYS93, S.2], Personal und Finanzen durch zukunftsorientierte Entscheidungen effektiv einzusetzen [vgl. ZWEC00, S. 135] sowie relevantes Wissen aufzubauen [vgl. LICH02, S. 49]. Das Ziel der Technologiefrüherkennung ist nach SERVATIUS, „aussichtsreiche Technologieansätze zu ermitteln, ihr Entwicklungspotenzial deutlich zu machen und geeignete Maßnahmen vorzubereiten, um die Einführzeiten wichtiger Innovationen zu verkürzen" [vgl. ZWEC02, S. 25]. BÜRGEL ET AL. erweitern diese chancenorientierte Sichtweise um den Aspekt Risiko und sehen drei Ziele der Technologiefrüherkennung [vgl. BUER02, S.23]:

- Chance: Gegenwärtige Geschäfte durch technologische Verbesserungen ausweiten.
- Chance: Neue Geschäftsfelder durch die Generierung von neuem technologischen Wissen entwickeln.
- Risiko: Technologische Trends und Diskontinuitäten identifizieren und darauf aufbauend Reaktionen zu initiieren, um sich frühzeitig vor Markteinbrüchen oder Verdrängungsversuchen durch neue oder erstarkte Wettbewerber zu schützen.

Obwohl die Bedeutung der Technologiefrüherkennung von vielen Unternehmen erkannt wird [vgl. LANG98, S. 14; SCHU04b, S. 22], findet dieser Ansatz noch geringe Anwendung im strategischen Technologiemanagement [vgl. FRAU00, S. 37] und wird – wenn überhaupt – kaum systematisch umgesetzt [vgl. BUER02, S. 32; SCHU04b, S. 22]. Unternehmen, die eine Technologiefrüherkennung betreiben, benutzen meistens einzelne Methoden, ohne diese gezielt zu kombinieren oder in das Technologiemanagement zu integrieren [vgl. BUER02, S. 33 f.; GAUS00, S. 108].

Aus der beschriebenen Situation und verschiedenen Studien [vgl. BUER02, S. 32 f.; GAUS00, S. 108; HARH01, S. 66-72] wird deutlich, dass es an konkreten Orientierungshilfen zur Auswahl und Kombination von Methoden sowie an situationsgerechten und praktikablen Konzepten der Technologiefrüherkennung mangelt [vgl. FRAU00, S. 37; LANG98, S. 14].

1.2 Zielsetzung, Lösungsansatz und Eingrenzung

Aufbauend auf der beschriebenen Ausgangssituation und Problemstellung ist das Ziel dieser Forschungsarbeit, Unternehmen bei der Durchführung der Technologiefrüherkennung durch eine praktikable und flexible Methodik zu unterstützen. In Anlehnung an die Definition der Technologiefrüherkennung nach SERVATIUS sollen mit der zu entwickelnden Lösung aussichtsreiche Technologien effizient ermittelt und deren Potenziale zuverlässig bestimmt werden. Auf Basis der so erzielten Ergebnisse besteht dann die Möglichkeit, geeignete Maßnahmen abzuleiten.

Damit signifikante Forschungsergebnisse erzielt werden können, ist die Aufgabenstellung der Arbeit zu präzisieren. Dazu wird zunächst der Technologiebegriff konkretisiert: Da nach einer Studie des Fraunhofer IPT „Produkttechnologien in den Augen der Unternehmen die bedeutsamste Technologieart" [vgl. SCHU04b, S. 25] sind, wird der Technologiebegriff auf Produkttechnologien reduziert. Auch der Potenzialbegriff wird auf technologiebezogene Aspekte eingegrenzt, um insbesondere markt- und sozialdynamische Faktoren weitestgehend auszugrenzen.

Ebenso wie das Forschungsobjekt – das technologische Potenzial von Produkttechnologien – ist auch das agierende Subjekt zu konkretisieren: Früherkennungsaktivitäten werden beispielsweise von Politikern, Investoren und technologieintensiven Unternehmen durchgeführt. Da die unterschiedlichen Gruppen auch über unterschiedliche Ziele, Blickwinkel und Möglichkeiten verfügen, soll die zu entwickelnde Methodik für die Gruppe der Technologieeigner konzipiert werden.

Aus der beschriebenen Zielsetzung (vgl. Bild 1-1) ergibt sich folgende Forschungsfrage:

Wie kann das technologische Potenzial von Produkttechnologien aus der Sicht eines Technologieeigners abgeschätzt werden?

Eine entsprechende Lösungshypothese wird im folgenden Kapitel erarbeitet.

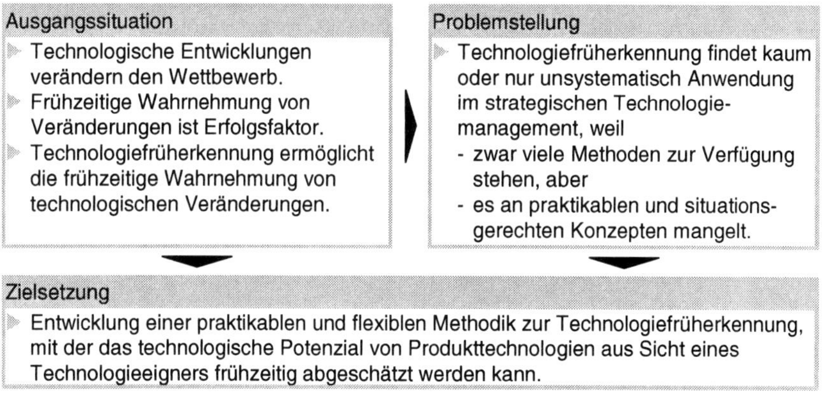

Ausgangssituation	Problemstellung
▶ Technologische Entwicklungen verändern den Wettbewerb. ▶ Frühzeitige Wahrnehmung von Veränderungen ist Erfolgsfaktor. ▶ Technologiefrüherkennung ermöglicht die frühzeitige Wahrnehmung von technologischen Veränderungen.	▶ Technologiefrüherkennung findet kaum oder nur unsystematisch Anwendung im strategischen Technologiemanagement, weil - zwar viele Methoden zur Verfügung stehen, aber - es an praktikablen und situationsgerechten Konzepten mangelt.

Zielsetzung
▶ Entwicklung einer praktikablen und flexiblen Methodik zur Technologiefrüherkennung, mit der das technologische Potenzial von Produkttechnologien aus Sicht eines Technologieeigners frühzeitig abgeschätzt werden kann.

Bild 1-1:   Ausgangssituation, Problemstellung und Zielsetzung der Forschungsarbeit

1.3   Wissenschaftstheoretische Charakterisierung der Arbeit

Die Erkenntnis, die mit der Arbeit gewonnen werden soll, beginnt im Sinne der angewandten Wissenschaft mit der Darstellung der Probleme aus der Praxis [POPP69, S. 04]. Das Wissen, das durch die Arbeit generiert wird, soll Entscheider technologiegetriebener Unternehmen, die vor der Frage stehen, welche Produkttechnologien welches Potenzial haben, bei der Suche nach Erkenntnissen unterstützen. Es sollen also Regeln herausgearbeitet werden, die den Praktiker anleiten, Vorhersagemodelle für eine zukünftige Wirklichkeit zu entwickeln [vgl. ULRI84, S. 192-95]. Bei dem zu erarbeitenden Wissen handelt es sich daher um ein Entscheidungsmodell bzw. einen Entscheidungsprozess. Da „die Analyse menschlicher Handlungsalternativen zwecks Gestaltung (...) technischer Systeme" [ULRI76a, S. 305] im Fokus der Betrachtung steht, ist die Dissertation den angewandten Wissenschaften und insbesondere den Ingenieur- aber auch den Sozialwissenschaften zuzuordnen. Dies gilt insbesondere vor dem Hintergrund der engen Korrelation von Technik und Gesellschaft [vgl. DIER92, S. 9].

Aus realwissenschaftlicher Sicht werden Forschungsprozesse durch den Entdeckungs-, den Begründungs- und den Verwendungszusammenhang charakterisiert [vgl. ULRI76a, S. 306 f.]. Im Folgenden wird die Forschungsarbeit anhand dieser Kriterien beschrieben (vgl. Bild 1-2):

Charakteristika nach ULRICH [vgl. ULRI76a, S. 306-307]	Kriterien	Ausprägungen
Entdeckungszusammenhang	- Objektbereich	- Technologie
	- Abgrenzung	- Technologisches Umfeld - Sozioökonomisches Umfeld
Begründungszusammenhang	- Zweckmäßigkeitskriterium	- Lösung der Forschungsaufgabe (Methodik zur Potenzialbestimmung)
	- Wahrheitskriterium	- Kombination vorhandener Sätze - Retroperspektive Validierung
Verwendungszusammenhang	- Nutzenkriterium	- Problemlösung (Potenzialbestimmung)

Bild 1-2: Realwissenschaftliche Charakterisierung der Forschungsarbeit

Die Forschungsarbeit ist dabei im Sinne des Entdeckungszusammenhangs durch einen gedanklichen Bezugsrahmen gekennzeichnet. Der Objektbereich der Dissertation ist durch den produkttechnologischen Fokus definiert. Im technologischen Umfeld nehmen Produktions-, Werkstoff- und Informationstechnologien eher indirekt Einfluss auf die betrachteten Produkttechnologien. Marktanforderungen und –entwicklungen werden in die Methodik einbezogen, sofern diese in direktem Bezug zu den betrachteten Produkttechnologien stehen, sich durch annähernd konstante funktionale Anforderungen auszeichnen und ihre Entwicklungen aus technologischer Sicht prognostizierbar sind. Durch die Produktions-, Werkstoff- und Informationstechnologien sowie die aktuelle und zukünftige Marktsituation ergeben sich Anforderungen an Funktionalität und Parameter zur Auswahl stehender Produkttechnologien. Sozioökonomische Einflussparameter werden daher durch die Systemgrenzen weitestgehend ausgeklammert und beeinflussen den Betrachtungsraum nur indirekt.

Im Begründungszusammenhang genügt die Forschungsarbeit dem Zweckmäßigkeitskriterium als Lösungsmöglichkeit für die definierte Forschungsaufgabe. Das Wahrheitskriterium wird im Begründungszusammenhang zum einen durch die logisch-deduktive „Kombination vorhandener Sätze" [ULRI76a, S. 306] erfüllt. Zum anderen wird das Wahrheitskriterium durch die retrospektive Validierung im Sinne einer nicht Falsifizierung nach POPPER [vgl. POPP96, S. 14-17] erfüllt.

Das Nutzenkriterium im Verwendungszusammenhang ist durch den Problemlösungscharakter der zu entwickelnden Methode gekennzeichnet: Technologieentscheidungen sollen durch das Ergebnis der Methodik – das bewertete Potenzial von Technologien – wesentlich unterstützt werden. Dabei steht der Nutzen für das Unternehmen, das die Ergebnisse der Forschungsarbeit anwendet, im Vordergrund.

1.4 Vorgehensweise und Aufbau der Arbeit

Im Sinne des Begründungszusammenhangs lässt sich der Forschungsprozess, nach dem diese Arbeit aufgebaut werden soll, entsprechend der wissenschaftstheoretischen Klassifizierung nach ULRICH in fünf Phasen untergliedern (vgl. Bild 1-3) [vgl. ULRI76b, S. 347-349]. Dabei beginnt der Prozess mit der empirisch-induktiven Erfassung und Typisierung der zu behandelnden Problemstellung, um daraus den Handlungsbedarf und das geplante Vorgehen abzuleiten (Kapitel 1).

Im zweiten Kapitel wird die derzeitige Situation im Hinblick auf die formulierte Zielsetzung empirisch-induktiv gekennzeichnet. Dazu wird die beabsichtigte Arbeit terminologisch-deskriptiv in Bezug zum Technologiemanagement und zu dessen Teilmenge – der Technologiefrüherkennung – gesetzt. Daraus wird der Untersuchungsbereich der Arbeit im Sinne des Entdeckungszusammenhangs definiert. Auf Basis dieses Bezugsrahmens werden existierende Arbeiten und Konzepte beurteilt und adaptierbare Ansätze analysiert. Eine kritische Würdigung im Problemzusammenhang führt zu dem Forschungsbedarf, der die angestrebte Arbeit begründet, und zur Formulierung der Lösungshypothese.

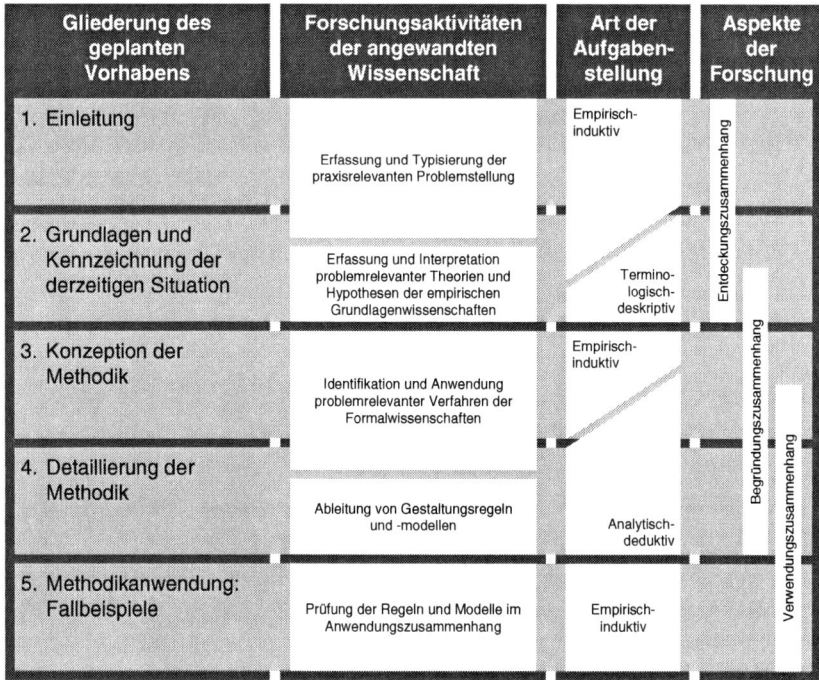

In Anlehnung an [ULRI76b, S. 347-349; ULRI84, S. 192-195]

Bild 1-3: Forschungsprozess und Aufbau der Arbeit

Der Forschungsbedarf wird im dritten Kapitel aufgegriffen und um das Zielsystem sowie die formalen und inhaltlichen Anforderungen an die Methodik erweitert. An Hand dieser Kriterien können problemrelevante Verfahren der Formalwissenschaften identifiziert werden. Dabei gliedert sich die Konzeption in drei Schritte. Zunächst wird das Modellsystem der Methodik aufgebaut, um daraus dann die Aufbau- und Ablaufstruktur zu entwickeln.

In Kapitel 4 werden die einzelnen Teilmodelle detailliert, um so die Methode zu operationalisieren. Ausgehend von den Vorarbeiten des dritten Kapitels und den adaptierbaren Ansätzen des zweiten Kapitels wird die Methode analytisch-deduktiv aufgebaut, um die Forschungsaufgabe zu erfüllen. Die existenten Methoden werden dabei den Anforderungen der Teilmodelle entsprechend analytisch-deduktiv modifiziert, ohne zusätzliche Induktionsschlüsse notwendig zu machen.

Der Forschungsprozess endet mit der empirisch-induktiven Validierung des zu erarbeitenden Ansatzes zur Problemlösung in seiner Gesamtheit. Da entsprechend dem Verständnis der Wissenschaftstheorie durch eine empirische Überprüfung keine endgültige Verifikation der Methodik geleistet werden kann [vgl. POPP69, S. 14-17], ist die letzte Phase der Forschungsarbeit als Nichtfalsifizierung im Sinne von POPPER zu verstehen. Vor diesem Hintergrund ist es das Ziel des fünften Kapitels, die praktische Anwendbarkeit der entwickelten Methodik anhand von Fallbeispielen zu überprüfen. Die formalen und inhaltlichen Anforderungen des dritten Kapitels werden als Bewertungskriterien herangezogen, um abschließend das Nutzenpotenzial der entwickelten Methodik kritisch zu beurteilen.

2 Grundlagen und Kennzeichnung der derzeitigen Situation

Im Sinne der gewählten Forschungsmethodik ist zunächst der Bezugsrahmen der Forschungsarbeit terminologisch-deskriptiv zu definieren, um dann problemrelevante Theorien und Hypothesen zu beschreiben und im Sinne der Zielsetzung zu interpretieren. Dazu wurde die in Bild 2-1 dargestellte Vorgehensweise gewählt:

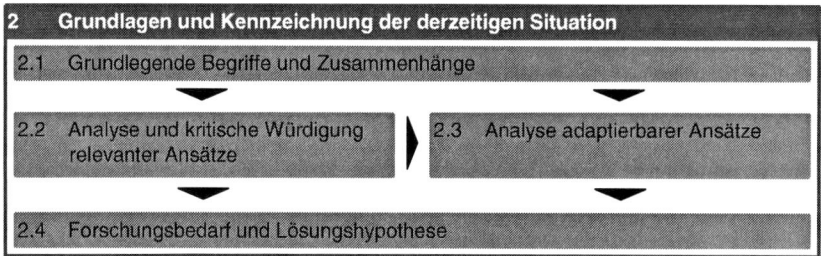

Bild 2-1: Vorgehensweise des Grundlagenkapitels

Die Entwicklung der Methodik wird durch die Klärung der relevanten Begriffe und durch die Eingrenzung des Bezugsrahmens auf ein solides Fundament gestellt. Darauf aufbauend werden relevante Modelle, Methoden und Ansätze im Problemzusammenhang analysiert und auf ihr Potenzial zur Problemlösung untersucht. Diesen etablierten Ansätzen der Technologiefrüherkennung werden themenfremde Ansätze, die ein hohes Problemlösungspotenzial aufweisen, gegenübergestellt. Aus dieser Gegenüberstellung werden abschließend der Forschungsbedarf und die Lösungshypothese abgeleitet.

2.1 Grundlegende Begriffe und Zusammenhänge

Im Sinne einer allgemeinverständlichen wissenschaftlichen Modellbildung müssen die verwendeten Begriffe hinreichend genau definiert werden. Aufbauend auf der so formalisierten Abbildung der Realität können dann zulässige und nachvollziehbare Schlüsse für die zu schaffende Wirklichkeit gezogen werden. Daher wird für die relevanten Objekte, Subjekte und Prozesse der Forschungsarbeit zunächst ein Begriffssystem formuliert.

2.1.1 Objektbezogene Abgrenzung

Die Definition der grundlegenden Begriffe und Zusammenhänge wird mit der objektbezogenen Abgrenzung begonnen. Hier wird das Forschungsobjekt – das Potenzial einer Produkttechnologie – beschrieben. Dazu wird zunächst der Begriff Technologie bzw. Produkttechnologie definiert. Darauf aufbauend wird der Potenzialbegriff erklärt, um abschließend den Bezugsrahmen abzugrenzen.

2.1.1.1 Technologie

Der Begriff Technologie lässt sich etymologisch auf das griechische „technikós" zurückführen, was soviel wie „kunstfertig" bzw. „handwerksmäßig" bedeutet [DUDE63, S. 703]. Im deutschen Sprachraum wird in den Ingenieurs- und Naturwissenschaften überwiegend eine

Grundlagen und Kennzeichnung der derzeitigen Situation

Trennung der Begriffe Technologie und Technik vollzogen. Im angloamerikanischen Sprachraum hingegen werden die Begriffe Technologie und Technik nicht unterschieden, sondern unter dem Begriff „technology" zusammengefasst [vgl. EDOS89, S. 10; BIND96, S. 91].

Unter Technologie wird häufig das naturwissenschaftliche Wissen zur technischen Problemlösung und unter Technik die konkrete Anwendung der Technologie in materieller Form verstanden [vgl. PERI87, S. 12; BROC92, S. 22; BULL94b, S. 29]. Der Technikbegriff bezieht sich somit sowohl auf Gegenstände als auch auf das Handeln. Der Technologiebegriff wird allgemein für das Wissen über die Technik verwendet [vgl. ROPO73, S. 153]. Nach BINDER und KANTOWSKY setzen sich Technologien aus Fähigkeiten (Wissen, Kenntnissen, Fertigkeiten) zur Lösung technischer Probleme sowie aus Ressourcen (Anlagen, Einrichtungen) zur praktischen Umsetzung dieser Fähigkeiten zusammen [vgl. BIND96, S. 91-93]. Technik ist somit das Resultat der zielgerichteten Nutzung von Fähigkeiten und Ressourcen.

In Anlehnung an BINDER und KANTOWSKI wird in dieser Arbeit die Verknüpfung von Fähigkeit und Ressourcen zur technischen Problemlösung als Technologie definiert. Dabei bezieht sich diese Definition nicht auf die Fähigkeiten und Ressourcen eines Unternehmens, sondern auf die weltweite Beherrschung einer Technologie. Eine spezielle Technologie ist somit das Vermögen der Menschheit, eine spezielle Technik zu erzeugen.

In dieser Arbeit werden Produkttechnologien betrachtet (vgl. Kapitel 1.2). Dabei sind Produkttechnologien grundsätzlich durch eine Zweck-Mittel-Beziehung gekennzeichnet: Der Zweck ist die Problemlösung bzw. die zu erfüllende Funktion [vgl. TSCH98, S. 228] und das Mittel ist die dazu eingesetzte Technik – also ein konkretes physisches Produkt.

2.1.1.2 Potenzial von (Produkt-) Technologien

Die etymologische Herkunft des Potenzialbegriffs geht auf das lateinische Wort „potentia" zurück, was „Vermögen", „Macht" und „Kraft" bedeutet [vgl. BIND96, S. 43; STOW79, S. 350]. Im heutigen Sprachgebrauch wird unter dem Potenzial unter anderem „Leistungsfähigkeit" [vgl. DUDE00, S. 762] bzw. „die Gesamtheit der für einen bestimmten Zweck zur Verfügung stehenden Mittel" [WOLF93, S. 65] verstanden.

Zunächst fand der Potenzialbegriff in der Mechanik Verwendung. LAPLACE benutzte diesen Begriff erstmals Ende des 18. Jahrhunderts zur Beschreibung eines wirbelfreien Kraftfeldes mit der nach ihm benannten Differentialgleichung als skalare, ortsabhängige physikalische Größe [vgl. MEXE78, S. 169; SPEK00, Band III, S. 354]. GUTENBERG [vgl. GUTE83] führte den Begriff später in der Betriebswirtschaftslehre ein und BAIN [vgl. BAIN62] beschrieb damit die Vorstellung, dass „ein Unternehmen als offenes ökonomisches System in vielfältiger Beziehung mit seiner Umwelt steht und in dieser Umwelt relativ zu anderen Unternehmen (Systemen) eine bestimmte Position einnimmt" [PELZ99, S. 8]. Nach SERVATIUS wird der Potenzialbegriff verwendet, um die von Raum und Zeit abhängigen Möglichkeiten eines Systems (Unternehmen) oder seines Umfeldes zu kennzeichnen [vgl. SERV85, S. 30].

Der Potenzialbegriff ist in der zeitgenössischen Managementliteratur immer noch stark mit dem Verhältnis eines Unternehmens zu seinem Umfeld verknüpft [vgl. BIND96, S. 70 f.; GERP99, S. 58-62; PELZ99, S. 7-9; TSCH98b, S. 194-197]. Diese Sichtweise wird in der Definition des Technologiepotenzials nach BINDER/ KANTOWSKI deutlich:

„Technologiepotenziale beschreiben die Möglichkeit einer Unternehmung, welche auf Wissen und Fähigkeiten in den Bereichen Produkt- und Prozesstechnologie basieren. Technologiepotenziale sind ebenso wie Humanpotenziale als Leistungspotenziale der Unternehmung zu verstehen, welche letztlich die Entwicklung von Marktbeziehungspotenzialen sowie entsprechenden strategischen Erfolgspositionen tragen und so einen Beitrag zur Unternehmensentwicklung leisten" [BIND96, S. 70].

Im Gegensatz zu diesen unternehmensbezogenen Sichtweisen soll mit dem Ergebnis der Forschungsarbeit das einer Technologie innewohnende Potenzial unternehmensneutral abgeschätzt werden können. Daher baut diese Arbeit auf der folgenden Definition des GABLER-LEXIKON für das Potenzial einer Technologie auf:

„Das Technologiepotenzial stellt die zukünftige Erfolgsaussicht einer Technologie dar. Determinanten des Technologiepotenzials sind insbesondere die **Weiterentwickelbarkeit** der Technologie, der **Zeitbedarf** bis zur nächsten Entwicklungsstufe, der **Anwendungsumfang** sowie der **Diffusionsverlauf** der Technologie" [GABL02, S. 376].

Zur Abschätzung des Potenzials einer Produkttechnologie sind somit vier Fragen zu beantworten:

- Bis zu welcher Grenze kann die aktuelle Leistung einer Technologie noch gesteigert werden?
- Mit welcher Geschwindigkeit wird sich die Leistungssteigerung vollziehen?
- Wie viele mögliche Anwendungsfälle gibt es für die Technologie?
- Wie viele dieser möglichen Anwendungsfälle werden in Zukunft durch die Technologie und wie viele durch Konkurrenztechnologien besetzt?

Somit ist es die Aufgabe dieser Forschungsarbeit, einen Weg aufzuzeigen, mit dem Antworten auf diese Fragen gefunden werden können. Aus den Antworten muss dann das Potenzial einer Technologie abgeleitet werden.

2.1.1.3 Bezugsrahmen der Forschungsarbeit

Die Reduktion des Potenzialbegriffs auf das technologische Leistungsvermögen einer Produkttechnologie macht eine ebensolche Abgrenzung des zu betrachtenden Umfeldes und somit des Bezugsrahmens der Forschungsarbeit notwendig. Nur so ist ein fokussiertes und dadurch effizientes Vorgehen möglich.

Für eine erste Klassifizierung des Umfeldes wird die Branchenstrukturanalyse von PORTER [vgl. PORT92, S. 22-30] gewählt. Dieser Ansatz ist nicht nur besonders geeignet, weil er allgemein bekannt und weit etabliert ist [vgl. BIND96, S. 21], sondern weil die Branchenstrukturanalyse Früherkennungselemente enthält [vgl. PORT92, S. 255-260] und auf der Basis dieser Analyse Technologiestrategien aufgebaut werden können [vgl. PORT92, S. 235-255]. Wie im Folgenden gezeigt wird, kann die Technologiefrüherkennung somit dem Ansatz von PORTER zur Analyse der Branchenstruktur untergeordnet werden.

Die Wettbewerbsarena in und um eine Branche ist nach PORTER durch fünf (Trieb-) Kräfte des Wettbewerbs (englisch: five forces) gekennzeichnet [vgl. PORT01, S. 13-15]. Dies sind der Wettbewerb innerhalb der Branche, die Bedrohung durch neue Konkurrenten und durch

Grundlagen und Kennzeichnung der derzeitigen Situation

Ersatzprodukte sowie die Verhandlungsmacht der Lieferanten und Abnehmer [vgl. PORT80, S. 4; PORT91, S. 100 f.] (vgl. Bild 2-2). An die Analyse dieser Wettbewerbskräfte „schließt sich die Wahl der generischen Strategiemuster" [BIND96, S. 23] nämlich branchenweite Kostenführerschaft, branchenweite Differenzierung oder Konzentration auf ein Segment der Branche an [vgl. PORT97, S. 62-77]. Darauf folgt die Analyse des Unternehmens anhand der Wertkette [vgl. BIND96, S. 23]. Dabei ist die Wertkette eine Auflistung aller unternehmensinternen, wertschöpfenden Aktivitäten, die in die Bereiche Unternehmensinfrastruktur, Personalwirtschaft, Technologieentwicklung und Beschaffung sowie Eingangslogistik, Operationen, Ausgangslogistik, Marketing/ Vertrieb und Kundendienst unterteilt werden [vgl. PORT85, S. 35-37].

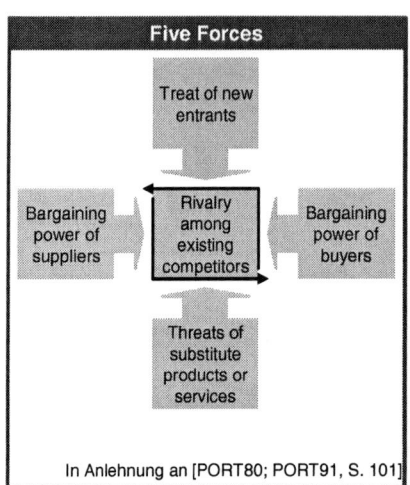
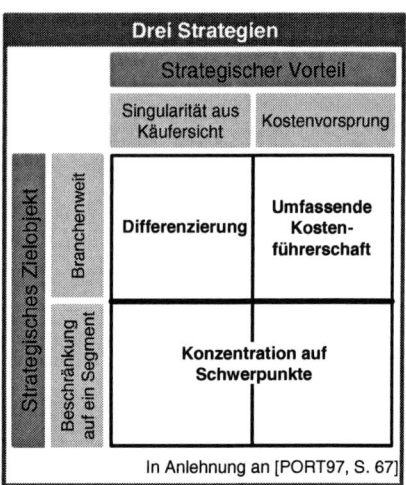

Bild 2-2: Branchenstrukturanalyse und Wettbewerbsstrategien nach PORTER

Im Rahmen der beschriebenen Modelle kommt der Technologie eine besondere Bedeutung zu, da „jede der in einem Unternehmen vorhandenen Technologien (...) erhebliche Auswirkungen auf den Wettbewerb haben (kann)" [PORT92, S. 221]. Dabei ist die Technologie „in der gesamten Wertkette eines Unternehmens relevant und geht weit über die unmittelbar mit dem Produkt verbundenen Technologien hinaus" [PORT92, S. 220]. Vor dem Hintergrund der postulierten Wettbewerbsrelevanz von Technologien schließt PORTER die Analyse der Zusammenhänge zwischen technologischem Wandel und Wettbewerbsvorteilen mit Methoden zur Wahl einer Technologiestrategie ab [vgl. PORT92, S. 219-263]. Dabei sind mit der Technologiestrategie u. a. die Fragen, „welche Technologien zu entwickeln sind und ob in diesen Technologien die technologische Führung angestrebt wird" [PORT92, S. 234] zu beantworten. Eine Antwort auf diese Fragen kann nach PORTER nur durch eine Vorhersage der Richtung technologischer Entwicklungen gegeben werden [vgl. EVER96, S. 5-18 f.; PORT92, S. 255]. Weiter stellt er fest, dass mit Hilfe seines „analytischen Bezugsrahmens eine Prognose über die vermutliche Richtung technologischer Entwicklungen" [PORT92, S. 260] getroffen werden kann.

Grundlagen und Kennzeichnung der derzeitigen Situation

Sein Modell der „Five Forces" [vgl. PORT04, S. 51] wird daher aufgenommen, um den Bezugsrahmen für diese Arbeit zu definieren. Dabei sind allerdings einige Modifikationen notwendig, da diese Arbeit im Vergleich zu PORTERs Ansatz wesentlich stärker eingegrenzt ist.

Zunächst wird der Begriff der *Wertschöpfungskette* eingeführt. Dieser Begriff unterscheidet sich von PORTERs Wertkette [vgl. PORT92, S. 63-81] dadurch, dass er sich auf den gesamten Entstehungszyklus eines Produktes von der Bereitstellung der kleinsten Komponente bzw. des Rohmaterials bis zur Wertschöpfung beim Endkunden und nicht nur auf die Wertschöpfung im Unternehmen bezieht. Entlang dieser Wertschöpfungskette werden die Wettbewerbskräfte vertikal ausgerichtet. Dadurch befinden sich die Zulieferer unten, die Branche in der Mitte und die Kunden oben (vgl. Bild 2-3). Der Wert eines Produkts nimmt also von unten nach oben zu. Dementsprechend werden die Bedrohungen durch neue Wettbewerber und neue Substitutionsprodukte bzw. –dienste horizontal aufgetragen. Diese veränderte Darstellung der „Five Forces" bereitet die systemtechnische Betrachtung des relevanten Umfeldes vor (vgl. Kapitel 2.3.1 und 3.1). In der Systemtechnik ist es üblich, dass die übergeordneten Systeme graphisch über den untergeordneten angeordnet werden.

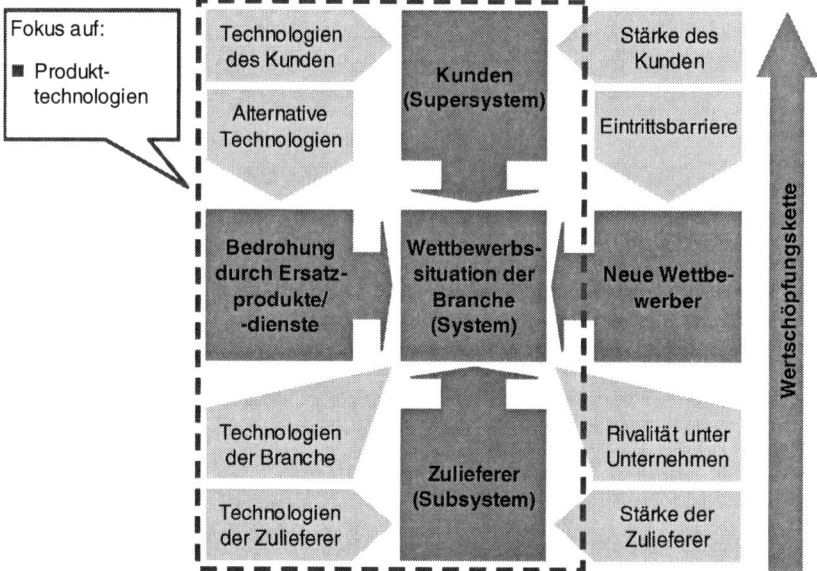

Bild 2-3: Bezugsrahmen der Forschungsarbeit

Innerhalb dieses Modells werden nur Produkttechnologien betrachtet. Alle weiteren – und teilweise nicht unrelevanten – Einflüsse auf die Wettbewerbssituation werden für diese Arbeit ausgegrenzt. Diese Forschungsarbeit fokussiert somit aus dem Blickwinkel des Technologieeigners auf untergeordnete Produkttechnologien, übergeordnete Produkttechnologien bzw. den Kunden, die eigenen und alternative Produkttechnologien.

Aufbauend auf dem so definierten Bezugsrahmen können die ersten vier der von PORTER aufgestellten Analyseschritte zur Formulierung einer Technologiestrategie [vgl. PORT92, S. 260-263] mit dem Fokus auf das für Produkttechnologien relevante Umfeld durchgeführt werden. Diese Schritte entsprechen den Aktivitäten der Technologiefrüherkennung:

- Die verschiedenen Technologien und Subtechnologien in der Wertschöpfungskette ermitteln.
- Potenziell relevante Technologien in anderen Branchen ermitteln.
- Entwicklungsrichtungen von Schlüsseltechnologien antizipieren.
- Die Technologien und möglichen technologischen Veränderungen, die für Wettbewerbsvorteile und Branchenstruktur am wichtigsten sind, identifizieren.

Somit ist der Bezugsrahmen der Forschungsarbeit abgegrenzt und in PORTERs Vorgehen zur Formulierung der Technologiestrategie integriert worden. Damit ist sichergestellt, dass die Ergebnisse der Methodikanwendung zum Aufbau bzw. zur Anpassung einer Technologiestrategie genutzt werden können.

2.1.2 Prozessbezogene Abgrenzung

Mit der objektbezogenen Abgrenzung wurde das Forschungsobjekt definiert und eingegrenzt. Mit der prozess- bzw. funktionsbezogenen Abgrenzung werden nun die Aktivitäten beschrieben, die in Bezug zu dem Forschungsobjekt – dem Potenzial einer Produkttechnologie – stehen. Dazu wird zunächst die Funktion des Technologiemanagements erläutert, um dem Technologiemanagement dann die Technologiefrüherkennung unterzuordnen. Zum Abschluss der funktionsbezogenen Abgrenzung wird die zuvor definierte Technologiefrüherkennung in das St. Galler Management Modell eingeordnet.

2.1.2.1 Technologiemanagement

Der Begriff „Management" wird einerseits für Institutionen – also für Instanzen mit Entscheidungsbefugnissen – und andererseits für Funktionen, die alle Leitungsaufgaben zur Erreichung der Unternehmensziele umfassen, verwendet [vgl. GABL02, S. 163]. Im Sinne der funktionsbezogenen Abgrenzung wird der Managementbegriff im Folgenden für die Aufgabe des Managements benutzt. Diese Aufgabe umfasst nach KOONTZ und WEIHRICH die fünf Teilaufgaben Planung, Organisation, Personaleinsatz, Führung und Kontrolle [vgl. KOON88].

„Um den technologischen Wandel mitgestalten zu können, muss Managementkompetenz (…) mit Kompetenz im Technologiebereich ergänzt werden. (…) Vor diesem Hintergrund ist Technologiemanagement integrierte Planung, Gestaltung, Optimierung, Einsatz und Bewertung von technischen Produkten und Prozessen aus der Perspektive von Mensch, Organisation und Umwelt" [vgl. EVER99, S. 4-26].

Als Teilmenge des Managements fokussiert das Technologiemanagement somit auf die Gesamtheit der Planungsaktivitäten, die zur Unternehmenssicherung und Stärkung durch gezielte Änderungen der Technologien (vgl. Kapitel 2.1.1.1) erforderlich sind [vgl. BIND96, S. 96-97; SPUR98, S. 105; WALK02, S. 9]. Dementsprechend wird der Begriff des „Integrierten Technologiemanagements" nach TSCHIRKY als ganzheitliche Aufgabe des Managements verstanden, „die an den normativen, strategischen und operationellen Unternehmenszielen ausgerichtet ist und sich in erster Linie mit der Gestaltung, Lenkung und Entwicklung des Technologie- und Innovationspotenzials des Unternehmens befasst" [vgl. TSCH98b, S. 226]. Damit die richtigen Potenziale entwickelt werden können, müssen diese Potenziale zunächst erkannt werden. Das Erkennen der technologischen Potenziale ist Aufgabe der Technologiefrüherkennung und somit eine untergeordnete Aufgabe bzw. Funktion des Technologiemanagements.

2.1.2.2 Technologiefrüherkennung

Der Begriff der Technologiefrüherkennung wird in der industriellen Praxis häufig mit den Begriffen Technologiefrühwarnung und –aufklärung sowie Technology Monitoring, Scanning, Foresight, Intelligence u. a. gleichgesetzt [vgl. MOEH02, S. 23]. In der Literatur hingegen wird zwischen diesen Begriffen teilweise stark differenziert [vgl. EVER96, S. 4-38 – 4-43; GABL02, S. 343-351; KRYS93, S. 21]. Aus diesem Grund wird zunächst eine erklärende Spezifizierung des Begriffs für diese Arbeit vorgenommen, um die Technologiefrüherkennung dann in Relation zum Technologiemanagement zu setzen. Diesem Verständnis entsprechend wird die Technologiefrüherkennung dann in ihre wesentlichen Teilaufgaben zerlegt und erst abschließend zu verwandten Begriffen abgegrenzt.

In Anlehnung an die Definition des Potenzials einer Technologie (vgl. Kapitel 2.1.1.2) stützt sich die vorliegende Arbeit auf die Definition von EVERSHEIM und SCHUH, wonach „die frühzeitige Potenzialbestimmung neuer Technologien sowie das Erkennen der Grenzen herkömmlicher technologischer Problemlösungen (...) Gegenstand (der) Technologiefrüherkennung" [EVER96, S. 4-34] ist. Die Technologiefrüherkennung unterstützt somit das Technologiemanagement bei der Entscheidung, welche Technologiepotenziale zu entwickeln sind (vgl. Kapitel 2.1.2.1), um Chancen zu nutzen und Risiken rechtzeitig in Chancen zu wandeln.

Dieser Sachverhalt wird durch die Einordnung der Technologiefrüherkennung in das Vier-Phasen-Konzept des strategischen Technologiemanagements nach WOLFRUM (vgl. Bild 2-4) deutlich. Nach diesem Konzept bilden die Erkenntnisse aus der Früherkennung das Fundament für die Formulierung und spätere Implementierung der Technologiestrategie. In der letzten Phase des Konzepts werden die Umsetzung und Auswirkung der Technologiestrategie überwacht, um ggf. korrigierend einzugreifen. Dementsprechend werden auch die Erkenntnisse aus der Früherkennung überprüft und gegebenenfalls angepasst [vgl. WOLF91, S. 117 f.].

Ebenso wie das strategische Technologiemanagement lässt sich auch die Technologiefrüherkennung für ein besseres Verständnis in einzelne Phasen und somit einzelne Teilaufgaben zerlegen. Für die prozessuale Organisation der Technologiefrüherkennung gibt es in der Literatur diverse Vorschläge, die detailliert in Kaptitel 2.2.3 vorgestellt werden. Ein stark abstrahierter und somit allgemeingültiger Ansatz wird von LICHTENTHALER [vgl. LICH02] beschrieben und daher als Basis für diese Arbeit gewählt.

LICHTENTHALER benutzt in seiner Arbeit den Begriff „Technology Intelligence" – definiert ihn aber ähnlich wie EVERSHEIM und SCHUH den Begriff der „Technologiefrüherkennung" [LICH02, S. 19]. Er ergänzt, dass die Technology Intelligence (Technologiefrüherkennung) die Aktivitäten der Informationsbedarfsbestimmung, der Informationsbeschaffung, der Informationsbewertung und der Kommunikation umfasst [vgl. LICH02, S. 31]. An diese vier Phasen, die nicht zwangsläufig chronologisch abgearbeitet werden müssen, knüpft er die Entscheidungsphase an. Diese anschließende Phase ordnet er der Strategieplanung zu und stellt somit eine Schnittstelle zum übergeordneten Technologiemanagement her. Die darauf aufbauende Einordnung der Technologiefrüherkennung in das Vier-Phasen-Konzept nach WOLFRUM ist in Bild 2-4 dargestellt.

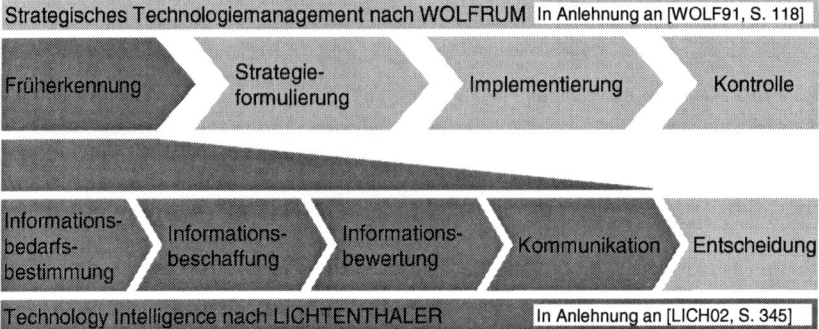

Bild 2-4: Einordnung der Technologiefrüherkennung in das Technologiemanagement

Nach dieser Betrachtung kann eine Abgrenzung zu den häufig mit der Technologiefrüherkennung gleichgesetzten Begriffen vorgenommen werden: Der Informationsbeschaffung sind insbesondere die Begriffe „Scanning" und „Monitoring" zuzuordnen. Dabei wird unter „Scanning" eine ungerichtete Suche nach wichtigen Signalen [vgl. LICH02, S. 37; LANG98, S. 12] und unter „Monitoring" eine dauerhafte Beobachtung dieser wichtigen Signale verstanden [GABL02, S. 345-347; KRYS93, S. 178; LICH02, S. 37; MUEL01, S. 151; SEPP96, S. 237]. Bei der Technologieprognose (engl.: Technological Forecasting) handelt es sich um analytische Verfahren, die Aussagen über die zukünftige Entwicklung von Wissenschaft und Technik generieren [vgl. EVER96, S. 4-40] und somit primär der Informationsbewertung zuzuordnen sind. Die Technikfolgenabschätzung (engl.: Technology Assessment) stellt die so gewonnenen Erkenntnisse in einen weiteren und eher politischen Kontext, in dem die Bedingungen für und die Auswirkungen durch die Einführung einer Technologie abgeschätzt werden [vgl. EVER99, S. 4-41 – 4-43]. Mit einem stärkeren Unternehmensbezug ist der Begriff der Frühaufklärung geprägt, der sich nicht nur auf die Ortung von Bedrohungen und Chancen, sondern auch auf die Initiierung von Gegenmaßnahmen bezieht [vgl. KRYS93, S. 20 f.].

2.1.2.3 Einordnung der Technologiefrüherkennung

Auf Grund der unternehmensweiten Bedeutung und zeitlichen Wirkung der Technologiefrüherkennung als Bestandteil des Technologiemanagements ist es nicht ausreichend, beide Funktionen in verschiedene Phasen zu unterteilen. Vielmehr ist zusätzlich eine Einordnung dieser Funktionen in die unterschiedlichen Managementdimensionen erforderlich, um alle relevanten Verknüpfungen systemtechnisch zu erfassen. Dazu werden die Aufgaben der Technologiefrüherkennung und des Technologiemanagements in den ganzheitlichen Bezugsrahmen des St. Galler Management-Konzeptes nach BLEICHER [vgl. BLEI95] bzw. das darauf aufbauende Konzept des integrierten Technologiemanagements nach TSCHIRKY [vgl. TSCH98b] eingeordnet.

Ziel des Management-Konzeptes ist es, einen problembezogenen Ordnungsrahmen bereitzustellen, der es ermöglicht, logisch voneinander abgrenzbare Aufgabenfelder zu akzentuieren, die durch die verschiedenen Dimensionen des Managements bearbeitet werden können [vgl. WALK03, S. 13]. Mit Hilfe des Konzepts des integrierten Technologiemanagements lassen sich dementsprechend die einzelnen Aufgaben des Technologiemanagements strukturieren. In diese Struktur kann dann die Funktion der Technologiefrüherkennung eingeordnet werden.

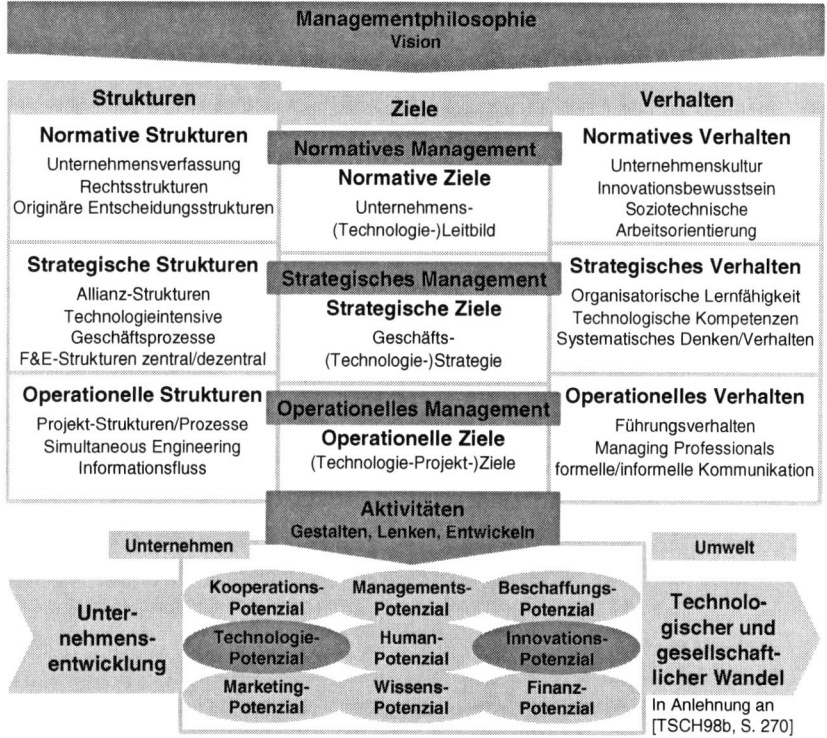

Bild 2-5: Integriertes Technologiemanagement

In Bild 2-5 sind die einzelnen Dimensionen des Technologiemanagements dargestellt. Zentrale Aufgabe des Technologiemanagements ist es, das System Unternehmen aus technologischer Sicht so zu führen, damit es dem sich stetig wandelnden Umfeld optimal angepasst ist. Das bedeutet konkret, dass die Technologie- und Innovationspotenziale durch gezielte Aktivitäten an dem gesellschaftlichen und technologischen Wandel auszurichten sind (vgl. Kapitel 2.1.2.1). Einfluss auf die zentrale Aufgabe haben die Ziele, Strukturen und Verhaltensaspekte des Unternehmens, „welche die Aktivitäten des Technologiemanagements auf der normativen, strategischen und operationellen Ebene bestimmen" [TSCH98b, S. 269].

Zur effizienten Erfüllung der Aufgabe des Technologiemanagements muss auf der normativen Ebene „die Bedeutung von Technologien für die Leistungsfähigkeit des Unternehmens zum Ausdruck gebracht" [LICH02, S. 7] werden. Auf der strategischen Ebene sind jene Aufgaben angesiedelt, die zur Schaffung von technologischen Erfolgspositionen erforderlich sind [vgl. EVER96, S. 4-31]. Die Umsetzung dieser strategischen Aufgaben durch kurz- bis mittelfristige Führungsaufgaben ist auf der operativen Ebene angeordnet [EVER96, S. 4-36].

Da die Technologiefrüherkennung Erkenntnisse zur Formulierung der Geschäfts-(Technologie-)Strategie liefert, wird sie der strategischen Ebene zugeordnet [vgl. TSCH98b, S. 322-325]. Die Durchführung der Technologiefrüherkennung ist allerdings auf der operationellen Ebene angesiedelt.

Das Konzept des integrierten Managements macht deutlich, dass für eine effiziente Technologiefrüherkennung die Strukturen, die Ziele und das Verhalten optimal ausgerichtet sein müssen. Wird die Technologiefrüherkennung als Projekt gesehen, bedeutet das auf operationeller Ebene, dass die Ziele eindeutig definiert sein müssen, dass das Verhalten ein effizientes Arbeiten ermöglichen muss und dass der Projektprozess optimal auf die Zielerreichung ausgerichtet sein muss. Insbesondere dieser letzte Aspekt wird in der vorliegenden Forschungsarbeit behandelt.

2.1.3 Subjektbezogene Abgrenzung

Mit der subjektbezogenen Abgrenzung wird die Personengruppe charakterisiert, die als Akteur die Technologiefrüherkennung durchführt. Die vorliegende Arbeit ist dabei primär Technologieeigner adressiert, die das Potenzial ihrer Produkttechnologie im Vergleich zu anderen Konkurrenztechnologien bewerten möchten. Sekundär richtet sich die Arbeit an externe Dienstleister, die diese Bewertung im Auftrage des Technologieeigners ausführen.

Es wird davon ausgegangen, dass der Technologieeigner ein Experte für seine Produkttechnologie ist. Dabei wird unter Technologieeigner keine einzelne Person, sondern eine Gruppe von Individuen verstanden. Diese Personengruppe ist in der Regel in Unternehmen oder Forschungsinstituten zusammengeschlossen. Innerhalb dieser Systemgrenzen können die Funktionen des Entscheiders und des Wissensträgers durch unterschiedliche Personen oder Personengruppen besetzt sein. Es ist daher notwendig, das implizite Wissen einzelner Individuen der Gruppe als Entscheidungsgrundlage zugänglich zu machen [vgl. MINT04, S. 83].

Aus psychologischen Gründen werden Experten ihr Fachgebiet mit hoher Wahrscheinlichkeit positiver bewerten als Gebiete, über die sie nicht so gut informiert sind [vgl. TVER86, S. 4-6]. Das Informationsdefizit über Konkurrenztechnologien wird darüber hinaus zu unausgewogenen Entscheidungen führen, weil nicht alle Bewertungsdimensionen fundiert betrachtet werden können. Für den Technologieeigner ergibt sich daraus die Notwendigkeit, möglichst viele Informationen über Konkurrenztechnologien zu beschaffen und diese Informationen objektiv zu verarbeiten. Eine Möglichkeit, die Objektivität zu steigern, ist, externe Dienstleister in die Informationsbeschaffung und -verarbeitung einzubeziehen. Dabei kann der Technologieeigner dem externen Dienstleister das notwendige technologische Wissen vermitteln, so dass beide Gruppen über die Perspektive des Technologieeigners verfügen. Der externe Dienstleister ist in diesem Falle für die Objektivität der Bewertung verantwortlich.

Durch eine externe Dienstleistung kann aber auch dem Problem der Ressourcenknappheit teilweise entgegengewirkt werden. Die praktische Erfahrung zeigt, dass die Technologiefrüherkennung in Unternehmen als wichtig wahrgenommen, aber nicht als dringend eingestuft wird [vgl. GRAW04a, S. 8 f.]. Demzufolge werden dem Früherkennungsprojekt zwar personelle und finanzielle Ressourcen zugewiesen, aber im Endeffekt werden diese Ressourcen wieder für kurzfristig dringendere Aktivitäten aufgebraucht. Werden finanzielle Ressourcen für eine externe Dienstleistung bereitgestellt, können diese externen personellen Ressourcen eher für die Früherkennung gesichert werden. Allerdings sind auch die finanziellen Ressourcen eines jeden Unternehmens begrenzt und müssen daher ebenso wie die personellen Ressourcen effizient genutzt werden.

Ein Phänomen, das auch nicht durch einen externen Blickwinkel vermieden werden kann, ist der Effekt der selbsterfüllenden Prophezeiung [vgl. WATZ78, S. 91-100]. Der Technologieeigner als planendes Subjekt wird seine Entscheidungen auf die Erkenntnisse der Technologiefrüherkennung stützen und so die Zukunft des Planungsobjekts – der Produkttechnologie – mitbestimmen. Dieser Effekt wird abgeschwächt, je größer die Zahl der Akteure in einem Technologiefeld sind. Dieser Effekt kann aber auch positiv genutzt werden, um die Planungssicherheit für den Technologieeigner, seine Kunden und seine Zulieferer zu erhöhen.

Aus den vorangegangenen objekt-, prozess- und subjektbezogenen Abgrenzungen werden in Kapitel 3.2.2 die inhaltlichen Anforderungen an die zu entwickelnde Methodik definiert. Zunächst werden allerdings relevante Lösungsansätze im abgegrenzten Bereich analysiert, um daraus die Lösungshypothese und dann das Zielsystem abzuleiten.

2.2 Analyse und kritische Würdigung relevanter Ansätze

Nach der Klärung grundlegender Begriffe und Zusammenhänge werden im Folgenden relevante Ansätze der Technologiefrüherkennung analysiert, um darauf aufbauend den Forschungsbedarf abzuleiten. Dabei wird auch untersucht, welche dieser Ansätze für die Lösung der Forschungsaufgabe genutzt werden können.

Das Kapitel wird in Anlehnung an TWISS [vgl. TWIS74, S. 75] in die drei Bereiche – extrapolierende und normative Früherkennungsmethoden sowie integrierende Früherkennungskonzepte – unterteilt. Unter extrapolierenden Früherkennungsmethoden werden Techniken verstanden, mit denen quantitativ aus der historischen Entwicklung und gegenwärtigen Situation eines Trends auf dessen Zukunft geschlossen wird [vgl. BRAN71, S. 57; TWIS92, S. 79]. Dabei können Trends z.b. sich verändernde Kundenbedürfnisse, Preisentwicklungen oder die wachsende Leistungsfähigkeit einer Technologie sein [vgl. EVER96, S. 4-40]. Den extrapolierenden stehen die normativen Früherkennungsmethoden gegenüber. Bei diesen Techniken werden alternative Zukunftsszenarien erarbeitet und auf ihre Eintrittswahrscheinlichkeit sowie den Eintrittszeitpunkt hin untersucht [vgl. TWIS92, S. 79 f.]. Diese qualitativen Methoden stützen sich auf die Kreativität, Intuition, Vorstellungs- und Urteilskraft sowie die Voraussicht von Experten [vgl. EVER96, S. 4-41].

In der Praxis bietet es sich an, sowohl extrapolierende als auch normative Früherkennungsmethoden zu kombinieren, da Sachverhalte, die wie das Potenzial von Technologien mit einer hohen Unsicherheit behaftet sind [vgl. PARK83, S. 452], möglichst aus verschiedenen Blickwinkeln betrachtet werden sollten [vgl. EVER96, S. 4-41; TWIS74, S. 75]. Relevante Konzepte, die mehrere Methoden integrieren, werden dementsprechend im dritten Unterkapitel „Integrierende Früherkennungskonzepte" behandelt.

In der Literatur werden zahlreiche, teilweise ähnliche Methoden und Konzepte der Technologiefrüherkennung beschrieben [vgl. z.B. AYRE69; BURG01, S. 35 – 548; GAYN96, Chapter 12; MILL91]. Allerdings besteht eine starke Diskrepanz „zwischen der Anzahl theoretischer Ansätze und Ideen und deren praktischer Umsetzung" [LOEW99, S. 45]. Daher wird im Folgenden nur eine Auswahl von Methoden vorgestellt, die praxiserprobt sind und in Korrelation zur Aufgabenstellung der Forschungsarbeit stehen.

2.2.1 Extrapolierende Früherkennungsmethoden

Extrapolierende Früherkennungsmethoden basieren auf der Empirie, dass sich Technologien bzw. deren Charakteristika kontinuierlich entwickeln. Aus dieser Beobachtung wurde die Hypothese abgeleitet, dass die kontinuierliche Entwicklung von Technologien für die Technologieprognose genutzt werden kann [vgl. TWIS92, S. 79]. Im Folgenden werden verschiedene Methoden vorgestellt, die die Entwicklungshistorie extrapolieren. Dies sind im Wesentlichen das klassische S-Kurven-Konzept, das Lebenszyklusmodell und die Trendextrapolation. In dieser Arbeit werden das S-Kurven-Konzept und das Lebenszyklusmodell zusammenhängend betrachtet, da diese eigentlich unabhängig entstandenen Ansätze [vgl. HOEC00, S. 17-29] zunehmend kombiniert betrachtet werden [vgl. BROC93, S. 343-346; EVER03 173-177; HERB00, S. 180-184].

2.2.1.1 Das S-Kurven-Konzept und das Lebenszyklusmodell

Sowohl das S-Kurven-Konzept als auch das Lebenszyklusmodell basieren auf der Hypothese, dass die Leistung technischer Systeme in Analogie zu biologischen Systemen von der Zeit abhängt. Das bedeutet, dass die Leistungsfähigkeit mit dem Alter einer Technologie kontinuierlich ansteigt [vgl. GABL02, S. 303 f.]. Einige Interpretationen des S-Kurven-Konzeptes bzw. des Lebenszyklusmodells verweisen auch auf eine Verminderung der Leistungsfähigkeit zum Ende des Lebenszyklus einer Technologie hin [vgl. ALTS84, S. 115-117, HERB00, S. 181].

Mit Hilfe der S-Kurven-Darstellung im Lebenszyklusmodell wird die Reife bzw. die Güte einer Technologie über der Zeit oder dem kumulierten F&E-Aufwand aufgetragen [vgl. EVER03, S. 174; GABL02, S. 377] (vgl. Bild 2-6). Die Kurve lässt sich in vier Teilbereiche einteilen. In der ersten Phase – der Kindheit bzw. Entstehung der Technologie – ist die Entwicklung des Systems noch langsam. Dann tritt die Technologie in die Phase des Wachstums ein und wird schnell verbessert. In der Phase der Reife stagniert das Entwicklungstempo; im Alter wird die Technologie durch neue Technologien verdrängt oder wird in ein Supersystem integriert [vgl. ALTS84, S. 115-117]. Durch den hohen Kostendruck in der letzten Phase und Verdrängungen durch neue Technologien sinkt häufig die Qualität der Produkte, die auf der alten Technologie basieren [vgl. ALTS84, S. 116].

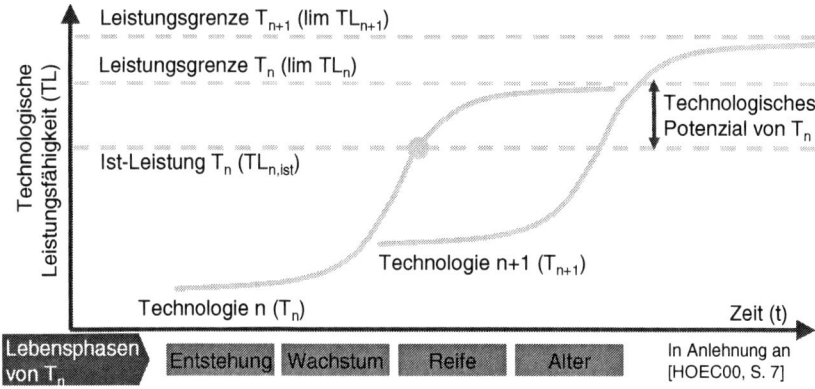

Bild 2-6: S-Kurven-Konzept technologischer Entwicklung

Mit Hilfe des S-Kurven-Konzeptes und des Lebenszyklusmodells wird versucht, die Technologieentwicklung zu antizipieren und graphisch darzustellen, um daraus abzuleiten, wann welche Technologien von anderen Technologien verdrängt werden und am Markt keine Profite mehr zu erwarten sind. Unternehmen können diese Information nutzen, um ihrerseits strategische Entscheidungen zu treffen, wann welche technologische Kompetenzen auf-, aus- oder abzubauen sind [vgl. EVER03, S. 171]. Im Folgenden werden drei unterschiedliche und kombinierbare Verfahren zur Positionierung einer Technologie auf der S-Kurve vorgestellt: Dies sind die klassische Extrapolation der Leistungssteigerung über der Zeit, die Korrelation des S-Kurvenverlaufes mit anderen Kurven nach ALTSCHULLER und der indikatorgestützte Ansatz nach LITTLE.

Bei der klassischen Extrapolation wird ein konkreter Leistungsparameter ausgewählt und seine Entwicklung über der Zeit bis zu einer technologischen Grenze abgebildet. Durch Extrapolation des historischen Kurvenverlaufs wird über mathematische Verfahren versucht, den zukünftigen Verlauf dieser Kurve zu berechnen und in eine S-förmige Hüllkurve zu zwingen [vgl. TWIS92, S. 79-101; FLOY68, S. 95-109]. Die Differenz zwischen der aktuellen Position einer Technologie auf der S-Kurve und der Leistungsgrenze der Technologie wird nach HÖCHERL als technologisches Potenzial bezeichnet [vgl. HOEC00, S. 8]. Von der gleichen Autorin wurde das Verfahren der klassischen Extrapolation allerdings auf Grund mangelnder empirischer Belege zunächst angezweifelt und dann exemplarisch widerlegt [vgl. HOEC00, S. 157-164].

Nach ALTSCHULLER korreliert der S-Kurvenverlauf des Hauptmerkmals einer Technologie qualitativ mit den Kurven „Zahl der Inventionen", „Erfindungshöhe" und „Erfolg des Produkts" (vgl. Bild 2-7).

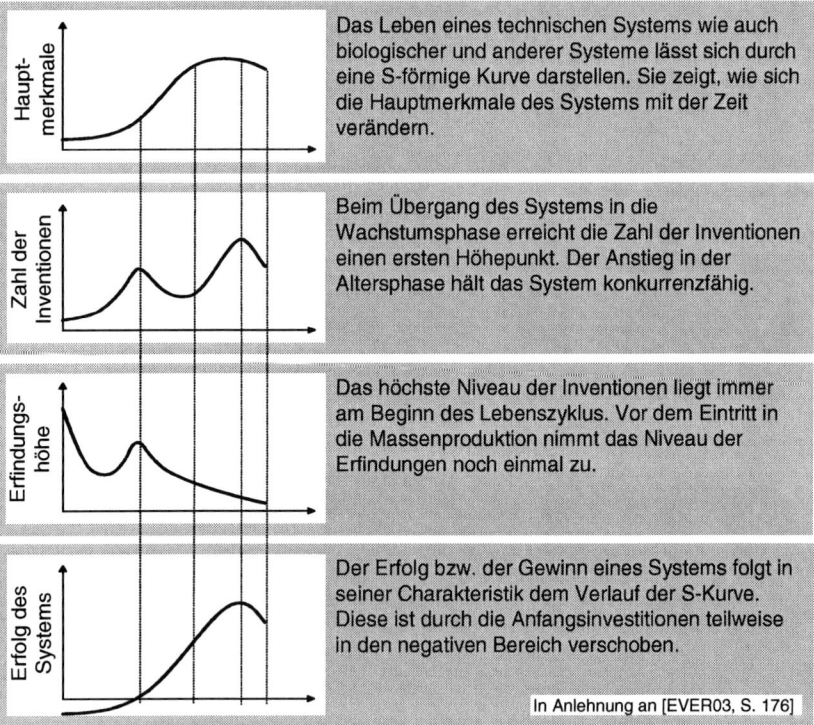

Bild 2-7: Die S-Kurve und korrelierende Kurven

Auf Basis dieser Annahme kann die momentane Position einer Technologie auf der S-Kurve bestimmt werden, wenn die Position auf einer der anderen Kurven bekannt ist [vgl. ALTS84, S. 115-117; HERB00, S. 180-184]. Wenn die Entwicklung eines Systems nur über einen kleinen Zeitraum betrachtet werden kann – was in der Regel der Fall ist –, können nur die Verläufe der Kurven in diesem Intervall beschrieben werden. Es besteht also nur das Wissen, ob die einzelne Kurve steigt oder fällt. Dem ermittelten Verlauf lassen sich unter Umständen Abschnitte der jeweiligen Kurven zuordnen. Die Positionierung kann konkretisiert werden, wenn die Teilverläufe mehrerer Kurven bekannt sind, da die Verläufe untereinander korrelieren [vgl. HERB00, S. 182 f.].

Theoretisch kann der Verlauf der Anzahl der Erfindungen durch eine Patentrecherche ermittelt werden. Um das Niveau der Erfindungen zu beurteilen, ist eine Analyse und Bewertung der Erfindungen und Patente im entsprechenden Zeitraum notwendig. Eine Marktanalyse über diesen Zeitraum kann Aufschluss über den Erfolg des Produktes geben. Sinkt z. B. die Anzahl der zu einer Technologie angemeldeten Patente sowie deren Erfindungshöhe bei einem gleichzeitigen Wachstum des Erfolgs, wird das Produkt in der ersten Hälfte der Wachstumsphase positioniert [vgl. EVER03, S. 175-177].

Der Erfolg dieses Verfahrens wurde durch mehrere Veröffentlichungen bestätigt [vgl. GAHI05; GIBS05; SLOC05; VIJA05]. Allerdings führten eigene Versuche nicht zum Erfolg, weil sich die Identifikation der relevanten Patentrecherche als zu aufwändig und damit unpraktikabel und die Bestimmung der Erfindungshöhe als zu subjektiv erwiesen haben. Darüber hinaus konnten Einflussfaktoren wie Änderungen des Patentrechts nur schwer ausgefiltert werden [vgl. GRAW03; GRAW05]. Die aufgeführten Veröffentlichungen werden auch kritisiert, weil der Abfall der Patentanmeldungen der letzen drei Jahre als Kriterium zur Positionierung auf der S-Kurve interpretiert wurde. Dieser Abfall ist vielmehr auf die Verzögerung der Veröffentlichung durch das Anmeldeverfahren zurückzuführen.

Indikatoren	Entstehung	Wachstum	Reife	Alter
Unsicherheit über technische Leistungsfähigkeit	hoch	mittel	niedrig	sehr niedrig
Investitionen in Technologieentwicklung	niedrig	maximal	niedrig	vernachlässigbar
Breite der potenziellen Einsatzgebiete	unbekannt	groß	etabliert	abnehmend
Typ der Entwicklungsanforderungen	unbekannt	groß	etabliert	abnehmend
Auswirkung auf Kosten-/ Leistungsverhältnis	sekundär	maximal	marginal	marginal
Zahl der Patentanmeldungen/ Typ der Patente	zunehmend Konzept	hoch Produkt	abnehmend Verfahren	
Zugangsbarrieren	Wissenschaft	Personal	Lizenzen	Know-how
Verfügbarkeit	sehr beschränkt	Restrukturierung	marktorientiert	hoch

In Anlehnung an [LITT94, S. 80]

Bild 2-8: Indikatoren für die Lebenszyklusphase einer Technologie

Nach LITTLE gibt es „Indikatoren, die die Entwicklungsphase einer Technologie anzeigen" [LITT94, S. 79] (vgl. Bild 2-8). Anhand von Indikatoren wie Unsicherheit über technische Leistungsfähigkeit, Investitionen in Technologieentwicklungen oder Zahl der Patentanmeldungen kann eine Technologie grob einer Lebensphase zugeordnet werden [vgl. BRAN01, S. 30 f.; LITT81; WOLF94, S. 113]. Bei diesem Konzept ist allerdings kritisch anzumerken, dass die Ausprägungen der Indikatoren mit Angaben wie hoch, mittel oder niedrig keinen Bezugswert aufweisen und dass das technologische Potenzial aus der Einordnung in eine Lebensphase nicht abgeleitet werden kann. Somit erfüllt auch dieses dritte extrapolierende Verfahren die Aufgabenstellung dieser Forschungsarbeit nicht hinreichend.

2.2.1.2 Trendextrapolation und Trendanalyse

Im engeren Sinne ist die Trendextrapolation eine quantitative Methode, mit der Daten aus der Vergangenheit in die Zukunft projiziert werden [vgl. BRAN71, S. 58; GERH02, S. A-83]. Auch bei dieser Projektion werden – ähnlich wie beim S-Kurven-Konzept – qualitative Beurteilungen wie „Grenzen der Möglichkeit" [BRAN71, S. 59] mit in die Betrachtung einbezogen [vgl. MART73, S. 119-121]. Allerdings ist der Trendverlauf nicht zwangsläufig S-Kurvenförmig, sondern kann beispielsweise durch Parabel- oder Exponentialgleichungen abgebildet werden [vgl. EVER03, S. 377]. Ebenso wie beim S-Kurven-Konzept wird aber auch hier die Zuverlässigkeit der Methode angezweifelt.

Die Trendanalyse kann als Trendextrapolation im weiteren Sinne verstanden werden. Hierbei wird nicht die Entwicklung eines einzelnen Parameters extrapoliert, sondern ein Trend als großer, weltumspannender sozio-ökonomischer und struktureller Prozess analysiert [vgl. BREU99, S. 70]. Dabei wird nach BUCK zwischen vier Trendphänomenen unterschieden: der Mode, dem Hype, dem Nischentrend und der Grundströmung [vgl. BUCK98, S. 61-67]. Moden sind kurzzeitige Phänomene, die sich auf eine abgegrenzte Personengruppe beziehen. Ebenso kurzzeitig sind Hypes. Allerdings weisen sie eine weltweite Ausdehnung auf. Zu den längerfristigen Phänomenen gehören Nischentrends, die wie Moden durch eine begrenzte Wirkungsbreite charakterisiert sind, und die so genannten Grundströmungen. Letztere haben langfristige, globale Auswirkungen auf das Konsumentenverhalten und technologische Entwicklungen [vgl. BREU99, S. 69-72].

Eine für die Früherkennung genutzte Methode zur Analyse von Grundströmungen sind die nach seinem Erfinder benannten Kontratieff-Zyklen [vgl. NEFI01]. Nach diesem Konzept ist der 50-jährige makroökonomische Konjunkturzyklus aus Prosperität, Rezession, Depression und Erholung eng mit der Entwicklung weltbewegender Technologien wie dem mechanischen Webstuhl und der Dampfmaschine gekoppelt [vgl. LITT97, S. 30 f.]. Werden die treibenden Technologien des folgenden Kontratieff-Zyklus identifiziert, können daraus technologische Entwicklungen abgeleitet werden.

Damit wird deutlich, dass die Trendanalyse zwar zur Ableitung von Marktentwicklungen und –anforderungen geeignet ist [vgl. LIND05, S. 277], aber dadurch nur indirekt Erkenntnisse über das technologische Potenzial geliefert werden können.

2.2.2 Normative Früherkennungsmethoden

Die Methoden des letzten Kapitels basieren auf der Extrapolation der Vergangenheit. Da fundamentale Änderungen in der Gesellschaft oder die Einführung neuer Technologien solche Extrapolationen in der Praxis widerlegen können [vgl. LENZ68, S. 75], wurden Methoden entwickelt, die unterschiedliche Entwicklungsmöglichkeiten der Zukunft berücksichti-

Grundlagen und Kennzeichnung der derzeitigen Situation

gen [vgl. TWIS92, S. 103]. Exemplarisch für die Vielzahl der existenten Methoden werden hier die Szenariotechnik, die Delphi-Methode und die Relevanzbaum-Methode vorgestellt.

2.2.2.1 Szenariotechnik

Bei der Anwendung der Szenariotechnik (vgl. Bild 2-9) wird davon ausgegangen, dass es mehrere Möglichkeiten gibt, wie sich eine Zukunft entwickeln könnte, und dass die Zukunft nicht exakt prognostizierbar ist [vgl. GAUS01, S. 79]. Im Gegensatz zu den extrapolierenden Verfahren wird bei dieser Methode nicht nur die Zukunft eines einzelnen Parameters oder einer Gruppe von Parametern prognostiziert, sondern es werden komplexe Zukunftsbilder – so genannte Szenarien – für das Unternehmensumfeld beschrieben [vgl. GAUS01, S. 79; JONE78, S. 141; LIND05, S. 274]. Die Primäre Aufgabe solcher Szenarien ist die Unterstützung unternehmerischer Entscheidungen vor dem Hintergrund alternativer Zukunftsbilder. Durch die Ausarbeitung multipler Zukünfte soll verhindert werden, dass ein Unternehmen sich nur auf ein – möglicherweise nicht eintretendes – Zukunftsbild ausrichtet [vgl. EVER03, S. 135].

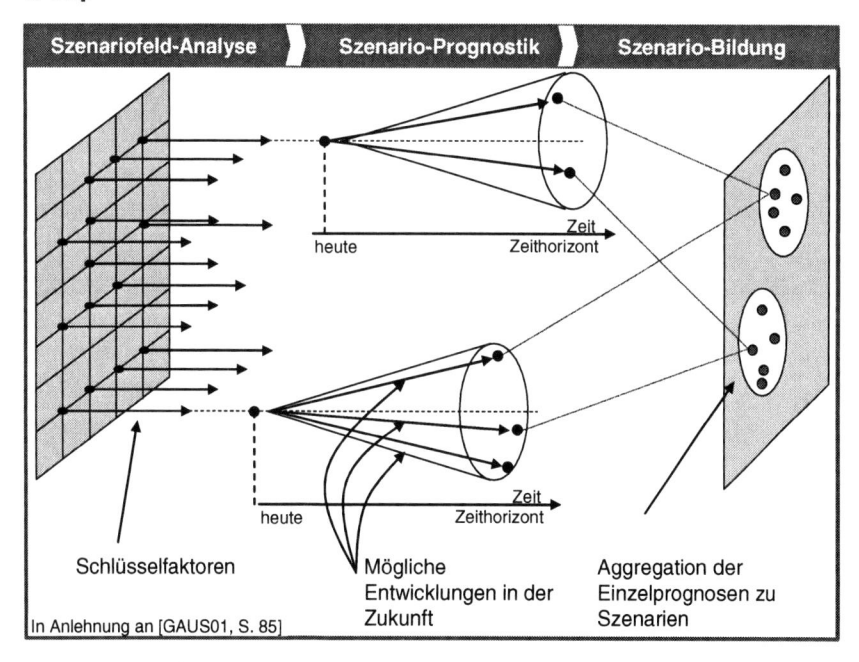

Bild 2-9: Vorgehen bei der Szenario-Erstellung

Zur Erstellung von Szenarien existieren in der Literatur mehrere ähnliche Prozessmodelle [vgl. ABT73, S. 191-214; GABL02, S. 318-321; GERA73, S. 276-288; GESC99, S. 518-545]. Im Folgenden wird exemplarisch das Phasenmodell von GAUSEMEIER beschrieben, da es sich im deutschsprachigen Raum stark etabliert hat [vgl. EVER03, S. 136]: Zunächst werden innerhalb eines zuvor festgelegten Gestaltungsfeldes zukunfts- und unternehmensrelevante Schlüsselfaktoren identifiziert. Für die einzelnen Schlüsselfaktoren werden dann mögliche

Grundlagen und Kennzeichnung der derzeitigen Situation

Entwicklungen prognostiziert. Die einzelnen, isolierten Zukunftsprojektionen werden schließlich zu Projektionsbündeln zusammengefasst, auf ihre Widerspruchsfreiheit überprüft und in Szenarien bildhaft beschrieben. Auf Basis dieser Szenarien können dann Auswirkungen auf die Gestaltungsfelder ermittelt und mögliche Maßnahmen zur Chancennutzung und Risikovermeidung abgeleitet werden [vgl. GAUS96, S. 125-382].

Auf Grund des Prinzips der multiplen Zukünfte eignet sich die Szenariotechnik zwar zur Formulierung alternativer Strategien, aber nicht zur Bestimmung des technologischen Potenzials.

2.2.2.2 Delphi-Methode

Die Delphi-Methode − oder auch Delphi-Analyse, -Technik (englisch: technique) bzw. -Studie [vgl. EVER03, S. 350; FRAU98; GABL02, S. 22; LIND05, S. 230; TWIS92, S. 107; BRIG68, S. 116-133] − ist eine Erweiterung und Systematisierung der Expertenbefragung.

Expertenwissen ist eine wichtige Grundlage für solide Managemententscheidungen [vgl. TWIS92, S. 105]. Auf Grund der Komplexität technischer und unternehmensstrategischer Sachverhalte dürfen Managemententscheidungen allerdings nicht auf dem Expertenwissen einer Person basieren, sondern müssen verschiedene Sichtweisen von Experten aus verschiedenen Themengebieten integrieren [vgl. TWIS92, S. 105]. Um dieser Anforderung gerecht zu werden, wurde zu Beginn der Sechzigerjahre die Delphi-Methode entwickelt [vgl. HABE99, S. 461].

Ziel der Methode ist es, „ basierend auf einem mehrstufigen Befragungskonzept Wissen zu sammeln, zu filtern, zu konvergieren und daraus abgeleitet (…) Entscheidungen zu treffen" [LIND05, S. 230]. Durch Expertenbefragungen mit Rückkopplungs- und Kommentierungsschleifen soll eine Annäherung an eine gemeinsame und relativ gut abgesicherte Einschätzung bezüglich der Zukunftsentwicklung in einem vorher eingegrenzten Betrachtungsbereich entstehen [vgl. CETR69, S. 145; GABL02, S. 22]. Dabei werden die Expertenmeinungen zwischen den Iterationsschleifen immer wieder analysiert, ausgewertet und aufbereitet [vgl. GERH02, S. A-54].

Durch das vergleichsweise aufwändige Verfahren können zwar fundierte Erkenntnisse gesammelt werden, aber Einzeleinschätzungen werden durch die Iterationsschleifen ausgelöscht [vgl. LIND05, S. 231]. In Kombination mit anderen Methoden erscheint eine systematische aber vereinfachte Expertenbefragung für die Bestimmung des Technologiepotenzials und insbesondere für die Validierung der Erkenntnisse geeignet.

2.2.2.3 Relevanzbaum-Methode und Trend-Auswirkungs-Analyse

Die Relevanzbaum-Methode (englisch: relevance tree) ist sowohl ein Vorhersage- als auch ein Planungsinstrument: Mit der Methode werden diejenigen technologischen Entwicklungen prognostiziert, die zur Erreichung eines Ziels bzw. zum Eintreten eines Zukunftsszenarios notwendig sind [vgl. GABL02, S. 294; GORD73, S. 126]. Dadurch können beispielsweise Ergebnisse der Szenariotechnik oder Delphi-Methode auf ihre Eintrittswahrscheinlichkeit hin überprüft werden. Die Methode ist allerdings nicht dafür geeignet, Zukunftsszenarien zu erarbeiten [vgl. TWIS92, S. 113].

Der Grund dafür liegt in der Vorgehensweise zur Erstellung von Relevanzbäumen: Ein bekanntes Vorgehensmodell ist beispielsweise die PATTERN-Analyse (englisch: Planning Assistance Through Technical Evaluation of Relevance Numbers) [vgl. GABL02, S. 294]. Dabei wird zunächst ein Zielszenario erarbeitet und dann in untergeordnete Ziele, die zum Erreichen des Oberziels notwendig sind, zerlegt. Diese Unterteilung wird fortgesetzt, bis technisch operationale Ziele gefunden wurden. Über die Eintritts- bzw. Erfüllungswahrscheinlichkeit der Teilziele kann dann die Eintrittswahrscheinlichkeit bzw. Erreichbarkeit des Zielszenarios berechnet werden [vgl. GABL02, S. 294; TWIS92, S. 113 f.]. Ein Beispiel für solch einen Relevanzbaum ist in Bild 2-10 dargestellt.

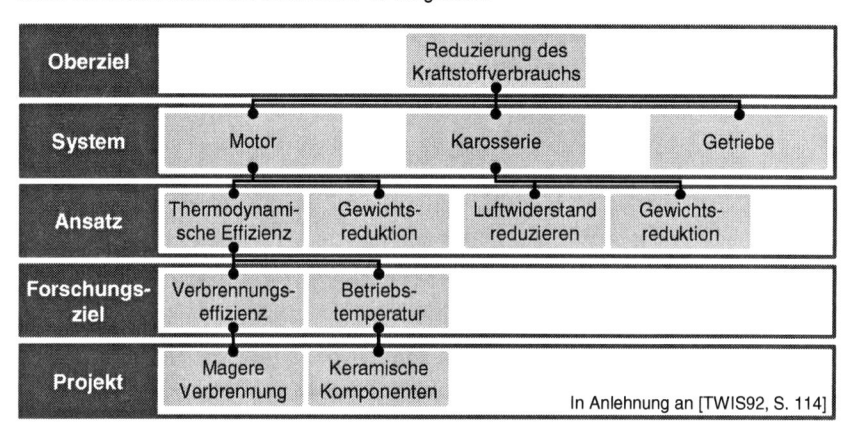

Oberziel		Reduzierung des Kraftstoffverbrauchs		
System	Motor		Karosserie	Getriebe
Ansatz	Thermodynamische Effizienz	Gewichtsreduktion	Luftwiderstand reduzieren	Gewichtsreduktion
Forschungsziel	Verbrennungseffizienz	Betriebstemperatur		
Projekt	Magere Verbrennung	Keramische Komponenten		

In Anlehnung an [TWIS92, S. 114]

Bild 2-10: Auszug eines Relevanzbaums zur Effizienzsteigerung von Automobilen

Auch wenn die Methode nicht direkt zur Bestimmung des Technologiepotenzials geeignet ist, kann sie genutzt werden, um Teilziele zur Erschließung des Technologiepotenzials zu identifizieren. Dazu muss das Technologiepotenzial zunächst als Oberziel ausformuliert werden.

2.2.3 Integrierende Früherkennungskonzepte

Bei der Betrachtung der extrapolierenden und normativen Früherkennungsmethoden wurde deutlich, dass einzelne Methoden zwar prinzipiell zur Technologiefrüherkennung bzw. zur Bestimmung des Technologiepotenzials geeignet sind, der Einsatz nur einer Methode allerdings starke Unsicherheiten der Prognose aufweist. Aus diesem Grund wurden unterschiedliche Früherkennungskonzepte entwickelt, die verschiedene Methoden integrieren. Um einen Überblick über diese Methoden zu vermitteln und deren Eignung zur Bestimmung des Technologiepotenzials zu prüfen, werden im Folgenden zunächst das Roadmapping und die Portfolio-Analyse als in sich abgeschlossene Konzepte vorgestellt. Danach werden zwei Vorgehensmodelle zur strategischen Frühaufklärung beschrieben, die über den allgemeinen Früherkennungsprozess nach LICHTENTHALER (vgl. Kapitel 2.1.2.2) hinausgehen und die einzelnen Phasen methodisch unterstützen. Das Kapitel wird mit einem Konzept zur Integration der Frühaufklärung in Unternehmen abgeschlossen.

2.2.3.1 Technology-Roadmapping

„Das Technology-Roadmapping ermöglicht die Prognose, Analyse und Visualisierung zukünftiger Technologieentwicklungen. Die Zielsetzung besteht in der Vorhersage und Bewertung zukünftiger Entwicklungen in einem Handlungsfeld. Das Roadmapping besteht aus der Roadmap-Generierung und der eigentlichen Ergebnisdarstellung als Roadmap" [vgl. EVER03, S. 222]. Durch das Roadmapping und die Darstellung der Ergebnisse in einer Roadmap einigen sich die beteiligten Akteure auf einen Konsens „über die künftige Marschrichtung eines Unternehmens in technologischer Hinsicht" [MEOR02, S. 3], was nicht nur die Arbeit im Unternehmen, sondern auch die überbetriebliche Kooperation unterstützt [vgl. MOEH02, S. 3].

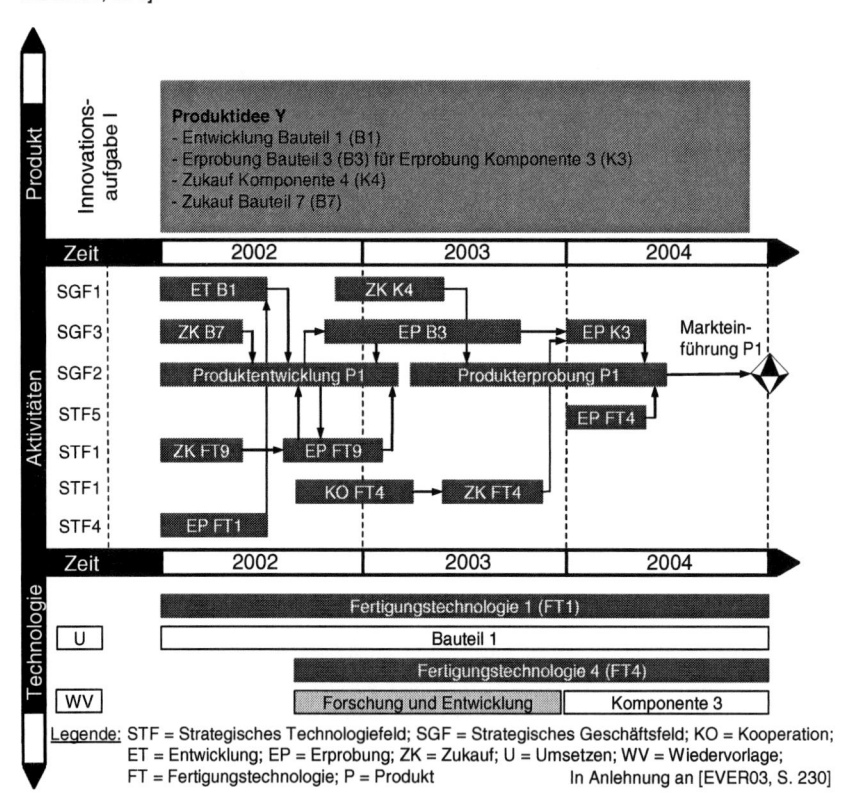

Bild 2-11: Beispiel einer Projekt-Roadmap

Sowohl für die Roadmap-Generierung als auch die Roadmap-Darstellung wurden unterschiedlichste Verfahren und Modelle entwickelt [vgl. GRAW04a, S. 8]. So stellt beispielsweise der Technologiekalender nach WESTKÄMPER zu fertigenden Produkten die dafür zu implementierenden Produktionstechnologien gegenüber [vgl. WEST87]. SCHMITZ hat dieses Konzept um Methoden zur Roadmap-Generierung erweitert [vgl. SCHM96]. Wie die geplante Produkt- und Produktionstechnologieentwicklung durch entsprechende Projekte erreicht werden kann, wird in der Projekt-Roadmap dargestellt (vgl. Bild 2-11) [vgl. EVER03, S. 229-231; WALK02, S. 64].

Das Roadmapping ist aber nicht nur ein Verfahren zur Technologie- und Projektplanung, sondern kann auch genutzt werden, um zukünftige Technologieentwicklungen zu antizipieren und die Reaktionen darauf im Vorfeld zu planen [vgl. GABL02, S. 295]. Dazu eignet sich beispielsweise das TRIZ-basierte Technologie-Roadmapping nach MÖHRLE [vgl. MOEH02, S. 129-148]. Hierbei werden in einem vierschrittigen Prozess Technologie-Roadmaps erarbeitet. Diese Roadmaps beschreiben antizipierte Entwicklungen von Produkttechnologien. Aus den Roadmaps können dann in einem fünften Schritt Produkt-, Prozess- und Dienstleistungsideen abgeleitet werden. Ein wichtiges Element zur Herleitung der Technologie-Roadmaps sind bei MÖHRLE die Evolutionsprinzipien der TRIZ-Methodik. Ein weiteres Element ist die systemtechnische Zerlegung des betrachteten Systems. Obwohl MÖHRLE kein Verfahren zur Potenzialbestimmung liefert, bergen sowohl der evolutionäre als auch der systemtechnische Ansatz hohes Potenzial zur Antizipation technologischer Entwicklungen [vgl. MOEH02, S. 129-148; PEIF92b, S. 100; SALA99, S. 160-163].

2.2.3.2 Portfolio-Analyse

Die Portfolio-Analyse zählt zu den wichtigsten Methoden strategischer Planung [vgl. EVER96, S. 4-48]. Das wesentliche Werkzeug der Portfolio-Analyse ist das Portfolio [vgl. GABL02, S. 235], welches den Anwender unterstützt, komplexe Sachverhalte auf einfache, anschauliche und einprägsame Weise zu verdichten und zu visualisieren [vgl. LIND05, S. 257]. Dabei ist ein Portfolio eine zweidimensionale Matrix, „in der Ist- und Zukunftssituationen erfasst werden" [EVER96, S. 4-48]. Auf einer Achse des Portfolios wird ein externer Faktor (Reaktionsparameter), der nicht vom Anwender bzw. dessen Unternehmen beeinflussbar ist, aufgetragen; auf der anderen Achse wird ein intern beeinflussbarer Faktor (Aktionsparameter) aufgetragen [vgl. EVER03, S. 195; PFEI89, S. 51-56]. Die zu vergleichenden Handlungsalternativen werden in dieser Matrix qualitativ eingeordnet, um aus der Positionierung Maßnahmen abzuleiten [vgl. LIND05, S. 257].

Für unterschiedliche Zielsetzungen wurden unterschiedliche Portfolios sowie die zugehörigen Verfahren zur Erarbeitung der Portfolios entwickelt [vgl. EVER03, S. 194-208]. Von besonderem Interesse für die Technologiefrüherkennung sind – wegen des Bezugs zum Technologiepotenzial – Technologieportfolios. Insbesondere das Technologieportfolio nach PFEIFFER hat sich im deutschsprachigen Raum etabliert [vgl. GABL02, S. 376; EVER96, S. 4-47] und wird daher kurz vorgestellt: Wie in Bild 2-12 dargestellt, wird das Technologieportfolio durch die nochmals untergliederten Achsen Technologieattraktivität und Ressourcenstärke aufgespannt, wobei der erste Faktor die unternehmensneutrale Attraktivität einer Technologie im internationalen Wettbewerb angibt und der zweite Faktor die Fähigkeit eines Unternehmens, diese Technologie zu beherrschen [vgl. PFEI99, S. 99]. In einem mehrstufigen, methodengestützten Prozess werden zunächst relevante Technologien identifiziert und dann entsprechend in das Portfolio eingeordnet. Daraus wird dann ein Soll-Portfolio entwickelt und schließlich werden für dessen Erreichung notwendige Maßnahmen abgeleitet [vgl. PFEI82, S. 80-102].

Einige Varianten der Portfolio-Analyse – wie das Technologieportfolio nach PFEIFFER – beinhalten das Technologiepotenzial als Teil der Bewertungsgröße sowie Richtlinien zur

Bestimmung dieser Größe. Allerdings wird das Technologiepotenzial eher intuitiv durch Gruppenkonsens abgeschätzt [vgl. PFEI82, S. 103-113]. Elemente der Portfolio-Analyse werden daher zur Bestimmung des Technologiepotenzials genutzt, aber um Methoden zur fundierteren Potenzialsbestimmung ergänzt.

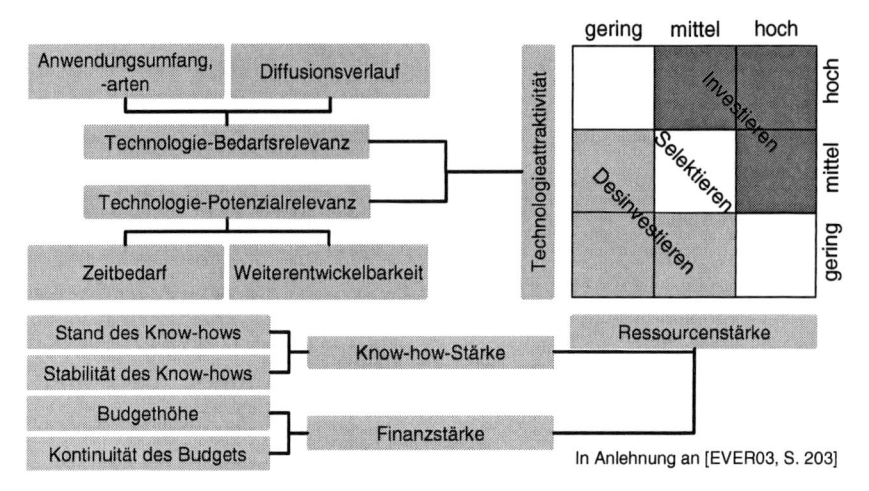

Bild 2-12: Technologieportfolio nach PFEIFFER

2.2.3.3 Technologiefrühaufklärung nach PEIFFER

PEIFFER hat für das strategische Management ein Vorgehensmodell zur Technologiefrühaufklärung entwickelt [vgl. PEIF92b], das mit der Identifikation von Technologien beginnt und in der Formulierung von Technologiestrategien endet (vgl. Bild 2-13). Dabei werden zunächst Technologiefeldkandidaten ermittelt und analysiert. In mehreren Stufen werden die einzelnen Kandidaten auf ihre Relevanz überprüft und dementsprechend ausgefiltert. Die ausgefilterten Informationen werden nicht ausgesondert, sondern in späteren Durchläufen wieder recycelt und erneut überprüft [vgl. LANG98, A. 69].

Für das Vorgehensmodell stellt PEIFFER „theoretische Bezugsrahmen, methodische Ansatzpunkte und organisatorisch-konzeptionelle Lösungsskizzen" [PEIF92b, S. 321] bereit. Der potenzielle Anwender kann auf dieser Grundlage sein Frühaufklärungssystem selbst konzipieren.

2.2.3.4 Frühaufklärung nach KLOPP und HARTMANN

Ebenso wie die Frühaufklärung nach PEIFFER ist das Fledermaus-Prinzip von KLOPP und HARTMANN [vgl. KLOP99] ein Prozess zur strategischen Frühaufklärung in Unternehmen. Allerdings gliedert sich dieses Vorgehensmodell in die vier Phasen finden, filtern, formatieren und fokussieren [vgl. KLOP99, S. 55-58]. Neben dem Phasenmodell liefern die Autoren Vorschläge zur Integration der Früherkennung in Unternehmen. Für die einzelnen Phasen werden Methoden und Instrumente beschrieben (vgl. Bild 2-14). Kernelemente sind dabei Workshops zur Trendidentifikation und Zukunftsbildung.

Grundlagen und Kennzeichnung der derzeitigen Situation

Legende:
TF = Technologiefeld

Funnel-Diagramm mit 1. Filter, 2. Filter, 3. Filter, TF

Identifikation und Beobachtung	Exploration und Mapping des technologischen Unternehmens- und Umfeldpotenzials	Technologiefrühaufklärung
	Identifikation und Beobachtung	
	Abgrenzung von Technologiefeldern	
Bewertung von Technologiefeldkandidaten	Technologiepotenzial Innovationspotenzial Relative Ressourcenstärke	
Planung für Technologiefelder	Selektionsentscheidung Quellenentscheidung Technologiestrategien	Technologieplanung

In Anlehnung an [PEIF92, S. 103]

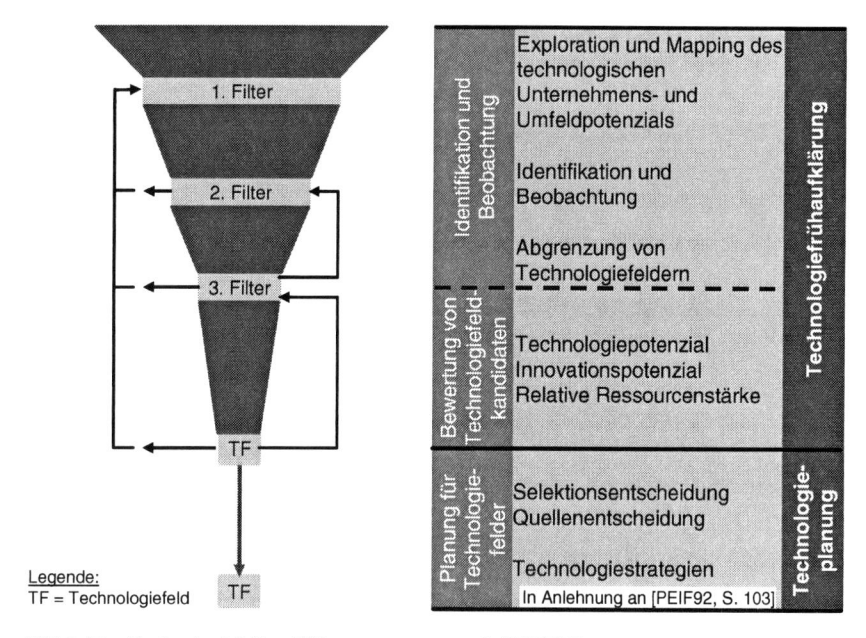

Bild 2-13: Technologiefrühaufklärungsprozess nach PEIFFER

Kritisch anzumerken ist, dass das Finden von Trends nur unzureichend methodisch unterstützt wird. Für die Aufgabenstellung dieser Forschungsarbeit ist das Fledermaus-Prinzip wenig relevant, da die Frühaufklärung nach KLOPP und HARTMANN primär auf Marktentwicklungen abzielt und technologische Entwicklungen kaum betrachtet werden. Allerdings kann der positive Charakter der Workshops auch bei der zu erarbeitenden Lösung genutzt werden, um möglichst viele Mitarbeiter an der Entwicklung der Zukunftsbilder zu beteiligen und das implizite Wissen der Beteiligten zu nutzen.

Phasen	Finden	Filtern	Formatieren	Fokussieren
Methoden	Trendworkshop Schalenmodell	SWOT-Analyse	Formulierung konkretisierter Trends	Identifikation von Frühindikatoren

In Anlehnung an [KLOP99, S. 65]

Bild 2-14: Phasen und Methoden des Fledermaus-Prinzips

2.2.3.5 Frühaufklärung nach KRYSTEK und MÜLLER-STEWENS

KRYSTEK und MÜLLER-STEWENS bauen ihr Frühaufklärungskonzept auf der Hypothese auf, dass es kein einheitliches Verfahren zur Frühaufklärung gibt und dass „sich jeder aus dem Menü der Möglichkeiten zum Betreiben einer Frühaufklärung das zusammenstellen muss, was zu ihm, seinen Anforderungen, seinen Möglichkeiten und seiner Ausgangssituation passt" [KRYS93, S. 8]. Demzufolge präsentieren sie eine „Vielzahl möglicher Ausgestal-

Grundlagen und Kennzeichnung der derzeitigen Situation

tungsvarianten" [KRYS, S. 270] und Umsetzungsrichtlinien für die situationsabhängige Implementierung der Frühaufklärung im jeweiligen Unternehmen. Dabei unterscheiden sie insbesondere zwischen der operativen und der strategischen Frühaufklärung. Die operative Frühaufklärung bezieht sich auf die Untergruppen eines Unternehmens – z.b. Funktionsbereiche – und weist einen eher kurzfristigen Zeithorizont auf. Die strategische Frühaufklärung fokussiert auf die strategischen Erfolgspotenziale – z.b. Technologien und Führungssysteme – eines Unternehmens und ist somit eher langfristig ausgerichtet [vgl. KRYS93, S. 10].

Da die Aufgabenstellung dieser Forschungsarbeit wesentlich enger als der allgemeingültige Ansatz von KRYSTEK und MÜLLER-STEWENS gefasst ist und mit dem Frühaufklärungskonzept keine konkreten Hinweise zur Potenzialbestimmung geliefert werden, kann das Konzept nicht für die Bestimmung des technologischen Potenzials genutzt werden. Es bietet sich aber an, die zu erarbeitende Lösung in das Frühaufklärungskonzept von KRYSTEK und MÜLLER-STEWENS zu integrieren.

2.3 Analyse adaptierbarer Ansätze

Nachdem im Vorfeld bestehende Konzepte der Technologiefrüherkennung analysiert wurden, aber keine Werkzeuge mit gewünschtem Problemlösecharakter gefunden werden konnten, werden nun drei Ansätze vorgestellt, die die Lücke zwischen Zielsetzung und bestehenden Lösungen schließen könnten. Dies sind die Systemtechnik, die Morphologie und die TRIZ-Methodik. Alle drei Ansätze entstammen nicht dem Themenfeld des Technologiemanagements, werden aber bereits vereinzelt für die Technologiefrüherkennung eingesetzt. [vgl. GRAW03; MANN05; PEIF92b, S. 100; ZIEG03]

2.3.1 Systemtechnik

Unter „Systemdenken" wird eine „Denkweise verstanden, die es ermöglicht, komplexe Erscheinungen (= Systeme) besser verstehen und gestalten sowie komplexe Probleme effizient lösen zu können [vgl. FLOO93, S. vii; HABE99, S. 4]. Dabei ist ein „System ein dynamisches Ganzes, das als solches bestimmte Eigenschaften und Verhaltensweisen besitzt. Es besteht aus Teilen, die so miteinander verknüpft sind, dass kein Teil unabhängig ist von andern Teilen und das Verhalten des Ganzen beeinflusst wird vom Zusammenwirken aller Teile" [ULRI88, S. 30].

„Ein System ist eine bestimmte Art, die Welt zu sehen" [WEIN75, S. 52] und somit zwangsläufig eine reduzierende Abbildung der Realität auf die für die Problemlösung relevanten Aspekte [vgl. GOME97]. Für ein einheitliches Verständnis dieser Modellbildung sind zunächst die in der Systemtechnik genutzten Begriffe zu klären (vgl. Bild 2-15):

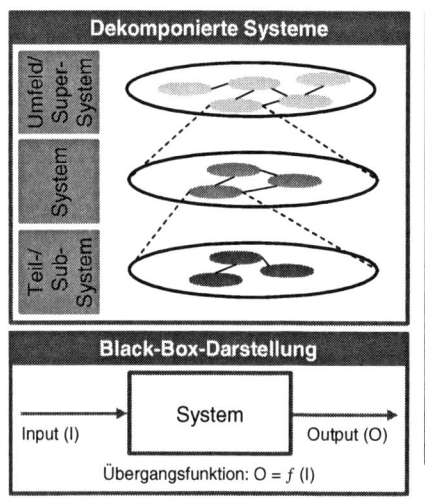

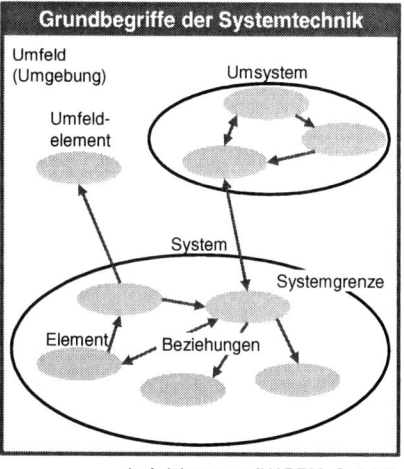

Bild 2-15: Begriffe der Systemtechnik

Das *System* selber ist ein beliebiger realer oder gedachter Komplex, der durch die *Systemgrenze* von dem *Umfeld* abgegrenzt ist. Dieses System besteht aus mehreren *Elementen* (auch Komponenten, Teile oder Bausteine). Diese Elemente weisen *Eigenschaften* auf, die durch Attribute, Funktionen, Merkmale oder Charakteristika beschrieben werden. Zwischen den einzelnen Elementen bestehen Beziehungen, die die funktionalen Verknüpfungen bzw. die gegenseitigen Einflussnahmen wiedergeben [vgl. BRUN91, S. 30 f.]. Die Systembetrachtung ist nicht nur auf das System, dessen Umfeld und dessen Elemente beschränkt, sondern kann in der Betrachtungsdimension auf einzelne Elemente fokussiert oder auf das gesamte Umfeld ausgedehnt werden. Durch diese Systemhierarchie wird dann entweder aus dem einzelnen Element ein neues, untergeordnetes Subsystem oder aus dem Umfeld ein übergeordnetes Supersystem [HABE99, S. 7-9]. Wenn bei der Systembetrachtung die Wechselwirkung zwischen System und Umfeld von Interesse ist, kann das System und können dem entsprechend auch seine Elemente durch eine funktional beschriebene „Black-Box" mit Eingangs- und Ausgangsgrößen dargestellt werden. Nach AKIYAMA besteht ein Produktsystem aus Teilen und Komponenten, deren physikalische Wechselbeziehungen durch Funktionen ausgedrückt werden [vgl. AKIY94, S. 88].

Im Sinne der Zielsetzung ist die Systemtechnik viel versprechend, da mit dieser Methode sowohl die Einflüsse des Umfeldes als auch die der Systemkomponenten auf das Potenzial von Produkttechnologien betrachtet werden können. Darüber hinaus kann die Systemtechnik zur Systematisierung und Abgrenzung des Betrachtungsraums genutzt werden.

2.3.2 Morphologie

„Es sei (...) vorweggenommen, dass es sich beim morphologischen Weltbild um das Erschauen und Erkennen von Zusammenhängen in Gesamtheiten von materiellen Objekten, von Phänomenen und von Ideen und Vorstellungen sowie der für ein konstruktives Schaffen einzusetzenden menschlichen Betätigung handelt" [ZWIC66, S. 11]. „Mit der morphologischen Methode der Feldüberdeckung sucht man (...) nach allen Lösungen eines genau vorgegebenen Problems, indem man von einer begrenzten Zahl von Stützpunkten des Wissens ausgeht und eine genügende Zahl von Denkprinzipien benutzt, um neue Tatsachen aufzudecken, neue Probleme zu formulieren und unter Umständen neue Materialien, Geräte und Methoden zu erfinden, die der weiteren Forschung dienen" [ZWIC66, S. 56]. Dabei strebt der Morphologe „bei allen seinen Unternehmen (...) nach möglichst vollständiger Feldüberdeckung, das heißt nach der Herleitung und Erschließung aller Lösungen vorgegebener Probleme" [ZWIC66, S. 57].

„Morphologie" wird in diesem Zusammenhang als die „Lehre vom Geordneten Denken" verstanden [vgl. SCHL92, S. 81]. Auf der Basis des systemtechnischen Denkansatzes werden komplexe Sachverhalte beim morphologischen Ansatz in abgrenzbare Teile zerlegt. Für diese Einzelelemente werden dann alle möglichen Gestaltvariationen erarbeitet [vgl. AYRE69 S. 89]. Durch Kombination der Varianten der Einzelelemente werden dann mögliche Alternativen des komplexen Sachverhalts erzeugt und können so vergleichend einander gegenübergestellt werden [vgl. SCHL92, S. 81]. Die „Morphologie" kann somit vereinfacht als „Denken in Alternativen" bezeichnet werden.

Bei der systematischen Produktentwicklung findet der morphologische Ansatz im morphologischen Kasten bzw. in der morphologischen Matrix Anwendung [vgl. VDI97, S. 60]. Mit dieser Methode wird der Zweck verfolgt, Lösungsideen zu dokumentieren, den Überblick über das Lösungsfeld zu unterstützen und insbesondere die Suche nach alternativen Lösungen zu fördern [vgl. EHRL95, S. 374]. Dazu werden für Teilprobleme bzw. Teilfunktionen

Grundlagen und Kennzeichnung der derzeitigen Situation

eines Systems die jeweils erarbeiteten Lösungsalternativen systematisch in einer Matrix erfasst [vgl. LIND05, S. 251].

Vor dem Hintergrund unterschiedlichster Variationen des morphologischen Kastens [vgl. PAHL97, S. 202-207; HENT89, S. 104-116] wird hier ein Beispiel von BREIING und FLEMMING vorgestellt [vgl. BREI93, S. 54-57] (vgl. Bild 2-16). Dabei wird eine zu erfüllende Funktion in Teilfunktionen zerlegt. Diese Teilfunktionen werden in der Matrix vertikal aufgetragen. Jeder Teilfunktion werden dann alle Wirkprinzipien, die die Funktion erfüllen könnten, horizontal zugeordnet. Den einzelnen Wirkprinzipien werden wiederum alternative Funktionsträger zugeordnet. Durch Kombination jeweils eines Funktionsträgers für jede Funktion wird eine hohe Zahl von Lösungsvarianten erzeugt, die es später zu bewerten gilt.

Teilfunktion 1	Wirkprinzip 1.1		Wirkprinzip 1.2		Wirkprinzip
	Funktionsträger 1.1.1	Funktionsträger 1.1.2	Funktionsträger 1.2.1	Funktionsträger 1.2.2	Funktionsträger 1.3.1
Teilfunktion 2	Wirkprinzip 2.1		Wirkprinzip 2.2		Wirkprinzip
	Funktionsträger 2.1.1	Funktionsträger 2.1.2	Funktionsträger 2.2.1	Funktionsträger 2.2.2	Funktionsträger 2.3.1

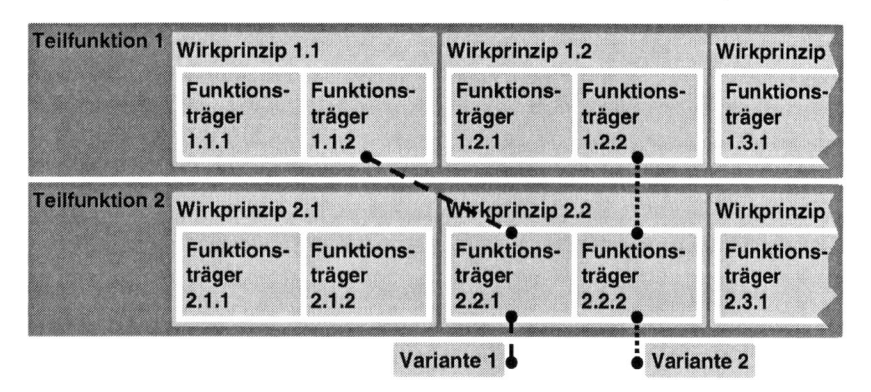

Variante 1 ●   ● Variante 2

Bild 2-16: Morphologischer Kasten

Durch diese oder eine ähnliche Gegenüberstellung aller Alternativen kann das (Problemlösungs-)Potenzial einer einzelnen Lösung relativ zu den anderen Lösungen bewertet werden. Der morphologische Ansatz kann somit auch die Bewertung des relativen Potenzials von Produkttechnologien unterstützen.

2.3.3 TRIZ – die Theorie des erfinderischen Problemlösens

TRIZ entstand in der ehemaligen Sowjetunion unter der Leitung von Genrich ALTSCHULLER. Er verfolgte das Ziel, dem Entwickler eine Methode an die Hand zu geben, die ihn bei der Lösung technischer Probleme unterstützen sollte [vgl. KAPL96, S. 1], und hat der Methodik daher einen entsprechenden Namen gegeben: TRIZ ist das russische, jetzt international gebräuchliche Akronym für „Theorie zur Lösung inventiver Probleme" [vgl. TERN98, S. 5].

Die Grundlagen der Methodik beruhen auf den Arbeiten und empirischen Studien des Wissenschaftlers und seiner Kollegen. Er nahm an, dass der Weg zu einer Erfindung bestimmten Gesetzmäßigkeiten und Regeln folgt [vgl. HERB98, S. 15]. Um diese Annahme zu beweisen und zu konkretisieren, analysierte ALTSCHULLER zahlreiche Patente [vgl. KAPL96, S. 1] und kam zu folgenden Feststellungen [vgl. HERB98, S. 15 f.]:

▶ Die präzise Beschreibung eines Problems führt häufig schon zu kreativen Problemlösungen.

Grundlagen und Kennzeichnung der derzeitigen Situation

- Viele Probleme wurden bereits in anderen Gebieten und Branchen unter anderem Namen – aber durchaus inhaltlich vergleichbar – gelöst.
- Der Widerspruch ist das zentrale, Innovationen provozierende Element zahlreicher Patentschriften.
- Die Weiterentwicklung technischer Systeme in Richtung Idealität folgt bestimmten Grundregeln – bestimmten Evolutionsprinzipien und –gesetzen.

Über diese grundlegenden Erkenntnisse hinaus entdeckte ALTSCHULLER eine Vielzahl von Lösungsmustern, die von Erfindern immer wieder erfolgreich zur Problemlösung eingesetzt wurden. Aus diesen Lösungsmustern wurden unterschiedliche Werkzeuge zur technischen Problemlösung entwickelt [vgl. KAPL96]. Das generelle Vorgehen der TRIZ-Methodik basiert dabei auf der Identifikation und Nutzung von Analogien und erfolgt in drei Schritten [vgl. TERN98, S. 25-27] (vgl. Bild 2-17). Zunächst wird das spezifische Problem analysiert und abstrahiert. In der abstrahierten Form der Problembeschreibung werden Analogien zu früheren Problemstellungen genutzt, um die Lösungsmuster dieser Probleme auf das spezifische Problem zu übertragen. Der Entwickler kann sich durch diese Lösungsmuster inspirieren lassen und daraus eigene problemspezifische Lösungen erarbeiten [vgl. EVER03, S. 152].

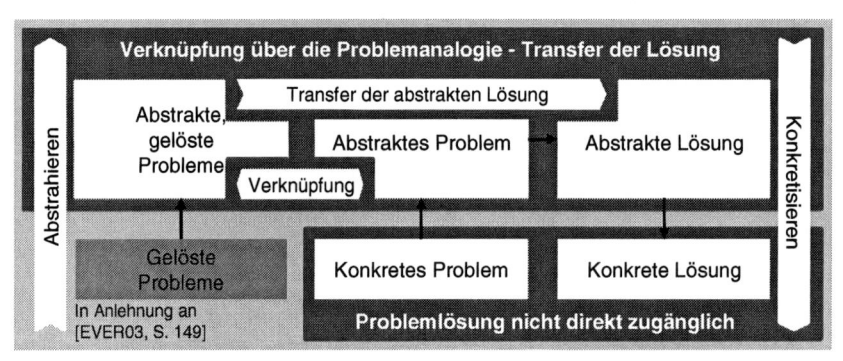

Bild 2-17: Grundprinzip der TRIZ-Methodik

Zur methodischen Unterstützung haben ALTSCHULLER und seine Mitarbeiter verschiedene Werkzeuge entwickelt. Prinzipiell lassen sich diese Werkzeuge den vier Grunderkenntnissen der TRIZ-Methodik entsprechend in die vier Kategorien Systematik, Wissen, Analogie und Vision einordnen [vgl. GIMP00, S. 7 f.]:

Die *systematischen Werkzeuge* unterstützen den Entwickler bei der Analyse und Strukturierung der Problemsituation. Sie dienen beispielsweise der Erarbeitung von Grundkonzepten oder der Identifikation zu optimierender Funktionen. Für die vorliegende Arbeit ist insbesondere die Funktionsanalyse bzw. –modellierung, die in ähnlicher Weise auch in der Konstruktionssystematik zu finden ist [vgl. KOLL94, S. 88-96; VDI97, S. 15-18], von Interesse. Bei diesem Werkzeug werden die Elemente eines Systems sowie dessen Umfeld funktional beschrieben. Auf der Grundlage dieses Modells können dann alternative Problemlösungen oder Systemoptimierungen erarbeitet werden.

Die *wissensbasierten Werkzeuge* der TRIZ-Methodik steuern ein breites Spektrum an Wissen aus Chemie, Physik, Mechanik und Thermodynamik bei und machen dieses durch entsprechende Methoden zugänglich. Dabei steht insbesondere der funktionale Ansatz im Vordergrund, bei dem physikalische Effekte und Beispielanwendungen über eine funktionale Beschreibung in Wissensdatenbanken abgelegt sind [vgl. IDEA99, S. 123; INVE98].

Den *Analogie-Werkzeugen* liegt insbesondere die von ALTSCHULLER begonnene und bis heute anhaltende Patentanalyse zu Grunde. Ergebnisse dieser Analyse sind z.b. die so genannten Innovationsprinzipien. Sie beschreiben abstrahierte Lösungsprinzipien, die in Patenten immer wieder zur Auflösung von Widersprüchen angewendet wurden [vgl. KAPL96, S. 13 f.].

Der Kategorie Evolution oder auch *Vision* werden Werkzeuge zugeordnet, mit denen die Weiterentwicklung von technischen Systemen antizipiert werden kann [vgl. HERB00, S. 49]. Wegen der besonderen Relevanz dieser Werkzeuge für die Technologiefrüherkennung werden sie im Folgenden detaillierter betrachtet.

Diese Werkzeuge werden z. B. als Trends oder Lines of Technological Evolution [vgl. IDEA99, S. 226; MANN02, S. 273; SALA99, S. 160], Patterns of Evolution [vgl. ZLOT01, S. 40; TERN98, S. 127], Entwicklungsgesetze [vgl. KLEI02, S. 119] oder Gesetze der technischen Evolution [vgl. EVER03, S. 171] bezeichnet und haben im Wesentlichen die gleiche Bedeutung wie die in dieser Arbeit benutzte Begrifflichkeit der Evolutionsprinzipien. Eine Ausnahme bilden die von ALTSCHULLER entdeckten Evolutionsgesetze [vgl. ALTS84, S. 115-119]. Sie bilden die Grundlage für die Evolutionsprinzipien.

Die Evolutionsprinzipien beschreiben einen idealisierten Prozess, dem technische Systeme im Laufe der Zeit auf Grund von Weiterentwicklungen und Erfindungen unterliegen [vgl. PANN01, S. 107; vgl. PETR92]. Kenntnisse über diese Gesetze bergen nicht nur große Innovationspotenziale, sondern unterstützen den Anwender dabei, über Produktalternativen und Innovationsprojekte zu entscheiden [vgl. EVER03, S. 171]. Die Evolutionsprinzipien ermöglichen sowohl einen Blick in die Zukunft des Marktes [vgl. ZLOT01, S. 4-39] als auch der Technologieentwicklung [vgl. HERB00, S. 42; IDEA99, S. 230-244], wobei Letzteres im Vordergrund der Betrachtung steht [vgl. SALA99, S. 141-167]. Mit diesem Werkzeug wird der evolutionäre Stand eines Systems identifiziert und daraus der Handlungsbedarf bzw. die Handlungspotenziale abgeleitet. Kernelement ist die Kenntnis über Lebensphasen und Lebenslinien technischer Systeme [vgl. MANN00, S. 273-277].

Obwohl die Evolutionsprinzipien bzw. deren Vorläufer schon seit langem bekannt sind [vgl. ALTS73, S. 59-76; ALTS84, S. 115-119], existiert bisher kein vollständiges, in sich abgestimmtes Verfahren, diese Erkenntnisse umzusetzen [PANN01, S. 109 f.]. Die existenten Verfahren [vgl. z.B. ALTS84, S. 115-119; FEYV97, S. 37-50; HERB00, S. 179-208; ORLO02, S. 222-248; TERN98, S. 127-146; TRIS02; ZOBE01, S. 229-235] sind prinzipiell ähnlich und unterscheiden sich hauptsächlich in der Gruppierung der Evolutionsprinzipien. Allen Ansätzen ist gemeinsam, dass sie primär auf die Entwicklung von neuen Produktideen ausgerichtet sind.

Das Vorgehen bei der Anwendung der Evolutionsprinzipien ist identisch. Die Evolution technischer Systeme ist über der Zeit aufgetragen und wird in Phasen unterteilt [vgl. INVE98]. Das zu betrachtende System bzw. seine Teile werden analysiert und der aktuelle Entwicklungsstand wird anschließend dem jeweiligen Prinzip folgend einer Phase zugeordnet. Aufbauend auf der Positionierung wird nach zukünftigen Entwicklungen gesucht [vgl. MANN00,

S. 273-277]. Dabei wird das bereits beschriebene Prinzip der Analogie genutzt (vgl. Bild 2-17): Die konkrete technische Situation wird abstrahiert und mit den Phasen der einzelnen Evolutionsprinzipien verglichen. Durch die allgemeine Beschreibung dieser und der folgenden Phasen, die das System voraussichtlich durchlaufen wird, kann der Anwender durch Analogiebetrachtungen auf die aktuelle Situation wie auch auf die zukünftige Entwicklung des konkreten technischen Systems schließen. Durch kreative Nutzung der Analogiebetrachtungen können somit Visionen der Zukunft erarbeitet werden [vgl. EVER03, S. 172].

Die Anwendung der Evolutionsprinzipien wird nach Höhe des Aufwandes und des Niveaus der angestrebten Ergebnisse in drei Stufen gegliedert. Je nach Zielvorgabe wird eine der drei Stufe ausgewählt. Auf der ersten Stufe werden die Evolutionsprinzipien mit vergleichsweise geringem Aufwand auf ein bestehendes technisches System angewendet, um neue Ideen zur Leistungssteigerung zu erarbeiten. Die zweite Stufe erlaubt eine detailliertere Prognose. Hier wird nicht nur das technische System, sondern es werden auch dessen Komponenten untersucht. Die Ergebnisse sind beispielsweise konstruktive Entwürfe, Spezifikationen von Komponenten und die Auswahl geeigneter Fertigungsverfahren, die mittelfristig umgesetzt werden. Auf der dritten Stufe werden die Evolutionsprinzipien genutzt, um Lösungsideen zu erarbeiten, die in der Regel erst weit in der Zukunft realisiert werden können und ein hohes innovatives Potenzial besitzen. Die Evolutionsprinzipien werden in dieser Stufe auf Technologien oder Branchen übertragen und von Patentrecherchen, Markt- und Trendanalysen begleitet [vgl. EVER03, S. 172; TRIS02].

Die Evolutionsprinzipien haben nicht nur großes Potenzial zur Unterstützung der Ideenfindung und die technische Problemlösung, sondern bieten auch die Möglichkeit zur Antizipation technologischer Entwicklungen. Dieses Potenzial wurde erst in den letzten Jahren erkannt und genutzt [vgl. MOEH02, S. 129-148; SALA99, S. 160-163; STEL03]. Für die Qualität der Ergebnisse der Technologiefrüherkennung ist eine Kombination der Evolutionsprinzipien mit herkömmlichen Ansätzen der Technologiefrüherkennung sehr viel versprechend, da abgeschätzte Trendentwicklungen so mit konkreten Ideen für Technologieentwicklungen untermauert werden könnten [vgl. IDEA99, S. 226]. Allerdings mangelt es noch an einer praktikablen und systematischen Methode, mit der dieses Potenzial für die Technologiefrüherkennung genutzt werden kann.

2.4 Forschungsbedarf und Lösungshypothese

Ziel der Arbeit ist, eine Methodik zu entwickeln, mit der das Potenzial von Produkttechnologien, die dieselbe primäre Funktion erfüllen, aus der Sicht eines Technologieeigners abgeschätzt werden kann. Dabei wurde das Potenzial einer Technologie als Funktion der Weiterentwickelbarkeit, der Entwicklungsgeschwindigkeit (Zeitbedarf), des theoretischen Anwendungsumfangs und des Diffusionsverlaufs definiert (vgl. Kapitel 2.1.1.2).

Auf Basis der vorangegangenen Analyse von relevanten Forschungsarbeiten wird ein Defizit an konkreten und praktikablen Handlungsanweisungen zur Durchführung einer Technologiefrüherkennung deutlich. Insbesondere konnte keine Methode identifiziert werden, mit der sich das Potenzial von Produkttechnologien zuverlässig qualitativ abgeschätzt lässt. Die Analyse der Forschungsarbeiten und der vorgestellten Konzepte zeigt allerdings, dass die Grundlagen für die Entwicklung einer Methodik im Sinne der Aufgabenstellung bestehen.

Dabei stützt sich der Lösungsansatz auf die Hypothese, dass das Potenzial von Produkttechnologien, die dieselbe primäre Funktion erfüllen, nur relativ zu den konkurrierenden Technologien bewertet werden kann. Die Definition des Potenzials macht deutlich, dass sowohl markt- als auch technologiespezifische Betrachtungsdimensionen das Potenzial von Produkttechnologien charakterisieren. Dabei sind der Anwendungsumfang und der Diffusionsverlauf primär marktorientierte Charakteristika. Allerdings wird davon ausgegangen, dass der marktseitige Bedarf an einer Produktfunktion über lange Zeit konstant bleibt. Dann entscheidet nur die Leistungsfähigkeit der jeweiligen Technologie in Bezug auf die Konkurrenztechnologien über deren Diffusionsverlauf – also deren Marktdurchdringung. Als Ergebnis dieser Hypothese kann daher der Anwendungsumfang aller Konkurrenztechnologien, die dieselbe Funktion erfüllen, als konstant festgelegt werden. Der Diffusionsverlauf ist eine Funktion der aktuellen und zukünftigen Leistungsfähigkeit und somit eine Funktion der relativen Weiterentwickelbarkeit und der relativen Entwicklungsgeschwindigkeit. Damit ist das Potenzial von Produkttechnologien im Sinne des Bezugsrahmens dieser Arbeit auf die beiden Kriterien Weiterentwickelbarkeit und Entwicklungsgeschwindigkeit eingegrenzt.

Beide Kriterien können durch die S-Kurven-Darstellung anschaulich beschrieben werden (vgl. Bild 2-18). Bei diesem Modell wird davon ausgegangen, dass jede Technologie eine eigene physikalische Leistungsgrenze aufweist [vgl. ALTS84, S. 116], die trotz aller Entwicklungsaktivitäten nicht überschritten werden kann, und dass sich die Leistungsfähigkeit im Laufe der Zeit durch kontinuierliche Verbesserung stetig erhöht [vgl. ALTS84, S. 126 f.]. Wird die Leistungsfähigkeit über der Zeit oder aufgetragen, ergibt sich daraus ein S-Kurven-förmiger Verlauf, der sich der Leistungsgrenze asymptotisch nähert. Wird die aktuelle Leistungsfähigkeit einer Technologie auf der S-Kurve eingetragen, ist die theoretische **Weiterentwickelbarkeit** die Differenz zwischen der aktuellen Leistungsfähigkeit und der Leistungsgrenze. Die **Entwicklungsgeschwindigkeit** ist die Steigung der S-Kurve im Punkt der aktuellen Leistungsfähigkeit – also die Geschwindigkeit der Leistungssteigerung.

Obwohl es einige etablierte Ansätze zur Positionierung einer Technologie auf der S-Kurve gibt, wurde in diesem Kapitel gezeigt, dass die Ansätze teilweise nicht praktikabel sind und dass die Aussagekraft der erzielten Erkenntnisse nicht hinreichend präzise ist. Eine Ursache dafür ist der begrenzte Blickwinkel der verschiedenen Ansätze. So beschränken sich beispielsweise die Lebenszyklusanalyse nach LITTLE und die S-Kurven-Analyse nach

ALTSCHULLER wie alle extrapolatorischen Verfahren auf die Ex-post-Betrachtung der Entwicklungshistorie einer Technologie. Andere Ansätze, wie z.B. die Szenariotechnik oder die morphologische Analyse, fokussieren stärker auf die Entwicklung des technologischen Umfelds sowie der Wettbewerbstechnologien. Dabei werden die Entwicklungshistorie und die Leistungsgrenze von Technologien häufig außer Acht gelassen. Bei den vorgestellten Früherkennungskonzepten hingegen werden viele verschiedene Informationsquellen untersucht; aber sie werden nicht zu einer konkreten Aussage über das Potenzial einer Produkttechnologie gebündelt. Eine Ausnahme bilden die Portfoliotechniken. Allerdings fehlen auch hier einige wichtige Betrachtungsdimensionen.

$$Potenzial\ T_n\ (PT_n) = f\ (Weiterentwickelbarkeit; Entwicklungsgeschwindigkeit)$$

Technologische Leistungsfähigkeit (TL)

Leistungsgrenze T_n (lim TL_n)

Ist-Leistung T_n ($TL_{n,ist}$)

Entwicklungsgeschwindigkeit $= \frac{\Delta TL}{\Delta t}$

Weiterentwickelbarkeit $= \lim TL_n - TL_{n,ist}$

Technologie n (T_n)

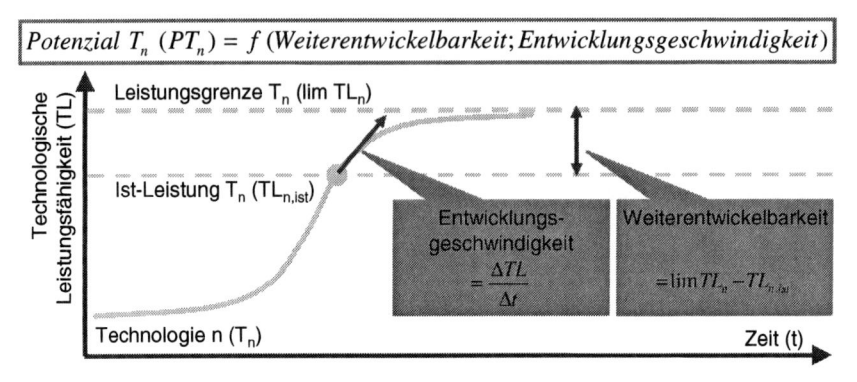

Zeit (t)

Bild 2-18: Darstellung des Potenzials einer Technologie im S-Kurven-Modell

Aus diesem Grund ist die Lösungshypothese dieser Arbeit, dass das Potenzial von Produkttechnologien aus mehreren Blickwinkeln betrachtet werden muss, um hinreichend präzise Aussagen treffen zu können. Im Speziellen sollen drei Methoden diesen mehrdimensionalen Ansatz unterstützen. Dies sind die Systemtechnik, die Morphologie und die TRIZ-Methodik. Dabei sind die beiden ersten Konzepte teilweise in der TRIZ-Methodik enthalten. Neben diesen Ansätzen erscheint innerhalb der TRIZ-Methodik insbesondere das Konzept der technischen Evolution zur Bestimmung des Potenzials von Produkttechnologien geeignet. Alle drei Ansätze wurden in der Vergangenheit bereits für die Technologiefrüherkennung eingesetzt – allerdings weitestgehend getrennt voneinander (vgl. Kapitel 2.3). Insbesondere das Potenzial der TRIZ-Methodik für die Technologiefrüherkennung wurde erst im letzten Jahrzehnt erkannt und bei weitem noch nicht erschlossen (vgl. Kapitel 2.3.3).

Die Forschungsfrage aus Kapitel 1.2 kann somit wie folgt konkretisiert werden:

Kann durch die Kombination von TRIZ, Systemtechnik und Morphologie das technologische Potenzial von Produkttechnologien, die dieselbe primäre Funktion erfüllen, aus der Sicht eines Technologieeigners abgeschätzt werden?

Da die TRIZ-Methodik die Systemtechnik und den morphologischen Ansatz integriert, wurde „TRIZ-basierte Technologiefrüherkennung" als Titel der Arbeit gewählt.

Im Einzelnen soll mit diesen drei Ansätzen zunächst das für die Potenzialbestimmung relevante Umfeld einer Produkttechnologie bestimmt werden. Darauf aufbauend sollen Alternativen zu dieser Technologie identifiziert werden, um dann die Zukunft aller relevanten Technologien zu antizipieren.

Da die Entwicklung technischer Systeme von einer unüberschaubaren Vielzahl verschiedener Faktoren beeinflusst wird und alle aktuell oder zukünftig existierenden Systeme für ein Unternehmen interessant sein könnten, ist es zunächst notwendig, einen Betrachtungsraum festzulegen. Mit Hilfe der Systemtechnik [vgl. BRUN91; PATZ82] bzw. des „Systems Engineerings" [vgl. HABE 99], dem TRIZ-Werkzeug „Systems Operator" [vgl. MANN02] und der Morphologie [vgl. KOLL94; VDI93] wird daher ein „Modell des Suchbereichs" entwickelt, mit dem auf die für die Potenzialbestimmung wesentlichen Aspekte fokussiert wird. Mittelpunkt dieses Modells ist eine zu betrachtende Produkttechnologie, die abstrakt durch die primär nützliche Produktfunktion beschrieben wird. Die Umgebung dieses Systems wird durch Super- und Subsysteme sowie durch alternative Systeme aufgespannt. Das bedeutet, dass Komponenten und Anwendungen sowie alternative Komponenten, Produkte und Anwendungen dem morphologischen Denkansatz entsprechend in den Betrachtungsraum aufgenommen werden. Aus den unterschiedlichen Anwendungsfällen können die Entwicklungsziele und somit die Anforderungen an die Leistungsfähigkeit der Produkttechnologien abgeleitet werden. Die unterschiedlichen Komponenten und deren Weiterentwicklungspotenzial erlauben Rückschlüsse auf die Weiterentwickelbarkeit und die Entwicklungsgeschwindigkeit der Produkttechnologien, da die ungleichmäßige Entwicklung der Teile eines Systems dessen Weiterentwicklung bestimmt [vgl. ALTS84, S. 127]: Die untergeordneten Systeme haben ein Leistungstreiberpotenzial. Die alternativen Technologien sind notwendig, damit sowohl die Weiterentwickelbarkeit als auch die Entwicklungsgeschwindigkeit zu anderen Technologien in Bezug gesetzt und daraus das relative Potenzial abgeleitet werden kann.

In einem weiteren Arbeitsschritt ist darauf aufbauend die zukünftige Entwicklung der Systeme, Super- und Subsysteme zu antizipieren. Dazu sollen die Evolutionsprinzipien der TRIZ-Methodik [vgl. EVER03, S. 171-182] angewendet werden. Da kein einheitliches Vorgehen für diese Prinzipien existiert und bestehende Ansätze für die Ideenfindung im technischen Entwicklungsprozess ausgelegt sind, müssen die Evolutionsprinzipien so für die Technologiefrüherkennung adaptiert und modifiziert werden, dass mit ihrer Hilfe Entwicklungsmöglichkeiten erarbeitet werden können. Neben diesem „Evolutionsmodell", mit dem die Entwicklung einer Produkttechnologie und deren Umfeld antizipiert werden kann, ist das „Modell der Leistungsgrenze" zu entwickeln. Dieses Modell soll nicht nur dazu dienen, die aktuelle Leistungsfähigkeit auf der S-Kurve darzustellen, sondern auch die physikalische Leistungsgrenze zu ermitteln. Um auch die Erkenntnisse aus der Entwicklungshistorie der Produkttechnologien zu nutzen, sind die Lebenszyklusmodelle nach LITTLE und ALTSCHULLER praktikabel zu gestalten. Abschließend ist ein Modell zu entwickeln, in dem die gewonnenen Erkenntnisse integriert und auf das S-Kurven-Modell übertragen werden können.

Die einzelnen Modelle werden in den allgemeinen Prozess der Technologiefrüherkennung integriert und somit zu einer praktikablen Methodik kombiniert. Dabei ist sicherzustellen, dass die Modelle chronologisch aufeinander aufbauen und gewonnene Erkenntnisse an die folgenden Module weitergegeben werden.

3 Konzeption der Methodik

Nach der Klärung grundlegender Begriffe und Eingrenzung des Untersuchungsbereichs wurden im vorangegangenen Kapitel relevante Ansätze und Konzepte analysiert, um daraus die Lösungshypothese abzuleiten. Auf Basis dieser Erkenntnisse wird im dritten Kapitel ein Grobkonzept für eine der Lösungshypothese entsprechende Methodik entwickelt. Im vierten Kapitell wird das Grobkonzept dann detailliert, um die Lösungshypothese in eine operationalisierte Methodik zu überführen. Der Konzeptionsprozess ist in Bild 3-1 dargestellt.

3 Konzeption der Methodik		
3.1 Systemtechnische Analyse des Untersuchungsbereichs		
3.2 Voraussetzung für die Methodikanwendung		
3.2.1 Zielsystem der Methodik	3.2.2 Inhaltliche Anforderungen an die Methodik	3.2.3 Formale Anforderungen an die Methodik
3.3 Modellsystem der Methodik		
3.3.1 Grundlagen der Modelltheorie	3.2.2 Modellierung der Aufbaustruktur	
3.4 Modellierung der Ablaufstruktur		
3.4.1 Vorgehensmodell des Systems Engineering	3.4.2 Grobkonzept der Ablaufstruktur	3.4.3 Auswahl der Modellierungsmethode
3.5 Zwischenfazit: Grundkonzept der Methodik		

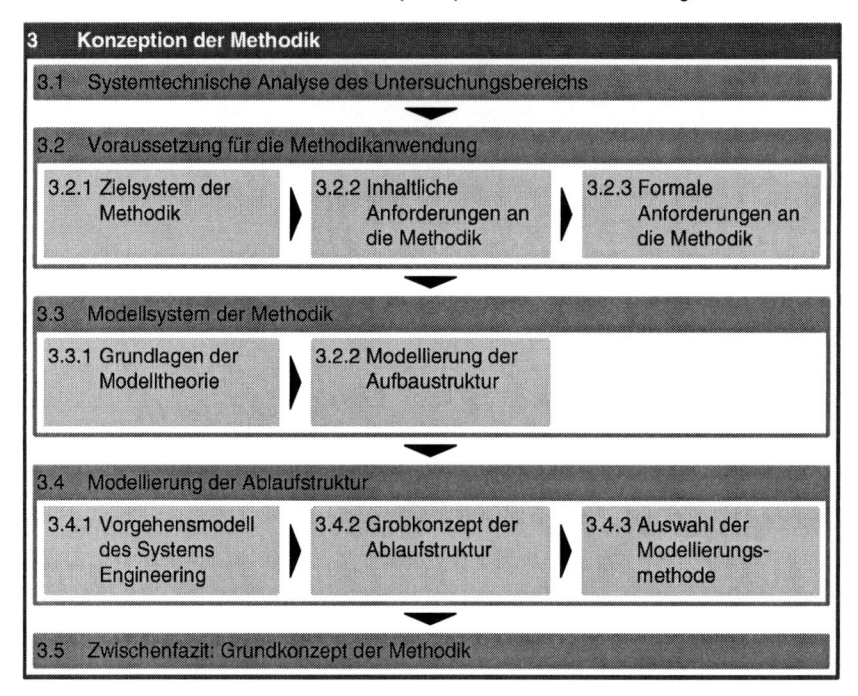

Bild 3-1: Vorgehensweise zur Konzeption der Methodik

Zunächst wird der Untersuchungsbereich systemtechnisch analysiert, um die für die Methodik relevanten Elemente (Subjekt, Objekt, Prozess und Umfeld) zu definieren. Aus dem vorher festgelegten Gesamtziel der Arbeit und den analysierten Ansätzen und Konzepten wird dann das Zielsystem der Methodik abgeleitet. Danach werden die inhaltlichen Anforderungen mit Bezug auf die systemtechnisch definierten Elemente formuliert. Die formalen Anforderungen werden aus der industriellen Praxis induziert und aus modelltheoretischen Formalien deduziert. Nachdem so die Voraussetzung für die Methodikanwendung geschaffen wurde, wird das Modellsystem der Methodik entwickelt. Dazu werden zunächst die Grundlagen der Modelltheorie beschrieben und wird anschließend die Aufbaustruktur der Methodik modelliert. Diese Aufbaustruktur wird dann mit einer Ablaufstruktur zur Entwicklung der Modelle kombiniert. Als Überleitung zur Detaillierung dieser Ablaufstruktur wird abschließend eine passende Modellierungssprache ausgewählt.

3.1 Systemtechnische Analyse des Untersuchungsbereichs

Die Eingrenzung des Untersuchungsbereichs erfolgte in Kapitel 2.1 durch die Definition von Subjekt, Objekt und Prozess. Damit wurde zur zielgerichteten Entwicklung der benötigten Methodik exakt abgegrenzt, für welche Akteure, Technologien und Aktivitäten diese bereitgestellt wird. Aufbauend auf dieser Eingrenzung erfolgt in diesem Kapitel die systemtechnische Analyse des Untersuchungsbereichs.

Die Systemtechnik (eng. Systems Engineering bzw. Systems Theory) wird dann angewendet, wenn komplexe Erscheinungen, die als System bezeichnet und verstanden werden können, analysiert und gestaltet werden sollen [vgl. HABE99, S. 25] – wenn also innovative Lösungen für interdisziplinäre, komplexe Problemstellungen erarbeitet werden sollen [vgl. BRUN91, S.1; PATZ82, S. 2]. Da es sich bei der Entwicklung einer Methodik der Technologiefrüherkennung um ein Vorhaben außergewöhnlich großen Umfangs handelt [vgl. HABE99, S. 223], ist die Anwendung des Systemdenkens für die erfolgreiche Durchführung des Vorhabens zwingend notwendig. Durch eine systemtechnische Analyse kann somit auf einem hohen Abstraktionsgrad eine allgemeingültige Basis für die Modellierung der Methodik geschaffen werden [vgl. BRAN02, S. 38].

Im Sinne des Problemlösungsprozesses werden Subjekt, Objekt, Prozess und Umfeld den vier Systemtypen Zielsystem, Programmsystem, Wirksystem und Objektsystem zugeordnet. Durch diese Darstellung (vgl. Bild 3-2) wird eine Gliederung des Planungsprozesses in die Schritte

▶ Zielplanung (anzustrebender Zustand),

▶ Maßnahmenplanung (Aktivitätenbündel bestehend aus Ablauf- und Mittelplanung) und

▶ Ergebnis (konkretes oder abstraktes System) ermöglicht [vgl. PATZ82, S. 30 f., 92-94].

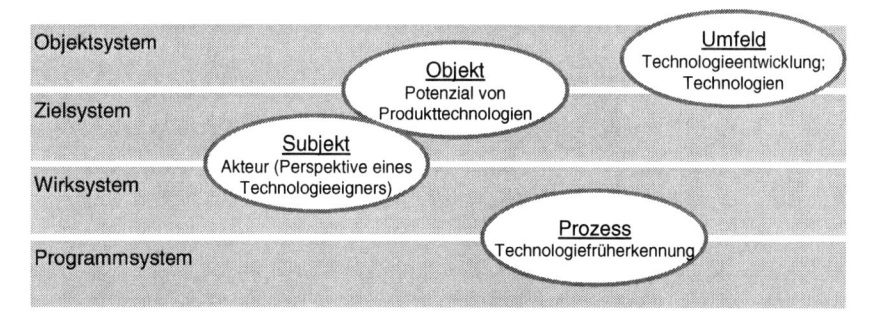

Bild 3-2: Systemtechnische Darstellung des Untersuchungsbereichs

Die Systemtypen werden nach G. PATZAK wie folgt definiert [PATZ82, S. 31 f.]:

▶ *Objektsysteme* sind konkrete oder abstrakte Systeme, die einen Einwirkungsgegenstand bzw. ein Handlungsergebnis darstellen. Sie sind somit Gegenstand der Aktivitäten von Wirksystemen bei der Realisierung von Programmsystemen zur Erreichung von Zielsystemen.

Konzeption der Methodik

- *Zielsysteme* stellen das angestrebte Ziel – also das gewünschte Ergebnis – in abstrakter Form dar. Die Darstellung kann dabei als Zielhierarchie, als zeitliche Folge von Teilzielen sowie als deren Kombination erfolgen.
- *Wirksysteme* sind Systeme, die als Träger der Aktivitäten für Programmsysteme notwendigen Mittelcharakter haben. Sie setzen sich aus belebten und unbelebten Komponenten (Menschen und Sachmittel) sowie deren Beziehung zueinander zusammen.
- *Programmsysteme* sind Aktivitätenpläne. Sie stellen das Mittel zur Zielerreichung dar und beschreiben somit die Art und Weise der durchzuführenden Aktivitäten. Die Darstellung kann beispielsweise durch Projekt- oder Programmpläne erfolgen.

Übertragen auf den vorliegenden Betrachtungsbereich entspricht das Zielsystem dem zu bestimmenden Potenzial von Produkttechnologien. Das Ergebnis dieser Arbeit ist allerdings ein Vorgehensmodell, das die Bestimmung des Potenzials ermöglicht, - also das Programmsystem. Das Wirksystem umfasst primär die ausführende Person bzw. die Personengruppe (Technologiefrüherkenner) mit dem Blickwinkel des Technologieeigners und die Mittel, die zur Erfüllung der Aufgabe genutzt werden. Die Mittel gliedern sich in Arbeitsmaterialien (wie z.B. Vorgehensbeschreibungen) und Informationsquellen (wie z.B. Patente oder Veröffentlichungen). Das Objektsystem beinhaltet alle Technologien sowie deren Entwicklung und deren Potenzial. Allerdings wird das Potenzial aus der Perspektive des Subjekts als verborgen angesehen. Das Handlungsergebnis ist das erkannte Potenzial.

Mit der systemtechnischen Analyse des Untersuchungsbereichs sind die Systemkomponenten des Problemlösungsprozesses festgelegt worden. Darauf aufbauend können jetzt die Voraussetzungen für die Methodikanwendung definiert werden.

3.2 Voraussetzung für die Methodikanwendung

Zur systematischen Konzeption der Methodik ist es erforderlich, ein für die komplexe Themenstellung hinreichendes Anforderungsprofil zu erstellen, das den Forschungsprozess zum gewünschten Ergebnis leitet. Zu diesem Zweck wird zunächst ein Zielsystem für die zu lösende Forschungsaufgabe definiert. Auf dieser Basis werden anschließend die inhaltlichen und formalen Anforderungen sowohl analytisch-deduktiv aus den Eigenschaften von Planungsobjekt, -subjekt, -prozess und –umfeld als auch empirisch-induktiv aus der industriellen Praxis abgeleitet und um modelltheoretische Ansätze ergänzt (vgl. Bild 3-3).

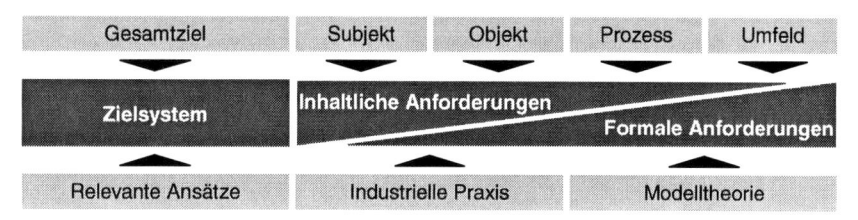

Bild 3-3: Vorgehen bei der Erstellung des Anforderungsprofils

3.2.1 Zielsystem der Methodik

Für die Erstellung des Zielsystems wird eine kombinierte deduktiv-induktive Vorgehensweise nach PATZAK gewählt [vgl. PATZ82, S. 167 – 174]. Das nicht-operational definierte Gesamtziel wird deduktiv in operationale und weitestgehend überschneidungsfreie Teilziele zerlegt. Parallel dazu wird das Zielsystem induktiv erstellt: Teilziele werden auf heuristischem Wege gesammelt und ihren Zusammenhängen entsprechend zu Oberzielen kombiniert. Als Quelle für diese Teilziele dient insbesondere die im zweiten Kapitel vorgenommene Analyse und kritische Würdigung relevanter Ansätze. Ausgangspunkt für die Erstellung des Zielsystems ist allerdings das bereits definierte und daher von der induktiven Vorgehensweise unbeeinflusste Gesamtziel:

Das Ziel dieser Arbeit ist die Entwicklung einer Methodik, mit der das Potenzial von Produkttechnologien, die dieselbe primäre Funktion erfüllen, aus der Sicht eines Technologieeigners abgeschätzt werden kann. Die zu entwickelnde Methodik soll dabei wesentlich auf den verschiedenen Philosophien und Werkzeugen der TRIZ-Methodik basieren. Es werden aber auch andere Instrumente und Methoden – insbesondere zur Technologiefrüherkennung – berücksichtigt, sofern sie für den hier dargestellten Betrachtungsbereich von Interesse sind.

Mit der Methodik werden zwei primäre Teilziele verfolgt, die mit den Begriffen „Optionen" und „Visionen" beschrieben werden können: In einem vorher definierten Betrachtungsrahmen sollen alternative Produkttechnologien aufgezeigt werden, die optional für die Erfüllung einer definierten Produktfunktion zur Verfügung stehen. Darüber hinaus sollen aber auch optionale Systeme dargestellt werden, in denen diese Technologien als Produkttechnologien zur Anwendung kommen können (Supersystem). Für diese Optionen sollen möglichst zuverlässige Visionen für die Entwicklung der Technologien erarbeitet werden, um dann daraus das Potenzial der verschiedenen Produkttechnologien ableiten zu können.

Das Zielsystem der Methodik ist in Bild 3-4 funktionshierarchisch dargestellt. Dabei werden alle Ziele als Funktionen – bestehend aus Objekt und Prädikat – beschrieben. Die Ziele sind hierarchisch aufgebaut und durch Wirkbeziehungen verknüpft. Damit das Gesamtziel erreicht werden kann, müssen in einem eingegrenzten Suchbereich sowohl mögliche technologische Optionen identifiziert als auch Visionen für deren weitere Entwicklung antizipiert werden. Die beiden Funktionen, die relevanten „Produkttechnologien recherchieren" und die Menge der gefundenen „Technologien reduzieren", sind notwendig, damit das Teilziel „Produkttechnologien identifizieren" erreicht werden kann. Ebenso sind die Funktionen, die „Entwicklungsgrenzen der Technologien bestimmen", „Entwicklungsmöglichkeiten erarbeiten" und diese „Abschätzungen bewerten" bzw. das Potenzial abzuleiten, Voraussetzung für die Antizipation der Technologieentwicklungen. Dabei ist sicherzustellen, dass die Prognose auf fundierten Informationen beruht. Somit basiert das Ergebnis der Methodikanwendung dann zum einen auf einer fundierten Informationsbasis; zum anderen wird es aber auch der Forderung von PATZAK gerecht, im systemtechnischen Planungsablauf samt Methodenrepertoire Platz für intuitive Einflüsse zu lassen [vgl. PATZ82, S. 3].

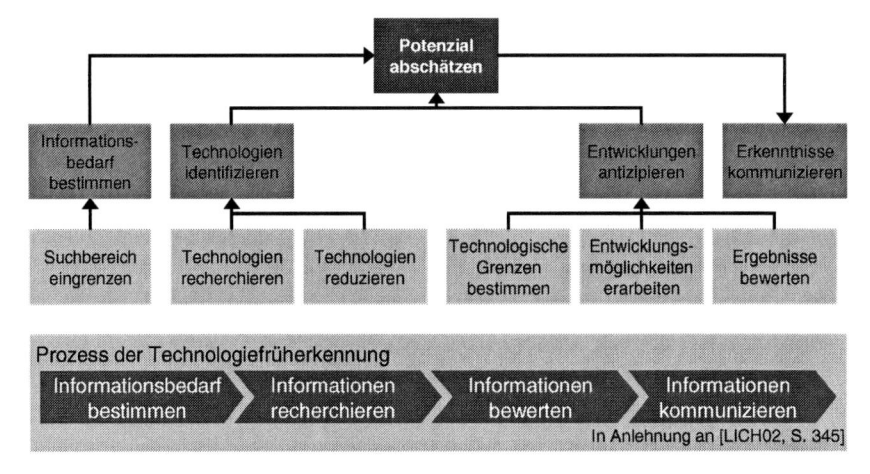

Bild 3-4: Zielsystem der Methodik

Eine vorgelagerte und damit für die Erfüllung des Gesamtziels notwendige Funktion ist die Bestimmung des Informationsbedarfs bzw. die Definition der Aufgabenstellung. Nachdem die Potenziale der Produkttechnologien abgeschätzt wurden, sind die Erkenntnisse zu transferieren, um entsprechende Aktionen einzuleiten. Die beschriebenen Teilziele lehnen sich somit an den im zweiten Kapitel erarbeiteten Prozess der Technologiefrüherkennung nach LICHTENTHALER an [vgl. LICH02, S. 345] (vgl. Kapitel 2.1.2.2).

3.2.2 Inhaltliche Anforderungen an die Methodik

Im Folgenden wird zunächst die Methodik idealisiert formuliert, um daraus dann realistische Anforderungen an die Methodik abzuleiten. Des Weiteren werden im Sinne einer antizipierenden Fehlererkennung mögliche Fehlerquellen benannt und entsprechende Fehler reduzierende Maßnahmen abgeleitet. Die Anforderungen an die Methodik gehen aus der industriellen Praxis und den Eigenschaften von Planungssubjekt, -objekt, -prozess und –umfeld hervor (vgl. Bild 3-5).

Das Subjekt – der Technologieeigner bzw. die in die Technologiefrüherkennung involvierten Personen – ist in seinen Entscheidungen prinzipiell als nicht objektiv anzunehmen. Nach LENK besteht bei technologischen Bewertungen grundsätzlich die Gefahr, bestehende technische Lösungen als höherwertig einzustufen, weil die Kenntnisse über neue Technologien zu gering sind [vgl. LENK94, S. 27]. Bessere Kenntnisse von Technologien führen zwangsläufig auch zu einer besseren Vorstellbarkeit. Somit werden Alternativen, zu denen die meisten Informationen verfügbar sind, mit höherer Wahrscheinlichkeit positiv bewertet, weil es einfacher ist, sich diese Alternativen vorzustellen [vgl. TVER86, S. 4 -6]. Diese Eigenschaft der menschlichen Psyche führt in der Praxis dazu, dass Alternativen mit hoher Informationsverfügbarkeit weiterverfolgt werden und für möglicherweise geeignetere Alternativen keine weiteren Informationen beschafft werden [vgl. DYCK98, S. 56 f.; EISE99, S. 74]. Somit kann eine ungleichmäßige Verteilung von Informationen zu subjektiven und damit falschen Beurteilungen von Handlungsalternativen führen, und zwar selbst dann, wenn rationale Entscheidungsmodelle unterstellt werden [vgl. SEID96, S. 26; BRAN02, S. 41-43]. Daraus ergibt sich die Anforderung, dass die Objektivität der Aussagen gewährleistet sein muss. Dazu muss das bewertende Subjekt eine gute Vorstellung von allen zu bewertenden Alternativen haben.

Industrielle Praxis

Inhaltliche Anforderungen
- Objektivität der Aussagen gewährleisten
- Einfache Anwendung ermöglichen und geringen Ressourceneinsatz (Zeit, Personal, Technik) erfordern
- Verwertung der Ergebnisse unterstützen
- Flexible Handhabbarkeit und Anpassungen ermöglichen
- Unscharfe Informationen und Unsicherheiten handhaben
- Indirekte Einflussparameter berücksichtigen

Subjekt	Objekt	Prozess	Umfeld
▸ Subjektiv ▸ Beeinflusst Planungsobjekt ▸ Geringe Ressourcen ▸ Erweitertes Anforderungsprofil	▸ Nicht real ▸ Unscharfe Informationen ▸ Abhängig von Umfeld	▸ großer Umfang	▸ dynamisch ▸ komplex

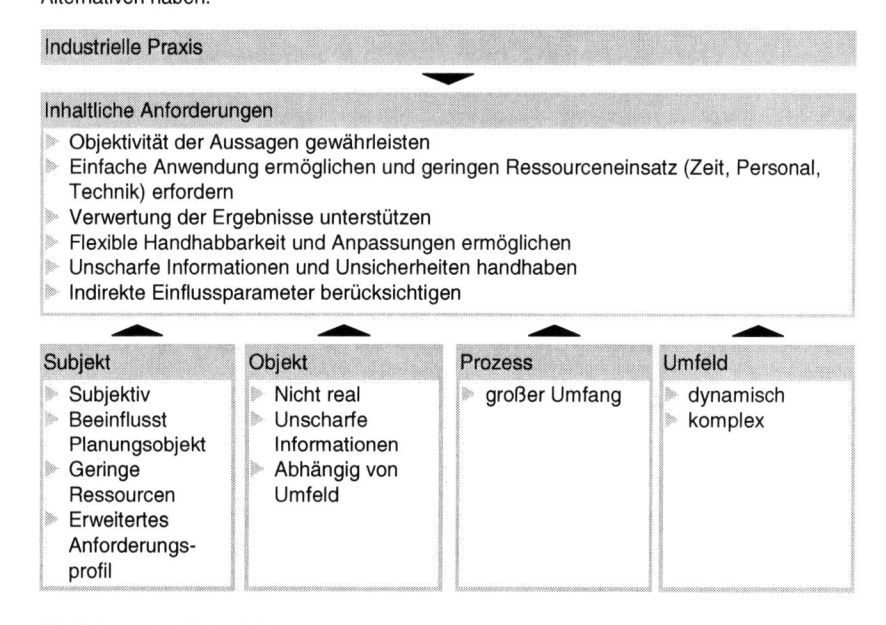

Bild 3-5: Inhaltliche Anforderungen

Für den Technologieeigner ist es grundsätzlich von großem Interesse, möglichst wenig Ressourcen – wie beispielsweise Zeit, Personal und Technik – für die Technologiefrüherkennung aufzuwenden. Dem steht einerseits die Qualität des Ergebnisses und andererseits der außergewöhnlich große Umfang der Technologiefrüherkennung gegenüber [vgl.

HABE99, S. 223 f.]. Es ist somit Aufgabe der Methodenentwicklung, den Widerspruch zwischen diesen Anforderungen soweit wie möglich zu lösen und ein effizientes Verfahren zur Verfügung zu stellen, das sowohl in der Anwendung einfach ist als auch einen geringen Ressourceneinsatz erfordert.

Die industrielle Praxis zeigt, dass auf Grund der Ressourcenknappheit bei Unternehmen und deren Mitarbeitern Erkenntnisse, die ein Handeln für die ferne Zukunft erfordern, oft nicht genutzt werden [vgl. GRAW04a, S. 8 f.]. Somit muss die Methodik eine Verwertung und eine konsequente Nutzung der Ergebnisse unterstützen.

Subjekt, Objekt und Umfeld bilden ein komplexes System und sind durch Wirkbeziehungen untereinander verknüpft. So gestaltet der Technologieeigner beispielsweise die Zukunft von Technologien selber, indem die Weiterentwicklung durch entsprechende Aktivitäten vorangetrieben wird. Erkenntnisse aus dem Früherkennungsprozess können somit zu selbsterfüllenden Prophezeiungen werden. Andererseits hat auch das Umfeld Einfluss auf die Weiterentwicklung von Technologien. Beispielsweise können politische Entscheidungen, veränderte Wettbewerbssituationen oder Ressourcenknappheiten zur globalen Veränderung von Entwicklungszielen führen. Diese dynamischen und indirekten Einflussparameter sowie die komplexen Zusammenhänge können nicht Bestandteil der Methodik sein. Dennoch muss eine flexible Handhabbarkeit und Anpassung ermöglicht werden. Dies gilt in beschränktem Maße auch vor dem Hintergrund unterschiedlicher Anforderungsprofile verschiedener Technologieeigner.

Mit der zu entwickelnden Methodik sollen Voraussagen für technologische Entwicklungen getroffen werden können. Daher handelt es sich bei dem Planungsobjekt zwangsläufig um ein (noch) nicht reales Objekt, über das demzufolge nur unscharfe und unsichere Informationen vorliegen können. Aus diesem Grund ist die Handhabung unscharfer Informationen und der Umgang mit Unsicherheiten eine wesentliche Anforderung an die Methodik.

3.2.3 Formale Anforderungen an die Methodik

Das bisher vorgestellte Zielsystem sowie die inhaltlichen Anforderungen beschreiben die angestrebte Leistungsfähigkeit der Methodik. Für die Modellierung der Methodik müssen darüber hinaus formale Anforderungen definiert und erfüllt werden, um eine optimale Wirksamkeit des Modells zu gewährleisten. Diese Anforderungen müssen in Anlehnung an PATZAK folgende Charakteristika aufweisen [vgl. PATZ82, S. 309 f.]:

- ▶ *Empirische und formale Richtigkeit* ist durch eine realitätsbezogene und in sich widerspruchsfreie Methodik gewährleistet. Das Vorhersagemodell – als Ergebnis der Methodik – muss eine Genauigkeit besitzen, die „noch als richtig zugelassen werden (kann)" [PATZ82, S. 310], und muss mit hoher Wahrscheinlichkeit auf die Realität zutreffen. Die Reproduzierbarkeit der Ergebnisse wird durch ein formal einwandfreies Vorgehen gewährleistet. Das Ergebnis als solches muss in sich widerspruchsfrei sein.

- ▶ *Zweckbezogenheit* bezieht sich auf die Erfüllung der Aufgabenstellung und damit auf das bei der Aufstellung des Zielsystems (vgl. Kapitel 3.2.1) definierte Gesamtziel sowie die abgeleiteten Teilziele. Das Vorhersagemodell soll also auf die „gestellten Fragen inhaltlich und formal brauchbare Antworten liefern" [PATZ82, S. 310]. Dieses Charakteristikum kann als Nutzen der Methodik bezeichnet werden.

▶ *Handhabbar und wenig aufwändig* bedeutet, dass der Aufwand für die Anwendung der Methodik und für die Interpretation des Vorhersagemodells möglichst gering gehalten werden soll.

Aus diesen drei Charakteristika ergeben sich die formalen Anforderungen, dass die Anwendung der Methodik in einem möglichst geringen Aufwand-Nutzen-Verhältnis stehen muss. Ebenso muss das Ergebnis der Methodikanwendung eine eindeutige Aussage und eine hohe Eintrittswahrscheinlichkeit besitzen (vgl. Bild 3-6).

Mit der Definition der formalen und inhaltlichen Anforderungen sowie des Zielsystems wurden die Voraussetzungen für die Methodikanwendung festgelegt. Auf dieser Grundlage wird im Folgenden das Modellsystem der Methodik konzipiert.

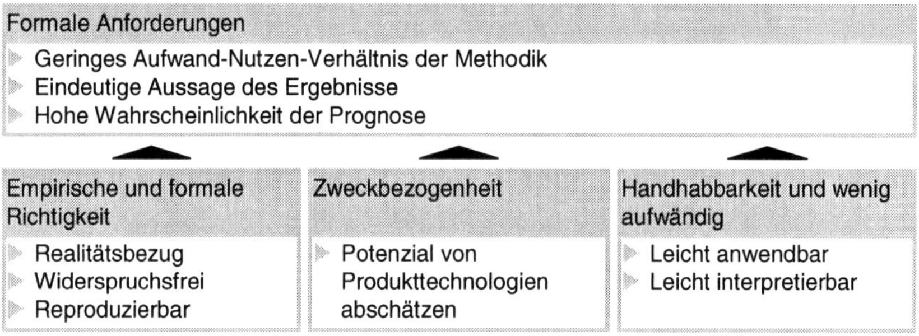

Formale Anforderungen
- Geringes Aufwand-Nutzen-Verhältnis der Methodik
- Eindeutige Aussage des Ergebnisse
- Hohe Wahrscheinlichkeit der Prognose

Empirische und formale Richtigkeit	Zweckbezogenheit	Handhabbarkeit und wenig aufwändig
▶ Realitätsbezug ▶ Widerspruchsfrei ▶ Reproduzierbar	▶ Potenzial von Produkttechnologien abschätzen	▶ Leicht anwendbar ▶ Leicht interpretierbar

Bild 3-6: Formale Anforderungen

Konzeption der Methodik

3.3 Modellsystem der Methodik

Zum besseren Verständnis der Konzipierung des Modellsystems der Methodik wird zunächst eine Einführung in die Modelltheorie geliefert. Darauf aufbauend wird dann die Modellstruktur der Methodik konzipiert.

3.3.1 Grundlagen der Modelltheorie

Ein Modell ist ein konkretes oder gedankliches Abbild eines vorhandenen Gebildes bzw. ein Vorbild für ein zu schaffendes Gebilde [vgl. GLIN04, S. 3]. Dabei ist ein Modell immer ein vereinfachtes Abbild der realen oder zu schaffenden Wirklichkeit (Original) [vgl. HAIS89, S. 183] und wird somit durch die Wahrnehmung der modellierenden Person (Subjekt) geprägt [vgl. GLIN04, S. 15].

Bei der Modellierung wird das Original als Menge von Individuen und Attributen beschrieben: Individuen sind individuell von anderen Individuen eindeutig abgrenzbare, für sich stehende Gebilde (vgl. System). Diese Individuen weisen Attribute auf. Dabei sind die Attribute in drei Kategorien unterteilbar. Diese sind

- *Eigenschaften* von Individuen und andern Attributen,
- *Beziehungen* zwischen Individuen und Attributen und
- *Operationen* von bzw. an Individuen und Attributen [vgl. GLIN04, S. 26, STAC73, S. 134-138].

Nach STACHOWIAK ist die Modellierung durch das Abbildungs- und das Verkürzungsmerkmal sowie das pragmatische Merkmal geprägt. Das Abbildungsmerkmal besagt, dass Modelle stets Abbilder von einem natürlichen oder künstlichen Original – das selbst wieder ein Modell sein könnte – sind. Jedes Modell hat also ein reales oder gedankliches Vorbild, das durch Abstraktion dargestellt wird. Das Verkürzungsmerkmal beschreibt, inwieweit das Modell das Original reduziert. Modelle erfassen nur die relevanten Individuen und Attribute des Originals, die dem Modellerschaffer bzw. Modellnutzer relevant erscheinen, da es in der Regel nicht möglich ist, die Komplexität einer realen Abbildung zu handhaben. Welche Individuen und Attribute beschrieben werden, besagt das pragmatische Merkmal. Da Modelle im Hinblick auf ihren Verwendungszweck geschaffen werden, erfüllen sie nur Ersatzfunktionen des Originals für bestimmte Subjekte, für bestimmte Zeitintervalle und unter Einschränkung auf bestimmte gedankliche oder tatsächliche Operationen. Der Grad der Verkürzung wird also pragmatisch bestimmt [vgl. STAC73, S. 131-133]. Unter diesen Gesichtspunkten ist die Modellierung als iterativer Prozess zu verstehen, der durch die vier Aktivitäten, „gewonnene Erkenntnisse zu reflektieren", „Informationen über das Original und das Zielsystem zu gewinnen", „die Erkenntnisse zu beschreiben" und „das erstellte Modell zu validieren", geprägt ist [vgl. GLIN04, S. 46-48]. Das entwickelte Modell wird dann zur Gewinnung von Erkenntnissen genutzt, um diese Erkenntnisse wieder auf die Realität zu übertragen (vgl. Bild 3-7).

Dazu wird in der Literatur zwischen verschiedenen Modelltypen unterschieden (vgl. Bild 3-7) [vgl. HAIS89, S. 185; PATZ82, S. 311-315; WOEH02, S. 36-40; ZELE99, S. 46-48]. Es kann zunächst zwischen formalen und materiellen Modellen differenziert werden [vgl. PATZ82, S. 311]: Materielle Modelle bilden das Original in einem greifbaren physikalischen Medium ab – formale Modelle durch Zeichen, Zahlen und Strukturen [vgl. HEIS89, S. 185].

Konzeption der Methodik

Prozess der Modellierung		
Modellwelt Modell	Auswertung des Modells	Modellergebnis
▸ Abbildungsmerkmal ▸ Verkürzungsmerkmal ▸ Pragmatisches Merkmal ▸ Erkenntnisse reflektieren ▸ Informationen gewinnen ▸ Erkenntnisse beschreiben ▸ Modell validieren *Formulierung des Modells*	▸ Experiment ▸ Simulation *Übertragung der Modellergebnisse*	▸ Interpretation ▸ Vergleich
Reale oder zu schaffende Wirklichkeit Original		Verhalten

In Anlehnung an [GLIN04, S. 46-48; HEIS89, S. 188; STAC73, S. 157-159]

Klassifizierung von Modellen		
Erscheinungsform	Aussage	Eintrittswahrscheinlichkeit
▸ Materielle Modelle ▸ Formale Modelle	▸ Beschreibungsmodell ▸ Erklärungsmodell ▸ Vorhersagemodell ▸ Entscheidungsmodell	▸ Deterministisches Modell ▸ Stochastisches Modell ▸ Spieltheoretisches Modell

In Anlehnung an [HEIS89, S. 185; PATZ82, S. 311-315; WOEH00, S. 38-40]

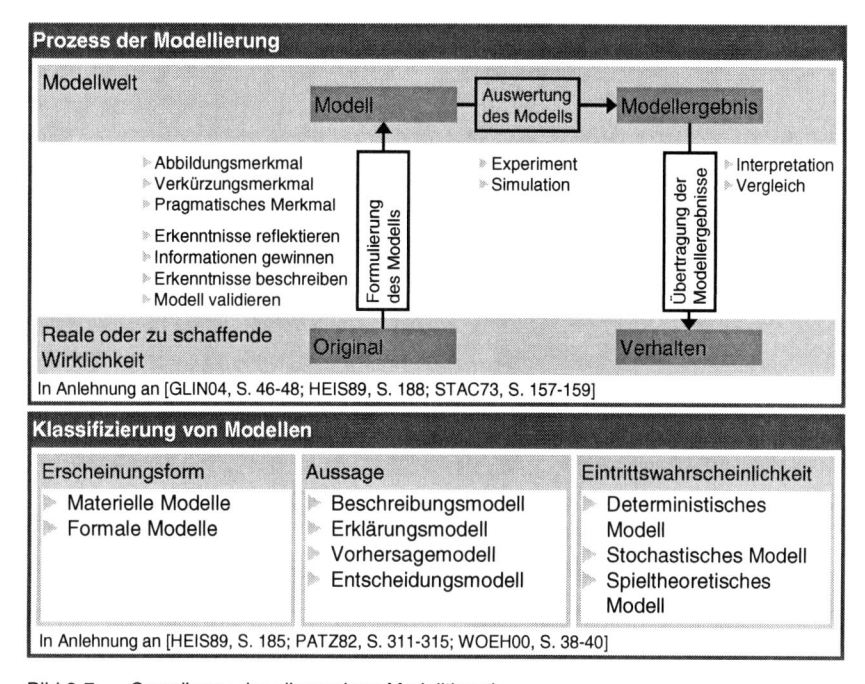

Bild 3-7: Grundlagen der allgemeinen Modelltheorie

Formale Modelle wiederum werden in Abhängigkeit von ihrem Verwendungszweck bzw. ihrer Aussage in vier Modelltypen untergliedert [vgl. GABL04, S. 2070 f.; PATZ82, S. 313-315; HOPF02, S. 49-51; WOEH02, S. 36-40]:

▸ *Beschreibungsmodelle* (deskriptive Modelle) bilden empirische Erscheinungen ab, ohne sie zu erklären oder zu analysieren. Sie liefern Antworten auf die Frage „Was ist?" und haben den Zweck, ausgesuchte Größen und Sachverhalte darzustellen. „Beispiele sind das volkswirtschaftliche und betriebliche Rechnungswesen" [GABL04, S. 2071] oder die Dokumentation von Messergebnissen.

▸ *Erklärungsmodelle* (explikative Modelle) liefern Begründungen für eine Situation durch Hypothesen über Gesetzmäßigkeiten und Ursache-Wirkungs-Zusammenhänge. Sie beantworten die Frage „Warum ist etwas so?" und haben den Zweck, Ursachen für konkrete Sachverhalte aufzuzeigen. Ein Beispiel hierfür ist eine Auflistung der Kostentreiber für Lagerhaltungskosten sowie deren funktionale Verknüpfung. Wird diese Funktion zur Berechnung der zu erwartenden Lagerhaltungskosten herangezogen, wird aus dem Erklärungsmodell ein Vorhersagemodell.

▸ *Vorhersagemodelle* (prognostische Modelle) zählen dementsprechend zu den Erklärungsmodellen im weiteren Sinne und liefern Antworten auf die Frage „Wie wird etwas sein?". Dabei wird eine Erklärung in eine Vorhersage umformuliert. Mit Vorhersagemodellen wird der Zweck verfolgt, Aussagen über zukünftige Ereignisse zu machen, wie beispielsweise bei Konjunkturprognosen oder Bevölkerungsvorausrechnungen.

- *Entscheidungsmodelle* (preskriptiv-normative Modelle) haben die Aufgab, die Auswahl der optimalen Handlungsalternative zu unterstützen und somit eine Hilfestellung bei der Beantwortung der Frage „Was soll sein?" zu geben. Dazu werden die in Erklärungs- und Vorhersagemodellen gewonnenen Erkenntnisse auf einen praktischen Anwendungsbereich übertragen. In der Regel werden mehrere Handlungsalternativen aufgezeigt, die zur Realisierung eines Ziels führen können. Der Zweck des Entscheidungsmodells ist also demnach, die Alternative mit der größten Erfolgsaussicht zu benennen.

Da „Entscheidungen fast immer auf mehr oder weniger unsicheren Aktions-, Reaktions-, Trend- und Umwelterwartungen" [WOEH02, S. 40] beruhen, unterscheidet WÖHE darüber hinaus nach der Art der Annahme über das Eintreten der Ergebnisse eines Modells [vgl. WOEH02, S. 40]:

- *Deterministische Modelle* liefern Ergebnisse, die mit absoluter Sicherheit eintreten. Die Auswirkungen der Handlungsalternativen sind eindeutig und bekannt.
- *Stochastische Modelle* liefern Ergebnisse, die nur mit einer gewissen Wahrscheinlichkeit eintreten werden. Diese Wahrscheinlichkeit ist in der Regel determinierbar.
- *Spieltheoretische Modelle* liefern Ergebnisse, deren Wahrscheinlichkeit nicht festgelegt werden kann. Diese Modelle werden angewendet, wenn beispielsweise gegen einen rational agierenden Gegner oder die Natur „gespielt" wird. Entscheidungen werden infolgedessen mit großer Unsicherheit getroffen.

Bei der Modellbildung sind nach LEE folgende vier Kriterien zu berücksichtigen: Die zu entwickelnden Modelle sollen einfach und somit leicht verständlich sein. Das Modell soll ein Gleichgewicht zwischen Theorie, Empirie und Intuition schaffen. Theoretische Aussagen werden somit empirisch überprüfbar. Das letzte Kriterium besagt, dass das Modell problemorientiert sein soll [vgl. BRAU77, S. 217]. Durch die Berücksichtigung dieser vier Kriterien wird eine hohe Anwendbarkeit gewährleistet [vgl. DEGE04, S. 41].

Nachdem die Grundlagen der Modelltheorie im Hinblick auf die zu erfüllende Aufgabenstellung dargelegt worden sind, gilt es nun die Aufbau- und Ablaufstruktur der Methodik zu modellieren. Dazu werden zunächst die einzelnen Modelle bzw. Teilmodelle klassifiziert. Die Auswahl der Notation für die Modellierung wird erst am Ende der Grobkonzipierung vorgenommen, da an dieser Stelle die Anforderungen an die Modellierungssprache deutlich geworden sind.

3.3.2 Modellierung der Aufbaustruktur

Auf Basis der geleisteten Vorarbeiten werden die Ergebnisse der systemtechnischen Analyse unter Einbeziehung des Zielsystems der Methodik sowie der inhaltlichen und formalen Anforderungen in die Modelltheorie überführt. Diese modelltheoretische Betrachtung gliedert sich in drei Abschnitte. Auf oberster Ebene wird das zu erzielende Ergebnis der Methodenanwendung in den Anwendungszusammenhang gesetzt. Auf zweiter Ebene wird das Ergebnis entsprechend der Zieldefinition modelltheoretisch analysiert, um daraus dann abschließend die Methodik in Teilmodelle zu zerlegen (vgl. Bild 3-8).

Das Subjekt der Methodenanwendung, das als Technologieeigner definiert wurde, verfolgt das Ziel, über Technologiestrategien zu entscheiden bzw. Chancen und Risiken seiner Technologiekompetenz zu identifizieren. In dem dazu relevanten Umfeld ist das Ergebnis der Methodenanwendung nur ein – wenn auch überaus wichtiger – Aspekt des übergeordneten Entscheidungsmodells.

Als übergeordnetes Zielsystem dieser Arbeit wurde die Entwicklung einer Methodik, mit der das Potenzial von Produkttechnologien abgeschätzt werden kann, definiert. Somit ist das Ergebnis der Methodenanwendung das abgeschätzte Potenzial von Produkttechnologien, die dieselbe primäre Funktion erfüllen. Dieses Potenzial stellt ein Vorhersagemodell dar, da das Potenzial einer Technologie als deren Weiterentwicklung definiert wurde (vgl. Kapitel 2.1.1.2). Das Modell ist also eine Prognose, wie die Zukunft einer Technologie sein wird. Da diese Zukunft von einem komplexen Umfeld und dem Subjekt selber beeinflusst wird, kann die Eintrittswahrscheinlichkeit der Prognose nicht determiniert werden [vgl. WOEH02, S. 40]. Das Vorhersagemodell ist daher zugleich ein spieltheoretisches Modell.

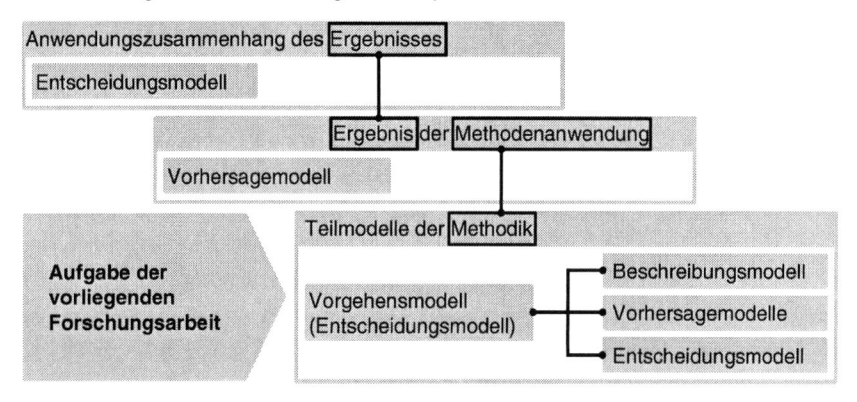

Bild 3-8: Aufbaustruktur der Methodik

Das Vorhersagemodell wird als Ergebnis der Methodenanwendung gewonnen. Diese Methodik wiederum lässt sich in mehrere Teilmodelle untergliedern. Dabei wird die Methodik selbst als Vorgehensmodell definiert. Modelltheoretisch ist dieses Vorgehensmodell als Entscheidungsmodell zu klassifizieren, da es einen idealtypischen Prozess darstellt [vgl. LIND05, S. 33], wie die zu entwickelnde Methodik sein sollte. Dieser Prozess beinhaltet eine Vielzahl von situationsabhängigen Entscheidungen, die das früherkennende Subjekt treffen muss.

Das Vorgehensmodell bildet den ablauforganisatorischen Rahmen für die Methodikanwendung und verknüpft die einzelnen Teilmodelle untereinander. Dadurch wird auch der Austausch aller planungsrelevanten Informationen zwischen den einzelnen Modulen sichergestellt. Allerdings verläuft der Ablauf zwischen den Teilmodellen nicht geradlinig, sondern iterativ. Ferner sind die Teilmodelle nicht als einzelne einmalige Elemente zu sehen, sondern als immer wieder zu nutzende Hilfsmittel zu verwenden. Dadurch sind die Teilmodelle auch nicht eindeutig definiert, sondern den jeweiligen Teilzielen bzw. den erarbeiteten Teilergebnissen zuzuordnen (vgl. Bild 3-9). Beschreibungs-, Vorhersage- und Entscheidungsmodelle kommen also an verschiedenen Stellen im Vorgehensmodell vor. Vorhersagemodelle können allerdings auch parallel existieren und sind daher in Bild 3-8 im Plural angegeben. Es wird dann im Entscheidungsmodell das Vorhersagemodell mit der höchsten Eintrittswahrscheinlichkeit ausgewählt.

Konzeption der Methodik

Das Beschreibungsmodell bezieht sich auf die beiden zu erzielenden Teilergebnisse „bestimmter Informationsbedarf" und „identifizierte Technologien" sowie auf die weiter untergeordneten Teilziele „eingegrenzter Suchbereich" und „recherchierte Technologien". Diesen vier Teilergebnissen ist gemeinsam, dass sie die Ist-Situation ohne eine zusätzliche Analyse abbilden. Dabei ist allerdings zu beachten, dass der Weg dorthin eine Vielzahl von Analysen, Interpretationen und Entscheidungen beinhaltet. Dies wird allerdings im Vorgehensmodell (Entscheidungsmodell) abgebildet. Es gilt weiter zu beachten, dass die Ergebnisse auf Grund einer falschen Informationsbasis oder durch eine falsche Interpretation mit Fehlern behaftet sein können. Diese Beschreibungsmodelle sind daher als stochastische Modelle mit hoher Eintrittswahrscheinlichkeit zu werten.

Teilergebnisse der Methodenanwendung

Bestimmter Informationsbedarf	Identifizierte Technologien				Antizipierte Entwicklungen	Kommunizierte Erkenntnisse
Eingegrenzter Suchbereich	Recherchierte Technologien	Reduzierte Technologien	Bestimmte technologische Grenzen	Erarbeitete Entwicklungsmöglichkeiten		Bewertete Ergebnisse

Beschreibungsmodelle — **Vorhersagemodelle**

Entscheidungsmodelle

Teilmodelle der Methodik

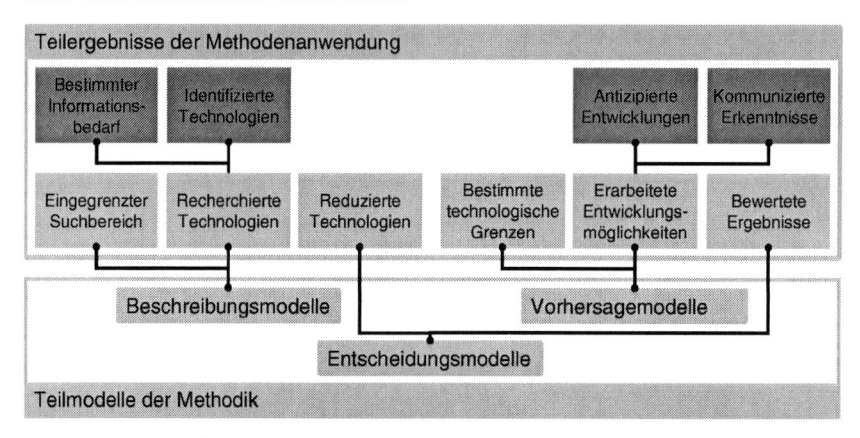

Bild 3-9: Verknüpfung zwischen Zielsystem und Aufbaustruktur

Zwei Teilergebnisse der Methodenanwendung auf erster und zwei Teilergebnisse auf zweiter Ebene sind Vorhersagemodelle. Dabei sind die Erkenntnisse, die im Endeffekt kommuniziert werden, eine Teilmenge der antizipierten Entwicklungen der relevanten Technologien. Eine Untermenge der antizipierten Technologieentwicklungen sind die bestimmten technologischen Grenzen und die erarbeiteten Entwicklungsmöglichkeiten. Hierbei kann es sich um mehrere Vorhersagemodelle mit unterschiedlicher Eintrittswahrscheinlichkeit oder mit spieltheoretischer Abhängigkeit handeln.

Bevor die identifizierten Technologien weiter verfolgt werden können, muss aus Gründen der Komplexitätsreduktion die Zahl der weiter zu betrachtenden Technologien reduziert werden. Diese Auswahl wird durch ein Entscheidungsmodell vorbereitet. Ebenso muss eine Auswahl der erarbeiteten Vorhersagemodelle getroffen werden, um spätere Aktivitäten auf einem Vorhersagemodell mit eventuellen Varianzen aufbauen zu können. Durch die Modellierung der Aufbaustruktur wurde deutlich, dass das Vorgehensmodell den ablauforganisatorischen Rahmen für die Methodikanwendung bildet und somit aus der Aufbaustruktur hervorgeht. Daher wird im Folgenden die Ablaufstruktur als Grobkonzept der Methodik erarbeitet, um darauf aufbauend die Methodik zu detaillieren.

3.4 Modellierung der Ablaufstruktur

„Alles Leben ist Problemlösen" [POPP91, S. 257]. Dies gilt auch für die Technologiefrüherkennung. Das Problem des Technologieeigners, das durch die Technologiefrüherkennung gelöst werden soll, ist die Unwissenheit über technologische Entwicklungen. Aus dieser Unwissenheit, die als solche noch kein gravierendes Problem darstellt, kann ein existenzielles Problem entstehen: Der Technologieeigner wird Chancen übersehen und somit nicht rechtzeitig nutzen. Er wird aber auch Risiken zu spät erkennen, um rechtzeitig Gegenmaßnahmen einzuleiten. Somit ist die Technologiefrüherkennung ein Problemlösungsprozess, der als Ergebnis die antizipierte Entwicklung von Technologien liefern soll. Dieses Ergebnis wird hier auf das Potenzial von relevanten Technologien – als das wesentliche Merkmal der zu erwartenden technologischen Entwicklung – reduziert.

Das Vorgehensmodell des Systems Engineering (System Theorie) hat sich in der Praxis zur Problemlösung bewährt [vgl. HABE99, S. 29]. Es wird daher im Folgenden kurz vorgestellt und dann auf seine Eignung als Grundlage für das Vorgehensmodell der zu entwickelnden Methodik überprüft.

3.4.1 Das Vorgehensmodell des Systems Engineering

Nach *Haberfellner et. Al.* „soll (das) Systems Engineering als eine auf bestimmten Denkmodellen und Grundprinzipien beruhende Wegleitung zur zweckmäßigen und zielgerichteten Gestaltung komplexer Systeme betrachtet werden" [HABE99, S. VIII]. Diese Interpretation der Systemtheorie findet sich in einer Vielzahl von Anwendungen – wie z.B. im praktischen Gebrauch der Konstruktionssystematik nach VDI 2221 [vgl. HABE99, S. 63; VDI93] – wieder.

Die Philosophie des Systems Engineering gliedert sich in zwei Bereiche. Das Systemdenken wurde bereits in Kapitel 2.3.1 erläutert. Für die Modellierung der Ablaufstruktur ist im Wesentlichen der zweite Aspekt – das Vorgehensmodell des Systems Engineering – relevant. Allerdings spiegelt sich das Systemdenken in den Prinzipien des Vorgehensmodells wieder [vgl. HABE99, S. 4].

Das Vorgehensmodell des Systems Engineering basiert auf vier Grundgedanken, die sich gegenseitig durchdringen (vgl. Bild 3-10):

▶ Das *Vorgehensprinzip „Vom Groben zum Detail"* besagt, dass Probleme zunächst auf der Systemebene betrachtet werden sollten, auf der die Veränderung vorgenommen werden soll. Kann das Problem dort nicht gelöst werden, gilt es, relevante Elemente dieser Systemebene detaillierter zu untersuchen [vgl. HABE99, S. 30-33].

▶ Das *Prinzip der Variantenbildung* baut auf der Annahme auf, dass es zu fast jedem Problem mehrere Lösungen gibt. Im Sinne dieses Prinzips werden möglichst viele Lösungsideen erarbeitet, um einen guten Überblick über alternative Lösungsmöglichkeiten zu erhalten. Die dadurch entstehende hohe Variantenvielfalt muss durch eine entsprechende Auswahl der besten Lösungsalternativen reduziert werden. Hier findet das Vorgehensprinzip „Vom Groben zum Detail" Anwendung: Über Lösungsalternativen sollte möglichst auf einer hohen Systemebene entschieden werden, bevor zu viele Varianten auf einer tieferen Systemebene entstehen [vgl. HABE99, S. 33-36].

Konzeption der Methodik

▶ Das *Prinzip der Phasengliederung als Makro-Logik* ist die Synthese aus den beiden vorher beschriebenen Prinzipien. Mit der Phasengliederung wird die Entwicklung und Realisierung einer Lösung in einzelne Teilschritte untergliedert und durch Entscheidungsphasen unterbrochen. Dabei konkretisiert sich die Lösung im Verlauf des Lösungsprozesses zunehmend. Die Lösungsvarianten der einzelnen Teilschritte werden in den Entscheidungsschritten auf möglichst eine Lösung reduziert, um für diese Lösung dann detailliertere Teillösungen zu erarbeiten [vgl. HABE99, S. 37-47].

▶ Der *Problemlösungszyklus als Mikro-Logik* wird zur Lösung jedes Teilproblems in jeder Projektphase der Makro-Logik angewendet. Als Schwerpunkt dieser Mikro-Logik gelten die folgenden einfachen Teilschritte:
  - *Zielsuche*: Was ist die Ausgangssituation? Was wird benötigt?
  - *Lösungssuche*: Welche Lösungsalternativen gibt es?
  - *Auswahl*: Was ist die beste/ zweckmäßigste Lösungsalternative?

Diese Teilschritte werden gemäß Bild 3-10 wiederum in Teilschritte gegliedert [vgl. HABE99, S. 47-58].

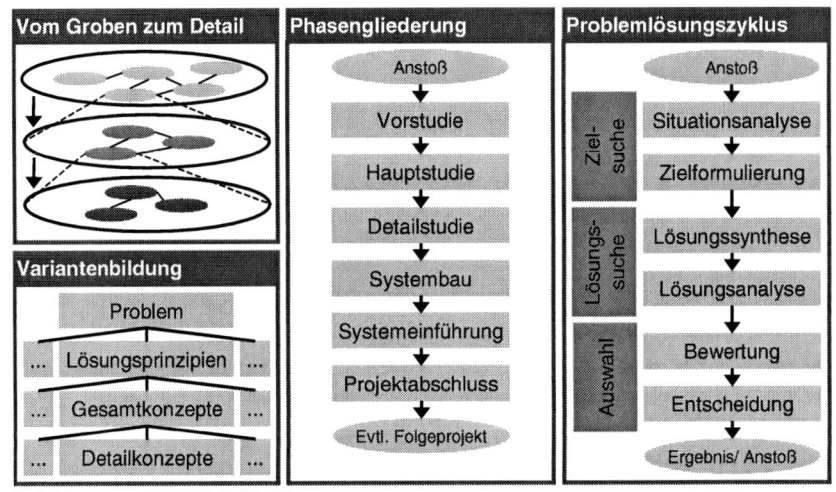

Vom Groben zum Detail	Phasengliederung	Problemlösungszyklus
(Darstellung)	Anstoß ↓ Vorstudie ↓ Hauptstudie ↓ Detailstudie ↓ Systembau ↓ Systemeinführung ↓ Projektabschluss ↓ Evtl. Folgeprojekt	Anstoß ↓ Zielsuche: Situationsanalyse ↓ Zielformulierung ↓ Lösungssuche: Lösungssynthese ↓ Lösungsanalyse ↓ Auswahl: Bewertung ↓ Entscheidung ↓ Ergebnis/ Anstoß
Variantenbildung Problem — Lösungsprinzipien — Gesamtkonzepte — Detailkonzepte		

In Anlehnung an [HABE99, S. 29-60]

Bild 3-10: Die vier Grundgedanken des Systems Engineering

In den vorangegangenen Betrachtungen hat sich gezeigt, dass es sich bei der Technologiefrüherkennung um eine „Gestaltung komplexer Systeme" [HABE99, S. VIII] handelt, die eine „zielgerichtete" [HABE99, S. VIII] Vorgehensweise unbedingt notwendig macht. Ferner lässt sich der in Kapitel 2.1.2.2 beschriebene allgemeine Prozess der Technologiefrüherkennung mit dem Problemlösungszyklus des Systems Engineering vergleichen, wenn die Informationsbeschaffung als Problemlösung angesehen wird. Bei der Definition des Zielsystems der Methodik wurde festgelegt, dass möglichst zuverlässige Visionen für die Entwicklung der Technologien erarbeitet werden sollen. Die Entwicklung dieser Visionen ist im Prinzip eine Variantenbildung mit anschließender Auswahl der wahrscheinlichsten Alternativen. Aus diesen Gründen bietet sich das Vorgehensmodell des Systems Engineering zur Modellierung der Ablaufstruktur an.

Konzeption der Methodik

3.4.2 Das Grobkonzept der Ablaufstruktur

Im Folgenden wird das Grobkonzept der Ablaufstruktur in Anlehnung an den Problemlösungszyklus des Systems Engineering modelliert. Dazu werden der allgemeine Prozess der Technologiefrüherkennung und das Zielsystem der Methodik unter Einbeziehung der Anforderungen an die Methodik auf den Problemlösungszyklus übertragen. Ferner werden die Teilmodelle der Methodik in das Vorgehensmodell integriert. Die Problemlösung wird dabei mit dem Erkenntnisgewinn gleichgesetzt. Zusätzlich zu diesem Vorgehen werden die Prinzipien „Vom Groben zum Detail" und „Variantenbildung" angewendet. Die Phasengliederung wird nicht betrachtet, da bei der Technologiefrüherkennung keine physische Realisierung des Projektergebnisses erfolgt. Vor-, Haupt- und Detailstudie werden mit dem Vorgehen „Vom Grobem zum Detail" abgedeckt. Die Technologiefrüherkennung lässt sich in einen in Phasen gegliederten Technologiemanagementprozess integrieren und somit als Mikro-Zyklus der Makro-Logik Technologiemanagement zuordnen.

Der Zielsuche des Problemlösungszyklus wird die Informationsbedarfsbestimmung des Technologiefrüherkennungsprozesses gleichgesetzt und in das Modul „Informationsbedarf bestimmen" der Ablaufstruktur der Methodik überführt (vgl. Bild 3-11).

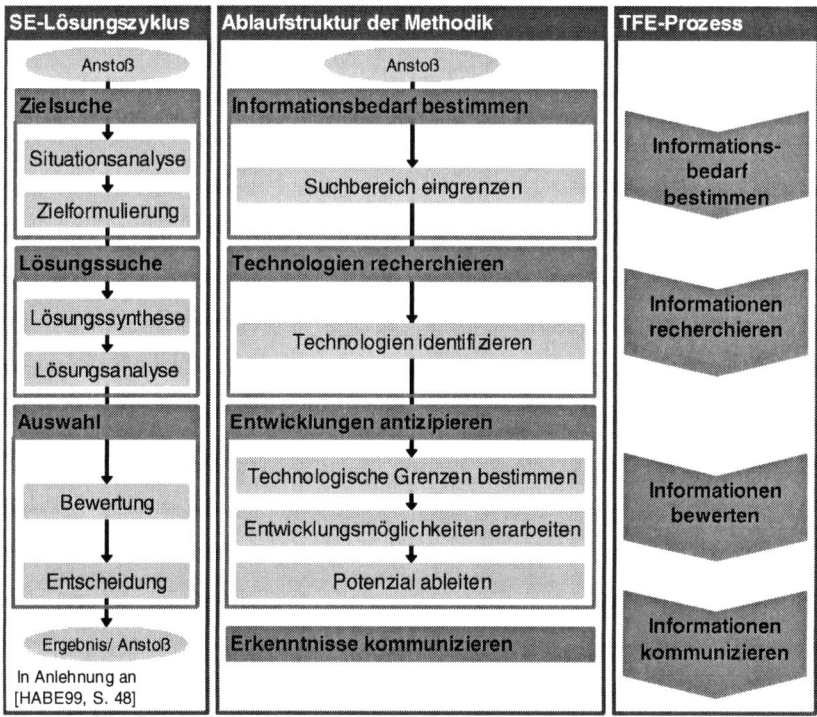

SE-Lösungszyklus	Ablaufstruktur der Methodik	TFE-Prozess
Anstoß	Anstoß	
Zielsuche	**Informationsbedarf bestimmen**	Informationsbedarf bestimmen
Situationsanalyse	Suchbereich eingrenzen	
Zielformulierung		
Lösungssuche	**Technologien recherchieren**	Informationen recherchieren
Lösungssynthese	Technologien identifizieren	
Lösungsanalyse		
Auswahl	**Entwicklungen antizipieren**	Informationen bewerten
Bewertung	Technologische Grenzen bestimmen	
	Entwicklungsmöglichkeiten erarbeiten	
Entscheidung	Potenzial ableiten	
Ergebnis/ Anstoß	**Erkenntnisse kommunizieren**	Informationen kommunizieren
In Anlehnung an [HABE99, S. 48]		

Legende: SE = Systems Engineering
TFE = Technologiefrüherkennung

Bild 3-11: Ablaufstruktur der Methodik

Die Lösungssuche des Systems Engineering entspricht der Informationsrecherche bei der Technologiefrüherkennung. Diese Recherche wird hier im Wesentlichen auf die Technologierecherche beschränkt. Die Phase der Auswahl bezieht sich im Problemlösungszyklus auf die Auswahl von Problemlösungen. Das Äquivalent bei der Technologiefrüherkennung ist die Informationsbewertung. Hier werden die recherchierten Informationen be- bzw. ausgewertet. Beim Prozess der TRIZ-basierten Technologiefrüherkennung bezieht sich diese Phase nicht auf eine Auswahl von Problemlösungen im engeren Sinne, sondern auf die Auswahl möglicher Zukunftsszenarien. Nachdem in der vorherigen Phase die Frage nach möglichen Produkttechnologien beantwortet wurde, wird hier nach der Technologie mit dem höchsten Potenzial gesucht. Die Erkenntnisse aus dem gesamten Prozess werden in dem letzten Modul kommuniziert. So wie das Ergebnis der Miko-Logik des Systems Engineering einen Anstoß für den nächsten Schritt der Makro-Logik liefert, sind die gewonnenen Erkenntnisse der Technologiefrüherkennung ein Anstoß für weitere Aktivitäten. Dies kann beispielsweise ein weiteres Beobachten ausgewählter Technologien oder die Entwicklung einer neuen Technologiestrategie beinhalten.

3.4.2.1 Prozessschritt „Informationsbedarf bestimmen"

Ziel der Bestimmung des Informationsbedarfs ist die Eingrenzung des Suchfeldes. Es wurde bereits darauf hingewiesen, dass es unmöglich ist, sämtliche Aspekte einer möglichen technologischen Zukunft zu erfassen oder zumindest die komplexe Gesamtheit aller wissenschaftlich-technischen Daten zu analysieren [vgl. ZIMM93, S.1]. Es müssen daher für die Technologiefrüherkennung Such- und Beobachtungsschwerpunkte derart gesetzt werden, dass zwar zum einen eine Reduktion auf eine handhabbare Selektionsmenge an Kandidaten für relevante Technologiebereiche erfolgt, dass aber zum anderen die grundsätzliche Offenheit für die Wahrnehmung strategischer Gefahren und Gelegenheiten aus dem Technologiebereich erhalten bleibt [vgl. PEIF92b, S. 112]. Der Untersuchungsbereich soll also – mit der Sprache der TRIZ-Methodik ausgedrückt – eingegrenzt und gleichzeitig nicht eingegrenzt werden. Ziel dieses Moduls ist es nicht, einen Kompromiss zwischen den beiden widersprüchlichen Anforderungen zu finden, sondern eine gute Problemlösung zu bieten. Zur Lösung des beschriebenen Widerspruchs wird das dritte Separationsprinzip der TRIZ-Methodik [vgl. EVER03, S. 163-165] – die Separation innerhalb eines Objektes und seiner Teile – auf den Suchbereich angewendet: Der gesamte mögliche Suchbereich wird in einzelne Komponenten zerlegt, wobei relevante Teile von nicht relevanten Teilen separiert werden. Dabei gilt sicherzustellen, dass keine wichtigen Teile ausgegrenzt werden.

Grundsätzlich ist der Fokus der Technologiefrüherkennung bereits auf das technologische Umfeld gerichtet und dadurch bereits im Umfang eingeschränkt (vgl. Kapitel 2.1.2.2). Im Gegensatz zur gesamtunternehmensbezogenen Früherkennung, die prinzipiell auf alle externen und internen Veränderungen ausgerichtet ist, gilt zu klären, ob durch eine Reduktion des Untersuchungsbereichs die Gefahr besteht, bedeutsame Chancen und Risiken zu übersehen. Es besteht sicherlich die Notwendigkeit alle Entscheidungsbereiche eines Unternehmens früherkennungsorientiert auszurichten. Daraus resultiert auch die starke Dominanz gesamtunternehmensbezogener Früherkennungskonzepte in der Literatur (vgl. Kapitel 2.2.3). Dieser bereichsübergreifende Anspruch eines Konzeptes für das gesamte Unternehmen und dessen Umfeld führt aber prinzipbedingt zu ausgesprochen theoretisch-abstrakten Modellen, mit denen kaum ein unmittelbarer Bezug und eine signifikante Aussage zu einem spezifischen Entscheidungsfeld hergestellt werden kann. Vielmehr kommt es darauf an, den Problembezug durch die Bereitstellung konkreter und themenspezifischer Inhalte zu erhöhen. Der dadurch erhöhte Realitätsbezug führt zu einer höheren Akzeptanz und einer zielorientierten Nutzung der gewonnenen Erkenntnisse bei deutlich geringerem Arbeitsaufwand.

Die Qualität einer Früherkennung ist nicht nur von der Bereitschaft der involvierten Mitarbeiter, sondern insbesondere von deren Fähigkeit, zukunftsrelevante Veränderungen wahrzunehmen, abhängig. Veränderungen können jedoch nur von solchen Personen frühzeitig aufgedeckt werden, die die Rolle eines partizipierenden Beobachters einnehmen [vgl. WENG00, S. 15]. Während ein Beobachter eines gesamtunternehmensbezogenen Früherkennungssystems nur aus einer distanzierten Position heraus bestimmte Umfeldbewegungen wahrnimmt, besitzen die Experten der jeweiligen Fachbereiche – bzw. ein externer Berater mit einem entsprechenden Fokus – das notwendige themenbezogene Verständnis. Sie können aus ihrer Perspektive heraus besser Hinweise auf zukünftige Veränderungen wahrnehmen und interpretieren, um daraus prognostizierende Aussagen zu treffen.

Grundsätzlich sollte die Technologiefrüherkennung unter dem Paradigma des „Denkens in Funktionen" stehen. *PEIFFER* erläutert die Bedeutung des Denkansatzes an einem Beispiel [PEIF92b, S. 100]:

„Versucht man die Technologieentwicklung im Produktbereich „Waschmaschinen" zu identifizieren, so geht man im Rahmen traditioneller Untersuchungswege in der Regel vom Produkt selber aus und identifiziert die wesentlichen Neuerungen im Bereich zugrunde liegender Technologien, wie etwa Antrieb, Steuerung, Pumpmechanismus, Heizvorgang etc.. Diese Betrachtungsweise ist jedoch häufig zu eng an dem Produkt selbst ausgerichtet. Im Rahmen derartiger Untersuchungen werden möglicherweise entscheidende Technologieentwicklungen übersehen, die die ureigene Hauptfunktion der Waschmaschine – nämlich das Trennen von Schmutz und Wäsche – substituieren könnten. Erst bei Nutzung dieser Funktionsebene als Startpunkt der Analyseaktivitäten wird das gesamte Spektrum an technischen Problemlösungsoptionen in die Untersuchung einbezogen. Ausgehend von dieser Funktionsebene gelangt man an Alternativtechnologien, die im Rahmen traditioneller Betrachtungsweisen häufig unentdeckt bleiben (z.B. das Trennen von Schmutz und Wäsche durch den Einsatz von Ultraschall)."

Aufbauend auf den vorangegangenen Betrachtungen und dem Paradigma von *PEIFFER*, ist der Untersuchungsbereich für die TRIZ-basierte Technologiefrüherkennung einzugrenzen: Als Mittelpunkt des Untersuchungsbereichs ist eine Produktfunktion zu definieren. Ausgehend von dieser „Keimzelle" sind dem Systemdenken entsprechend Super- und Subsysteme zu untersuchen. Bis zu welcher Ebene diese Betrachtung durchgeführt wird, muss in Abhängigkeit vom jeweiligen Betrachtungsobjekt entschieden werden. Darüber hinaus sind aber auch Nebenfunktionen zu definieren, nach denen gesucht werden soll.

Durch diese erste Eingrenzung des Suchbereichs ist der Informationsbedarf hinreichend bestimmt, um signifikante Ergebnisse bei einem akzeptablen Aufwand erwarten zu können. Hiermit wurde die Frage, was untersucht werden soll, beantwortet. Ebenso wurde geklärt, wer die Untersuchung vornehmen soll. Im nächsten Modul ist zu klären, wie bzw. wonach recherchiert und wo gesucht werden soll.

Konzeption der Methodik

3.4.2.2 Prozessschritt „Technologien recherchieren"

Bei der Technologiefrüherkennung wird mit der Phase der Informationsbeschaffung das Ziel verfolgt, ausgehend vom zuvor identifizierten Informationsbedarf relevante Informationen zu recherchieren und zusätzlich neue Phänomene zu erkennen. Nachdem im vorangegangenen Modul die Notwendigkeit einer Fokussierung erläutert und der Suchbereich dementsprechend stark eingegrenzt wurde, wird in diesem Modul zielgerichtet nach Technologien recherchiert. Dabei werden zwei Teilschritte durchgeführt. Zunächst müssen relevante Technologien identifiziert und dann deren Anzahl reduziert werden.

Beim ersten Teilschritt werden ausgehend von der Beschreibung der Produktfunktion alternative Technologien, die diese Funktion erfüllen könnten, gesucht. Ein ähnliches Vorgehen wird auf die Super- und Subsysteme angewendet. Im Falle der Subsysteme müssen Teilfunktionen, die für die Erfüllung der Hauptfunktion notwendig sind, definiert werden. Für die Suche nach Superfunktionen muss geklärt werden, für welche übergeordnete Hauptfunktion die Produktfunktion eine Teilfunktion darstellt. Diese Betrachtung entfällt, wenn das Supersystem direkt der Mensch bzw. der Kunde ist. Die so erzielten Ergebnisse sind allerdings nicht ausreichend für eine fundierte Reduktion der Technologien. Daher sind zusätzlich Such- und somit auch Entscheidungskriterien für die Recherche zu definieren. Diese Kriterien werden als Attribute und Nebenfunktionen einer Technologie bezeichnet. Darüber hinaus gilt es allgemeine Indikatoren für die Relevanz einer Technologie festzulegen und nach diesen Indikatoren zu suchen.

Neben der Bestimmung der Suchkriterien gehört auch die Auswahl und Kombination der richtigen Informationsquellen zu den zentralen Voraussetzungen für eine effiziente Informationsbeschaffung. Da der Nutzwert einer Informationsquelle von verschiedenen Faktoren abhängt, ist es kaum möglich, allgemeingültige Aussagen über die Bedeutung einzelner Quellen zu machen. Grundsätzlich sollte ein möglichst breites Quellenspektrum in die Recherchetätigkeit mit einbezogen werden. Dazu gehören zum einen Primärquellen – d.h. Quellen, die durch einen persönlichen Kontakt des Technologiefrühekenners mit dem potenziellen Informationsträger charakterisiert sind – als auch Sekundärquellen – wie z.B. Bücher, Zeitschriften, das Internet oder Patente. Weiterhin gilt es zu beachten, dass Primär- und Sekundärquellen sowohl unternehmensextern als auch unternehmensintern vorhanden sein können.

Abschließend sind die identifizierten Systeme anhand der recherchierten Informationen einer ersten Auswahl zu unterziehen, um die Komplexität des Untersuchungsbereichs wieder zu reduzieren. Dazu müssen die zur Verfügung stehenden Informationen an einem einfachen Bewertungsschema gespiegelt werden. Für die verbleibenden Technologien kann dann die Entwicklung antizipiert werden.

3.4.2.3 Prozessschritt „Entwicklungen antizipieren"

Die Phase der Informationsbewertung des allgemeinen Technologiefrüherkennungsprozesses dient der Analyse der beschafften Informationen. Durch die Betrachtung im Unternehmenskontext wird die Bedeutung der gesammelten Daten und Informationen für das Unternehmen herausgearbeitet. Erst durch diesen Schritt der Interpretation und Verarbeitung werden die Informationen in strategisch relevantes Wissen überführt [vgl. SAVI02, S. 57; LICH02, S. 49].

Nach LANG unterteilt sich die eigentliche Informationsbewertung in die Prozessschritte filtern, integrieren und interpretieren [vgl. LANG98, S. 99]. Zunächst muss die Menge der Informationen reduziert werden. Durch eine entsprechende Fokussierung und grobe Auswahl der relevanten Technologien ist diese Reduktion bei der TRIZ-basierten Technologiefrüherkennung bereits eingeleitet worden. Im nächsten Prozessschritt werden die Informationen dann in den spezifischen Kontext des Unternehmens gesetzt. Abschließend werden diese Informationen hinsichtlich ihrer strategischen Bedeutung für das Unternehmen interpretiert.

Über die eigentliche Analyse der Informationen hinaus können bei der Informationsbewertung je nach Zielsetzung weitere sekundäre Ziele erfüllt werden. Hier sind insbesondere individuelle bzw. unternehmensbezogene Lernfunktionen zu nennen [vgl. LICH02, S. 328 f.]. So kann die Bewertung z.B. dazu genutzt werden, Lern- und Wandlungsprozesse anzustoßen und unter den Mitarbeitern eines Unternehmens eine gemeinsame Zukunftssicht zu verankern. Die TRIZ-basierte Technologiefrüherkennung bietet darüber hinaus die Möglichkeit, Inventionen im Bewertungskontext hervorzubringen. Während für die reine Informationsbewertung in erster Linie die fachliche Kompetenz der involvierten Mitarbeiter ausschlaggebend ist, sind zur Realisierung einer unternehmensweiten Lernfunktion alle von einer Information und den daraus resultierenden Konsequenzen betroffenen Mitarbeiter in die Bewertung mit einzubeziehen [vgl. LICH02, S. 228].

Die Bewertung der Informationen richtet sich bei der TRIZ-basierten Technologiefrüherkennung auf die fundierte Vorhersage von Entwicklungen und dem daraus abgeleiteten Potenzial der im vorangegangenen Modul identifizierten Produkttechnologien. Die recherchierten Informationen dienen als Grundlage, um zum einen die technologischen Grenzen zu bestimmen und zum anderen Entwicklungsmöglichkeiten zu erarbeiten. Das Potenzial der Produkttechnologien leitet sich unmittelbar aus den beiden Teilmodulen ab. Dieses Vorgehen beinhaltet die von LANG beschriebenen Prozessschritte – allerdings mit einem starken Fokus auf die Entwicklungsmöglichkeiten und Grenzen von Produkttechnologien.

Die beiden Teilmodule „Technologische Grenzen bestimmen" und „Entwicklungsmöglichkeiten erarbeiten" unterliegen einer Mikro-Logik, mit der möglicherweise notwendige Zusatzinformationen beschafft und gewonnene Erkenntnisse überprüft werden. Der nachgelagerte Aufwand zur Beschaffung von Informationen muss durch einen methodenbedingten Anforderungskatalog für die Recherche möglichst gering gehalten werden. Ferner sollte die Bewertung durch fachkundige und technologisch erfahrene Personen erfolgen. Darüber hinaus kann das volle Potenzial der TRIZ-basierten Technologiefrüherkennung genutzt werden, wenn der bewertende Personenkreis aus innovativen Personen besteht, die möglichst auch an der Weiterverfolgung der Erkenntnisse beteiligt und interessiert sind. Dadurch wird auch schon eine erste Kommunikation der Ergebnisse eingeleitet.

3.4.2.4 Prozessschritt „Erkenntnisse kommunizieren"

Der Prozessschritt der Kommunikation dient der Verteilung des generierten Wissens an die potenziellen Kunden innerhalb eines Unternehmens. Dabei ist es das Ziel, dieses Wissen zur Integration in die jeweiligen Entscheidungsprozesse zur Verfügung zu stellen und einen einheitlichen Wissensstand innerhalb der verschiedenen Nutzergruppen zu gewährleisten.

Zur effizienten Kommunikation der gewonnenen Erkenntnisse müssen verschiedene inhaltliche und organisatorische Voraussetzungen erfüllt werden. Einerseits müssen die Kunden der Technologiefrüherkennung sowie der Umfang der an die jeweiligen Personen zu kommunizierenden Inhalte bekannt sein. Andererseits müssen geeignete Kommunikationsformen für die verschiedenen Inhalte bestimmt werden. Aufgrund der strategischen Bedeutung des zu kommunizierenden Wissens sind die Kunden der Technologiefrüherkennung im gehobenen Management eines Unternehmens angesiedelt. Die Kommunikation der Ergebnisse sollte jedoch nicht auf diese Klientel beschränkt bleiben, da eine derart restriktive Informationspolitik der Forderung nach einer Unterstützung unternehmensinterner Lernfunktionen nicht gerecht werden kann [vgl. LICH02, S. 44]: „Der Wert einer Information wächst mit der Anzahl der Personen, die sie nutzen" [KRYS93, S. 14]. Da mit der Zahl der Nutzer zwangsläufig auch die Unsicherheit über die Vertraulichkeit der Informationen wächst, ist darauf zu achten, dass der Informationsfluss nicht unkontrolliert wird. Vielmehr bedarf es einer sensiblen Strukturierung von Nutzergruppen und kommunizierten Inhalten.

Die Auswahl geeigneter Kommunikationswege richtet sich einerseits nach den Präferenzen der jeweiligen Kunden, andererseits beeinflussen Art und Inhalt der zu vermittelnden Informationen das Kommunikationsmedium. Abgeleitet von der „Media Richness Theory" von DAFT und LENGEL bedeutet dies, dass die Komplexität der Kommunikationsform mit der Komplexität des Inhalts steigt [vgl. DAFT 86, S. 554]. Aus den verschiedenen Möglichkeiten der Kommunikation, angefangen mit Rundschreiben oder E-Mail bis hin zum persönlichen Gespräch, ist die für die jeweilige Situation adäquate Form auszuwählen.

Anhand der hohen Bedeutung der Informationsverteilung und der notwendigen Sensibilität im Umgang mit Informationen wird deutlich, dass die Kommunikation der in der Phase der Informationsbewertung gewonnenen Erkenntnisse eine der Schlüsselaufgaben der Technologiefrüherkennung darstellt und in Abhängigkeit von der Informationsart und der Unternehmensstruktur individuell gelöst werden muss. In der Praxis hat sich gezeigt, dass sowohl die angestrebte Darstellung bzw. Dokumentation der Ergebnisse als auch der Kommunikationsweg im Vorfeld geklärt werden sollten. Diese Zieldefinition ist mit der Bestimmung des Informationsbedarfs zu verknüpfen.

Die durch die TRIZ-basierte Technologiefrüherkennung gewonnenen Informationen sind vielschichtig. Die eigentliche Erkenntnis der Methodikanwendung sind die identifizierten und für relevant befundenen Produkttechnologien sowie das ihnen zugeschriebene Potenzial. Diese Erkenntnis kann beispielsweise durch S-Kurven (vgl. Kapitel 2.2.1.1) graphisch dargestellt und relativ einfach kommuniziert werden. Auf Basis dieser S-Kurven werden dann vom strategischen Management Entscheidungen getroffen, welche Technologien weiter beobachtet, näher untersucht oder in eigenen Produkten umgesetzt werden soll. Damit wird die Lernfunktion der Technologiefrüherkennung für das Unternehmen allerdings nur teilweise erfüllt. Die über den gesamten Prozess gesammelten Erkenntnisse müssen daher als Hintergrundinformationen gesondert dokumentiert und entsprechend kommuniziert werden. Idealerweise erfolgt die Kommunikation schon während des Prozesses der Technologiefrüherkennung indem das entsprechende Personal an einzelnen Aktivitäten beteiligt wird.

Die Kommunikation der Erkenntnisse muss individuell gestaltet werden und trägt nicht zur eigentlichen Potenzialbestimmung bei. Aus diesem Grund wird diese Phase der Technologiefrüherkennung in der vorliegenden Arbeit nur am Rande behandelt. Allerdings sei an dieser Stelle nochmals darauf hingewiesen, dass jegliche Früherkennungsaktivität von Anfang an auf die Kommunikation der Ergebnisse ausgelegt sein muss, um den maximalen Nutzen zu erzielen.

3.4.3 Auswahl der Modellierungsmethode

Die bereits grob beschriebene Ablaufstruktur der Methodik wird im folgenden Kapitel zu einem idealisierten Vorgehensmodell ausgearbeitet. Dazu wird in diesem Abschnitt eine geeignete Modellierungssprache ausgewählt, die eine systematische Vorgehensweise und anschauliche Darstellung der Modellierung unterstützt. Bevor eine Auswahl stattfinden kann, werden zunächst aus den vorangegangenen Betrachtungen Anforderungen an die Modellierungssprache abgeleitet und relevante Ansätze kurz mit Bezug auf diese Anforderungen vorgestellt.

Die Modellierungssprache muss die Möglichkeit bieten, Funktionen und Unterfunktionen im Ablauf der Methodik strukturiert abzubilden. Es muss also neben der funktionalen Darstellung auch die Möglichkeit der Hierarchisierung gegeben sein. Darüber hinaus müssen die Informationsflüsse zwischen den verschiedenen Funktionselementen modellierbar sein und die relevanten Methoden den einzelnen Funktionselementen zugeordnet werden können. An die Darstellung wird die Forderung nach einer einfachen und klaren Visualisierung gestellt.

Für die Entwicklung von Informationssystemen sind zahlreiche Modellierungssprachen entwickelt worden, die ebenfalls für die Konzeption von Methoden eingesetzt werden. Überblicke, Analysen, Vergleiche und Darstellungen von verschiedenen Modellierungsmethoden und -werkzeugen können u.a. bei AMBERG, HANEWINKEL, KLEVERS, KRAH, MERTINS, MÜLLER, SINZ, SPECKER, SPUR, STAUD, SÜSSENGUTH und WALKER [vgl. AMBE99; HANE94; KLEV90; KRAH99; MERT94; MUEL92; SINZ02; SPEC05; SPUR93; STAU01; SUES91; WALK03] gefunden werden. Als prozessorientierte Modellierungssprachen sind insbesondere ARIS, Petri-Netze, SA/SD, SADT und das auf Letzterem basierende IDEF0 für die Modellierung der Ablaufstruktur interessant. Objektorientierte Modellierungssprachen wie UML (Unified Modeling Language) eignen sich weniger für die Modellierung der Methodik. Mit so genannten Anwendungsfällen kann zwar beschrieben werden, „was ein System leisten muss, aber nicht, wie es dies leisten soll" [OEST05, S. 220].

Die Modellierungssprache ARIS (Architektur Integrierter Informationssysteme) wurde zur Gestaltung von Informationssystemen entwickelt [vgl. SCHE98a, S. 1]. Zu diesem Zweck wurden bereits existierende Sprachen für die Konzeption von Informationssystemen adaptiert, modifiziert und miteinander zu einem Werkzeugkasten verknüpft [vgl. SCHE98a, SCHE98b]. In der Anwendung zeichnet sich ARIS durch eine Gliederung der Modellierungsaufgabe in getrennte Teilmodelle für Funktionen, Daten und Organisationen aus. Die Teilmodelle werden anschließend über Modelle der Steuerungssicht miteinander verknüpft [vgl. WALK03, S. 35 f.]. Dieses Vorgehen ist für die Modellierung der Ablaufstruktur jedoch als zu umfangreich zu werten.

Petri-Netze wurden zum Entwerfen von Rechnerbetriebssystemen entwickelt [vgl. MUEL91, S. 56] und basieren auf der allgemeinen Systemtheorie [vgl. DEGE04, S. 46]. Damit entspringt die Methode der gleichen Denkschule wie die TRIZ-basierte Technologiefrüherkennung. Allerdings dienen Petri-Netze eher der Analyse des dynamischen Verhaltens von parallel ablaufenden Prozessen [vgl. DEGE04, S.46]. Eingangs- und Ausgangsinformatio-

Konzeption der Methodik

nen werden nicht berücksichtigt [vgl. LEHN91, S. 297 f.] und eine Hierarchisierung der Systemebenen ist nicht vorgesehen [vgl. WIE96, S. 60].

Die Modellierungssprache SA/SD (Structured Analysis and Structured Design) dient der Datenflussmodellierung [vgl. YOUR93, S. 8] und unterstützt eine Hierarchisierung sowie eine funktionale Darstellung [vgl. SUES91, S. 48]. Allerdings wird eine funktionsorientierte Prozessmodellierung nicht unterstützt [vgl. TRAE90]. Auf Basis der SA-Methode wurde die Modellierungssprache SADT (Structured Analysis Design Technique) als graphisches Beschreibungsmodell für den Systementwurf entwickelt [vgl. ROSS77, S. 33 f.]. SADT eignet sich zur hierarchisierten Funktionsmodellierung und zur Darstellung von Informationsflüssen sowie zur Abbildung von Steuer-, Regelungs- und Rückkopplungsmechanismen [vgl. MARC87, S. 2; ZIMM95, S.30; KRZE93, S. A-1]. Diese Prozessdarstellung wird durch die Zuweisung von Ressourcen wie z.B. Menschen, Maschinen oder Methoden erweitert [vgl. SMIT88, S. 173]. Eine Weiterentwicklung der SADT Methode ist die Integrated Computer Aided Manufacturing Program Definition (IDEF), die die Vorzüge der SADT Methode vereint, sich aber durch eine striktere Vorgehensweise für die Modellierung auszeichnet [vgl. DEGE04, S. 46]. Die Modellierungssprache gliedert sich in die drei Methoden IDEF0, IDEF1 und IDEF2 [vgl. DOUM84, S. 211 f.]. Mit IDEF0 wird das Funktionsmodell, bestehend aus Funktionselementen, Eingangs- und Ausgangsgrößen sowie Steuerfunktionen, abgebildet. IDEF 1 beschreibt die Datenflüsse und IDEF2 erweitert diese Darstellung um die zeitliche Komponente [vgl. ERKE88, S. 29]. WENGLER hat die IDEF0-Methode modifiziert und so erweitert, dass auch Hilfsmittel, Instrumente, Methoden und Modelle mit in die Modellierung einbezogen werden können (vgl. Bild 3-12) [vgl. Frau96, S. 61 f.]. Damit hat er eine Modellierungssprache entwickelt, die sich gut für die Gestaltung von methodischen Ablaufstrukturen eignet und sich in vielen Fällen bewährt hat [vgl. BRAN02; DEGE04; GERG02; WALK03]. Da die Sprache allen Anforderungen gerecht wird und eine Ähnlichkeit zur Funktionsmodellierung der TRIZ-Methodik besitzt, wird sie im Folgenden für die Modellierung der Ablaufstruktur verwendet.

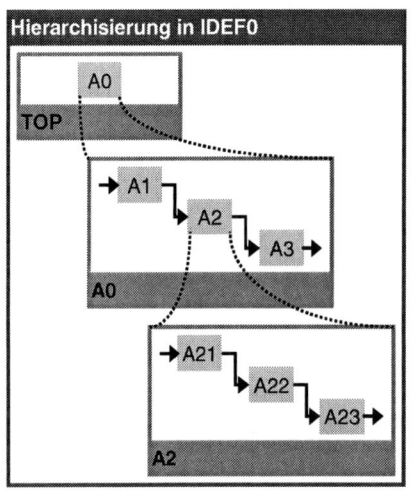

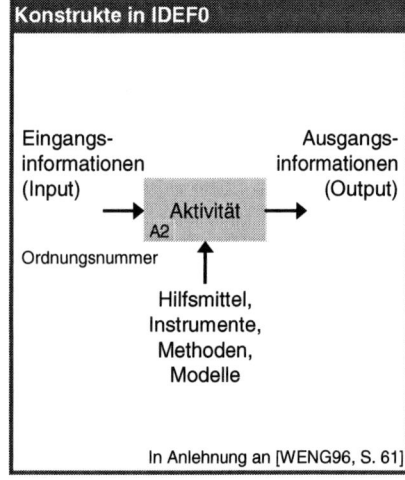

Bild 3-12: Modifizierte IDEF0 Modellierung

3.5 Zwischenfazit: Grobkonzept der Methodik

Im dritten Kapitel wurde das Grobkonzept der TRIZ-basierten Technologiefrüherkennung aufgestellt. Als Grundlage wurden dazu zunächst der Untersuchungsbereich systemtechnisch analysiert und der Technologiefrüherkenner als Subjekt, das Potenzial von Technologien als Objekt, die Technologien und deren Entwicklung als Umfeld und die Technologiefrüherkennung als Prozess bzw. Funktion der Methodik beschrieben.

In der Einleitung wurde das Abschätzen des Potenzials von Produkttechnologien als übergeordnetes Ziel der Methodikanwendung definiert. Dieses Oberziel wurde in Anlehnung an den allgemeinen Prozess der Technologiefrüherkennung in die Unterziele „Informationsbedarf bestimmen", „Technologien identifizieren", „Entwicklungen antizipieren" und „Erkenntnisse kommunizieren" zerlegt. Danach wurden verschiedene inhaltliche Anforderungen an die Methodik festgelegt. Diese sind im Wesentlichen eine einfache und flexible Handhabbarkeit, möglichst hohe Objektivität sowie der Umgang mit unscharfen Informationen, der Dynamik der Zukunft und einem komplexen Systemumfeld. Darüber hinaus wurden formale Anforderungen an die Methodik gestellt. Dies sind mit Bezug auf die inhaltlichen Anforderungen ein geringes Aufwand-Nutzen-Verhältnis der Methodik, eine eindeutige Aussagekraft der Ergebnisse und eine hohe Wahrscheinlichkeit der Prognose.

Zum Aufbau des Modellsystems wurden zunächst die Grundlagen der Modelltheorie geklärt. Dazu wurde zum einen der Prozess der Modellierung beschrieben, zum anderen eine Klassifizierung von Modellen vorgestellt. Auf dieser Grundlage ließ sich mit Bezug auf das Zielsystem und die Anforderungen die Aufbaustruktur der Methodik modellieren. Es wurde deutlich, dass das Ergebnis der Methodikanwendung ein Vorhersagemodell ist, das in ein übergeordnetes Entscheidungsmodell integriert ist. Die Methodik selber kann in einzelne Teilmodelle – in Beschreibungs-, Vorhersage- und Entscheidungsmodelle – zerlegt werden. Diese Teilmodelle werden durch ein Vorgehensmodell – die Ablaufstruktur – verknüpft.

Die Ablaufstruktur bildet das allumfassende Gerüst der Methodik und wurde in Anlehnung an den Problemlösungszyklus des Systems Engineering entwickelt. Dabei wurde die Struktur in die vier Phasen „Informationsbedarf bestimmen", „Technologien recherchieren", „Entwicklungen antizipieren" und „Erkenntnisse kommunizieren" untergliedert. Diesen Phasen wurden wiederum einzelne Teilschritte zugeordnet. Für eine detailliertere Beschreibung der Ablaufstruktur wurde die modifizierte Modellierungssprache IDEF0 ausgewählt.

Um die beschriebenen Anforderungen an die Methodik zu erfüllen und einen praktikablen Handlungsleitfaden zur Technologiefrüherkennung zu entwickeln, werden die ersten drei Phasen des erarbeiteten Grobkonzeptes im folgenden Kapitel detailliert.

4 Detaillierung der Methodik

Im vorherigen Kapitel wurde das Grobkonzept für die TRIZ-basierte Technologiefrüherkennung entwickelt. Die Methodik zur Bestimmung des Potenzials von Produkttechnologien wird nun detailliert.

Mit der Lösungshypothese wurde postuliert, dass das Potenzial von Produkttechnologien aus mehreren Blickwinkeln abgeschätzt werden muss, damit eine Aussage mit hinreichendem Wahrheitsgehalt getroffen werden kann. Daher werden bei der Detaillierung der Methodik vier Modelle entwickelt, die eine Potenzialbewertung aus verschiedenen Perspektiven zulassen. Die Erkenntnisse aus diesen vier Modellen werden in einem fünften Modell – dem Potenzialmodell – kombiniert und komprimiert. Die einzelnen Modelle werden dem Vorgehensmodell aus dem vorangegangenen Kapitel zugeordnet und dementsprechend in den Unterkapiteln 4.1 bis 4.3 organisiert (vgl. Bild 4-1). Dadurch ergibt sich nicht nur eine Integration der einzelnen Modelle im abschließenden Entscheidungsmodell, sondern auch ein Vorgehen, in welcher Reihenfolge diese Modelle idealtypisch anzuwenden sind. Dabei liefern die vorangestellten Modelle wichtige Grundlagen für die folgenden Modelle.

Modell	Modelltyp	Funktion	Phasen des Vorgehensmodells
Modell des Suchbereichs	Beschreibungsmodell	Suchbereich eingrenzen	Informationsbedarf bestimmen Kap. 4.1
Lebenszyklusmodell	Beschreibungsmodell	Entwicklungshistorie beschreiben	Technologien recherchieren Kap. 4.2
Modell der Leistungsgrenze	Vorhersagemodell	Leistungsgrenze bestimmen	Entwicklungen antizipieren
Evolutionsmodell	Vorhersagemodell	Entwicklungen antizipieren	
Potenzialmodell	Entscheidungsmodell	Potenzial bewerten	Kap. 4.3

Bild 4-1: Vorgehensweise zur Detaillierung der Methodik

Im Einzelnen werden in diesem Kapitel fünf Modelle vorgestellt: Mit dem Modell des Suchbereichs wird der Betrachtungsbereich der TRIZ-basierten Technologiefrüherkennung eingegrenzt und somit die Richtung für die folgende Recherche vorgegeben. Das Lebenszyklusmodell erlaubt eine erste Abschätzung des Potenzials. Da sich dieses Modell auf die Entwicklungshistorie von Technologien stützt, ist es sehr rechercheintensiv und liefert somit Grundlagen für die folgenden Modelle. Mit dem Modell der Leistungsgrenze wird bestimmt, bis zu welcher physikalischen Grenze eine Technologie weiterentwickelt werden kann. Durch das Evolutionsmodell wird die technologische Entwicklung bis zu dieser Grenze antizipiert. Somit kann abgeschätzt werden, welche Innovationen getätigt werden, bis eine Technologie ihre Leistungsgrenze erreicht. Die Erkenntnisse aus diesen Modellen werden im Potenzialmodell verdichtet. Hier wird auf der Basis der vorher erzielten Erkenntnisse über das Potenzial der konkurrierenden Produkttechnologien entschieden.

4.1 Informationsbedarf bestimmen

Für eine effiziente und fundierte Abschätzung des Potenzials von Produkttechnologien muss zunächst der Informationsbedarf genau bestimmt werden. Erst dann kann eine zielgerichtete Recherche der Technologien und der relevanten Zusatzinformationen erfolgen, um darauf aufbauend Technologieentwicklungen antizipieren und schließlich das Potenzial der Produkttechnologien abschätzen zu können.

In Kapitel 2.1.1.3 und 3.4.2.1 wurde erläutert, dass der Fokus der Technologiefrüherkennung auf das technologische Umfeld gerichtet und dadurch bereits im Umfang eingeschränkt ist. Darüber hinaus wurde festgelegt, dass die Technologiefrüherkennung unter dem Paradigma des „Denkens in Funktionen" stehen sollte und der Suchbereich in einzelne Komponenten zu zerlegen ist. Als Mittelpunkt des Suchbereichs ist daher eine Produktfunktion zu definieren. Damit das Potenzial der Produkttechnologien, die diese Produktfunktion erfüllen, relativ zueinander bestimmt werden kann, werden möglichst alle Informationen benötigt, die dieses Potenzial definieren. Entsprechend der Eingrenzung auf das technologische Umfeld wird der Suchbereich im Folgenden auf Technologien bzw. Systeme reduziert, die diese Informationen beinhalten.

4.1.1 Systemtechnische Strukturierung des Suchbereichs

Technologiefrüherkennung ist ein Problemlösungsprozess in einem komplexen Umfeld (vgl. Kapitel 3.4). Die Systemtheorie bietet die Möglichkeit, Probleme im komplexen, interdisziplinären Umfeld zu systematisieren und so den Lösungsweg gravierend zu vereinfachen [vgl. FLOO93, S. vii]. Daher wird die Systemtheorie im Folgenden genutzt, um den Suchbereich einzugrenzen.

In Kapitel 2.1.1.3 wurde beschrieben, welchen entscheidenden Einfluss Technologien auf die fünf Wettbewerbskräfte nach PORTER [vgl. PORT92, S. 221] haben. Dazu wurden die Zulieferer, die Wettbewerbssituation und die Kunden entlang der Wertschöpfungskette aufgelistet. Bedrohungen durch Ersatzprodukte und –dienste sowie neue Wettbewerber wurden auf gleicher Ebene mit der Wettbewerbsposition der Branche abgebildet. Diese Darstellung (vgl. Bild 2-3) ermöglicht eine erste systematische Analyse des technologischen Umfeldes.

Einen strukturell ähnlichen Ansatz zur Analyse komplexer Sachverhalte bietet die TRIZ-Methodik: Ausgehend von ALTSCHULLERs Unterteilung in Systeme, Obersysteme und Teile eines Systems sowie seinen Erkenntnissen zur zeitlichen Entwicklung von technischen Systemen [vgl. ALTS84, S. 124-128] wurde das Konzept System Operator bzw. 9-Windows [vgl. MANN02, S. 63-85; ORLO02, S. 226-228] entwickelt. Mit Hilfe dieses Konzeptes wird der Problemlöser in die Lage versetzt, das Problem aus verschiedenen zeitlichen und räumlichen Blickwinkeln zu betrachten und so neue Lösungsansätze zu erarbeiten – aber auch Lösungsansätze aus verschiedenen Perspektiven zu bewerten [vgl. MANN02, S. 63; ORLO02, S. 85]. Durch diese Variation des Blickwinkels können die wichtigsten Elemente des Suchbereichs identifiziert werden. Denn die wesentlichen Facetten eines Problems können erst dann herausgearbeitet werden, wenn die Problemsituation aus verschiedenen Perspektiven beleuchtet und so eine ganzheitliche Sicht der Problemsituation erlangt wurde [vgl. GOME99, S. 40].

Beim Konzept 9-Windows wird – ebenso wie bei der Systemtechnik [vgl. BRUN91, S. 49; PAHL97, S. 24] (vgl. Kapitel 2.3.1) – zwischen den Systemebenen des Systems, der Supersysteme und der Subsysteme unterschieden. Zusätzlich zu dieser systemtechnischen Sichtweise wird für alle Ebenen zeitlich zwischen Gegenwart, Vergangenheit und Zukunft unterschieden [vgl. MANN02, S. 64]. Daraus ergeben sich neun Fenster, die in alle Richtungen (z.B. Super-Super-System) erweitert werden können [vgl. MANN02, S. 65 f.] (vgl. Bild 4-2).

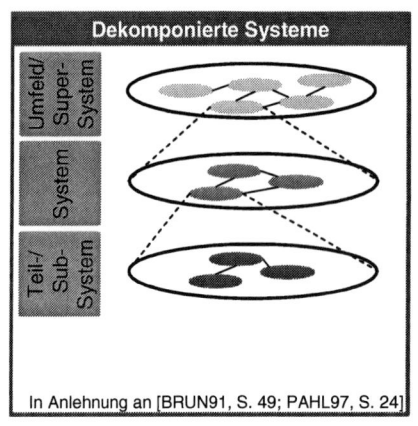

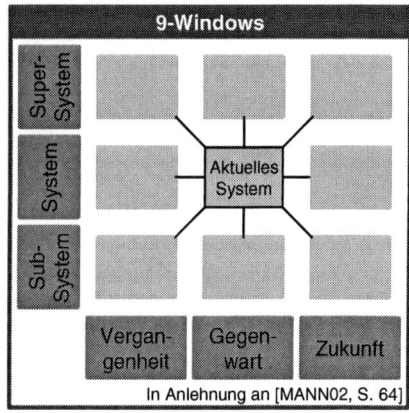

Bild 4-2: Das Konzept 9-Windows im Vergleich zur Systemtheorie

Dabei ist ein System „eine bestimmte Art und Weise, die Welt zu sehen" [WEIN75, S. 52] – also eine Modellierung der Realität [vgl. GOME99, S. 44]. ULRICH und PROBST bieten für den Systembegriff folgende detailliertere Definition an: „Ein System ist ein dynamisches Ganzes, das als solches bestimmte Eigenschaften und Verhaltensweisen besitzt. Es besteht aus Teilen, die so miteinander verknüpft sind, dass kein Teil unabhängig ist von anderen Teilen und das Verhalten des Ganzen beeinflusst wird vom Zusammenwirken der Teile" [ULRI88, S. 30].

Damit eine Systemdefinition und –abgrenzung vorgenommen werden kann, muss zunächst der Zweck, den ein System erfüllen soll, aus verschiedenen Perspektiven bestimmt werden [vgl. GOME97, S. 43-47]. Anschließend sind die Schlüsselfaktoren – das sind jene relevanten Teile des Systems, deren Interaktion die Dynamik des Systems ausmacht – abzuleiten [vgl. GOME97, S. 47].

Der Zweck eines technischen Systems wird in der Sprache der TRIZ-Methodik als „primäre nützliche Funktion" [vgl. HERB00, S. 292] und in der Konstruktionssystematik nach VDI 2221 als Hauptfunktion bezeichnet [vgl. VDI93, S. 40] – also als Funktion, die einen Hauptzweck eines Systems beschreibt. Dabei besteht eine Funktion immer aus dem Gegenstand der Aussage (das Objekt) und der Satzaussage (das Prädikat) [vgl. VDI97, S. 15]. Ein System kann darüber hinaus verschiedene Nebenfunktionen [vgl. VDI93, S. 41] bzw. nach TRIZ nützliche und schädliche Funktionen [vgl. HERB00, S. 71 f.; EVER02, S. 158] besitzen. Teilweise werden diese nützlichen bzw. schädlichen Funktionen bei der TRIZ-Methodik auch vereinfacht als Attribute bezeichnet, wenn sie in der Form „eine Eigenschaft haben" formuliert werden können [vgl. MANN02, S. 104]. In diesem Fall wird das Prädikat weggelassen und das Objekt (die Eigenschaft) wird zum Attribut. Die Summe dieser Funktionen wird in der Richtlinie VDI 2221 als Gesamtfunktion bezeichnet [vgl. VDI93, S. 40]. Teilfunktionen sind Haupt- und Nebenfunktionen untergeordnet und zur Erfüllung der übergeordneten Funktionen notwendig [vgl. VDI 93, S. 41]. Sie sind also die Hauptfunktionen der Subsysteme.

Durch die Definitionen der Hauptfunktion (primär nützliche Funktion) und die nützlichen bzw. schädlichen (Neben-)Funktionen kann also eine im Sinne der Konstruktionssystematik hinreichende Abgrenzung des Systems vorgenommen werden. Nun ist die Systemtheorie auf den Suchbereich der Technologiefrüherkennung zu übertragen:

Im Sinne der Aufgabenstellung steht die Produkttechnologie, deren Potenzial bestimmt werden soll, im Fokus der Betrachtung (vgl. Kapitel 3.2.2). Diese Produkttechnologie wird als zentrales System definiert und durch die Hauptfunktion abstrakt beschrieben. Das System manifestiert sich durch ein real existierendes Produkt bzw. einen Prototypen, in dem die Produkttechnologie umgesetzt wurde. Dieses Produkt sollte ein Produkt des Technologieeigners sein, damit möglichst viele Informationen über die Technologie zur Verfügung stehen. Das Bespielprodukt wird später als Referenz zur Bewertung des Potenzials herangezogen und dient als Startpunkt der Recherche.

Das Umfeld des Systems wird als Supersystem bezeichnet. Dabei befindet sich das Supersystem entsprechend der modifizierten Darstellung der fünf Wettbewerbskräfte (vgl. Bild 2-3) auf der nächsten Wertschöpfungsstufe. Es kann sich daher sowohl um einen Kunden (reale Personengruppe) als auch um ein weiteres technisches System (Technologie) handeln. Verallgemeinernd kann das Supersystem daher als Anwendungsfall bezeichnet werden.

Ein Autoradio ist beispielsweise ein Subsystem des Systems Automobil. Auf einer anderen Abstraktionsstufe ist dadurch das Auto ein Supersystem für das System Autoradio. Aus einer anderen Perspektive stellt der Mensch ein Supersystem für das Endprodukt Auto dar. Wird das Autoradio als System definiert, ist der Mensch das Super-Super-System und die Verstärkereinheit im Autoradio stellt ein Subsystem dar.

Es ist zu beachten, dass eine Produkttechnologie meistens über mehrere realisierte oder mögliche Anwendungsfälle verfügt. Daher befinden sich auf der Supersystemebene meistens mehrere Supersysteme. Diese Supersysteme zeichnen sich dadurch aus, dass sie dieselbe Hauptfunktion des Produktes fordern bzw. benötigen. In der Ausprägung dieser Hauptfunktion und insbesondere in Anforderungen an Nebenfunktionen können sich diese Supersysteme teilweise stark unterscheiden. Wie diese Anforderungen aufgenommen werden können und welche Auswirkungen sie auf das Potenzial einer Produkttechnologie haben, wird in den Kapiteln 4.1.2 und 4.3.1 behandelt.

Die Radiotechnologie findet beispielsweise in verschiedensten Supersystemen wie z.B. Autos, Stereoanlagen, Multimediacomputern oder Mobiltelefonen Anwendung. Teilweise wird die Technologie auch noch direkt im Endprodukt Radio umgesetzt. In diesem Fall ist der Mensch ein Supersystem und kann wiederum in einzelne Kundengruppen mit unterschiedlichsten Anforderungen unterteilt werden. Während bei Mobiltelefonen eher eine geringe Größe sowie ein geringer Energieverbrauch des Radios im Vordergrund stehen, wird bei Weltempfängern eher auf eine große Bandbreite geachtet.

Wie können nun die relevanten Subsysteme definiert werden, die wesentlich zur Gesamtleistung des Systems beitragen bzw. beitragen können? Entsprechend der VDI-Richtlinie 2221 sind diese Subsysteme Komponenten, die Teilfunktionen erfüllen und somit Haupt- und Nebenfunktionen ermöglichen [vgl. VDI 93, S. 41].

KOLLER beschreibt die „Funktionsanalyse ohne Kenntnis entsprechender Bauelemente" [KOLL94, S. 89-96]. Dieses Vorgehen zielt auf die Neuentwicklung von technischen Produkten ab. Durch eine allgemeine Beschreibung der Teilfunktionen sollen sich die Entwickler von existenten Lösungen trennen und so das Blickfeld in Richtung alternativer Lösungen erweitern: Ist der Zweck eines Systems gegeben, ist diese Hauptfunktion gedanklich durch eine oder mehrere Elementartätigkeiten zu realisieren [vgl. KOLL94, S. 89]. Dabei wird unter Elementarfunktionen „eine vollständige, qualitative Beschreibung einer elementaren Tätigkeit verstanden" [KOLL94, S. 88], welche nicht weiter in unterschiedliche Tätigkeiten untergliedert werden kann [vgl. KOLL94, S. 88].

Eben dieses Vorgehen der abstrakten Beschreibung eignet sich für die Definition der Subsysteme durch Teilfunktionen und erfüllt somit das Paradigma des „Denkens in Funktionen" (vgl. Kapitel 3.4.2.1). Allerdings wird die Elementarfunktion in dieser Arbeit nur als Hilfsmittel verstanden, Subsysteme zu definieren, denn jede Elementarfunktion kann auf einer anderen Betrachtungsebene wieder in weitere Funktionen (Sub-Sub-Systeme) zerlegt werden.

Damit beispielsweise die Elementarfunktion „elektrische Energie in mechanische Energie wandeln" durch den Effekt „Elektromagnetismus" erfüllt werden kann, müssen wiederum unterschiedliche Teilfunktionen erfüllt werden. Diese sind z.B. „Strom leiten" und „Magnetfeld übertragen".

Ein ähnliches Verfahren der TRIZ-Methodik ist die Funktionsmodellierung [vgl. HERB00, S. 87-100]. Dabei werden die einzelnen Funktionen nicht wie bei KOLLERs Ansatz durch Stoff, Energie oder Informationsströme verknüpft [vgl. KOLL00, S. 91], sondern durch die Beschreibungen „sorgt für", „beseitigt", „verursacht" und „behindert" verbunden [vgl. HERB00, S. 89]. Die einzelnen Funktionen werden wie bei der Konstruktionssystematik durch Objekt und Prädikat definiert. Diese Methode wird auch Problemformulierung genannt und hat dementsprechend primär zum Ziel, Ursachen für Probleme systematisch darzustellen, um eine Problemlösung zu erleichtern [vgl. HERB00, S. 87 f.]. Diesem Ziel entsprechend ist der Ansatz pragmatischer und nicht so präzise wie die Funktionsanalyse nach KOLLER.

Ein ähnliches Modellierungsverfahren der TRIZ-Methodik ist die so genannte Objektmodellierung [vgl. HERB00, S. 100-106]. Dieses Verfahren wurde durch Softwareprodukte der Firma INVENTION MACHINE unterstützt und verbreitet [vgl. INVE98]. Im Gegensatz zu KOLLERs Methode wird bei der Objektmodellierung von einem real existierenden System ausgegangen. Die Komponenten eines real existierenden Systems, das Systemumfeld sowie Eingangs- und Ausgangsprodukte, werden als Objekte dargestellt. Diese Objekte werden durch nützliche und schädliche Funktionen verbunden [vgl. INVE98]. Die Objektmodellierung ist in der Regel greifbarer als die abstrakte Vorgehensweise nach KOLLER, da die Anwender ein konkretes Produkt vor Augen haben. In der Praxis hat sich dieses Vorgehen allerdings als wesentlich chaotischer als die Funktionsanalyse oder die Problemformulierung erwiesen, da verschiedenste Objekte gemischt werden und nicht zwischen den Systemebenen unterschieden wird.

Der pragmatischste Ansatz ist sicherlich das Gesetz der Vollständigkeit der Teile eines Systems nach ALTSCHULLER. Es besagt, dass jede „Verarbeitungsmaschine vier Hauptteile umfasst: Antriebsorgan, Kraftübertragungsorgan, Arbeitsorgan und Steuerungsorgan"

Detaillierung der Methodik

[ALTS84, S. 124]. Ein weiterer Grundsatz „für die Lebensfähigkeit eines technischen Systems ist der Energiefluss durch alle Teile des Systems" [ALTS84, S. 125].

Auf der Grundlage dieser vier Ansätze zur funktionalen Bestimmung von Subsystemen wird für die TRIZ-basierte Technologiefrüherkennung empfohlen, auf ein existierendes System – z.B. ein Produkt des Technologieeigners, in dem die Produkttechnologie umgesetzt wurde – zurückzugreifen und die wesentlichen Hauptteile auszuwählen. Dazu kann das Gesetz der Vollständigkeit der Teile eines Systems als Grundlage genommen werden. Diese Hauptteile sind dann durch ihre Hauptfunktion (Teilfunktionen des Systems) abstrakt zu beschreiben. Es ist zu prüfen ob weitere Teilfunktionen für die Erfüllung oder Erweiterung der Gesamtfunktion des Systems notwendig sind. Durch eine Visualisierung des Stoff-, Energie- und Informationsflusses kann die Vollständigkeit der Subsysteme überprüft werden. Es ist aber darauf zu achten, dass möglichst wenige Subsysteme aufgelistet werden, um die Komplexität gering zu halten.

Aus den vorangegangenen Betrachtungen ergibt sich die in Bild 4-3 gezeigte systemtechnische Darstellung der zu untersuchenden Produkttechnologie, der Anwendungsfälle und der untergeordneten Technologien im systemhierarchischen Beschreibungsmodell der Produkttechnologie. Dabei wird die Produkttechnologie als System definiert. Die verschiedenen Anwendungsfälle sind die Supersysteme und die untergeordneten Technologien sind die Subsysteme. Die Systeme und Subsysteme werden durch ihre Funktionen beschrieben. Das Modell stellt sowohl die Ist-Situation als auch die Kann-Situationen dar, da auch mögliche Anwendungsfälle und mögliche Teilfunktionen abgebildet werden, die noch nicht realisiert wurden. Das Modell greift somit auch die Dimension Zeit des Konzeptes 9-Windows auf.

Systemebene	Klassifizierung	Semantische Beschreibung	Graphische Darstellung		
Super-System-Ebene	Anwendungs-fälle	Objekt (z.B. Mensch, Automobil)	Super-System	Super-System	Super-System
System-Ebene	Produkt-technologie	Hauptfunktion (z.B. Radiowellen umwandeln)		System	
Sub-System-Ebene	Untergeordnete Technologien	Teilfunktion (z.B. elektrisches Signal verstärken)	Sub-System	Sub-System	Sub-System

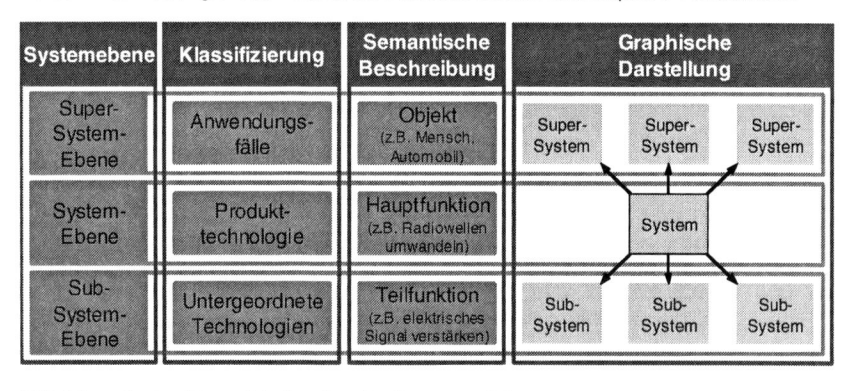

Bild 4-3: Systemhierarchisches Beschreibungsmodell

Eine erweiterte Betrachtungsweise im Sinne der 9-Windows ermöglicht eine andere zeitliche Perspektive. So kann z.B. die produktionstechnische Realisierung der Produkttechnologie in einem Produkt analysiert werden. Dadurch würden sich auch Fertigungs- und Montagetechnologien als untergeordnete Technologien ergeben. Dieser Ansatz geht allerdings über den Bezugsrahmen der TRIZ-basierten Technologiefrüherkennung hinaus und wird daher nicht weiter behandelt.

Detaillierung der Methodik

4.1.2 Funktionale Systembeschreibung

Nachdem der Suchbereich durch das systemhierarchische Beschreibungsmodell über alle relevanten Systemebenen hergeleitet wurde, gilt es nun, die einzelnen Systeme semantisch zu beschreiben. Dazu wurden bereits die Begriffe „Hauptfunktion" der Produkttechnologie und „Teilfunktionen" als Hauptfunktionen der untergeordneten Technologie definiert. Sowohl die Systeme als auch die Supersysteme müssen funktional beschrieben werden, um eine Recherche nach Technologien, die dieselbe Funktion erfüllen, aus einer abstrakten und damit unvoreingenommenen Perspektive zu erleichtern. Die Anwendungsfälle müssen nicht funktional beschrieben werden, da hierfür ein anderes Suchschema angewendet wird (vgl. Kapitel 4.2.5).

Die Beschreibung der Produkttechnologie durch eine Hauptfunktion bzw. primär nützliche Funktion ist für die Recherche nach alternativen Technologien prinzipiell hinreichend. Allerdings unterstützt eine Spezifizierung der Technologie durch Nebenfunktionen eine frühzeitige Reduktion aller möglichen Technologien auf einige wesentliche Technologie und die Bewertung des relativen Potenzials der verbleibenden Technologien. Daher wird im Folgenden ein Modell vorgestellt, mit dem ein System für die Potenzialbestimmung hinreichend beschrieben werden kann. Diese Methode wird in Anlehnung an das „Ideale System" der TRIZ-Philosophie [vgl. EVER03, S. 158 f.; HERB00, S. 71-77; MANN02, S. 137-154] entwickelt, da mit dieser Zielformulierung die Evolution technischer Systeme antizipiert werden kann [vgl. EVER03, S. 176 f.].

„Ein ideales System ist dann erreicht, wenn es kein System mehr gibt, seine Funktion aber ausgeübt wird. Dieses Resultat ist in der Regel utopisch, wird aber als Gedankenspiel angewendet, um Denkbarrieren abzubauen" [EVER03, S. 158]. Das ideale System ist also das absolute Entwicklungsziel. Die Recherche der TRIZ-basierten Technologiefrüherkennung zielt daher theoretisch auf eine Produkttechnologie ab, die das Potenzial hätte, zu solch einem idealen System zu werden.

Der Idealitätsgrad eines Systems ist als das Verhältnis der Summe aller nützlichen Funktionen zur Summe aller schädlichen Funktionen definiert [vgl. HERB00, S. 72]. Bei der Produktentwicklung unterstützt die Formulierung des idealen Produkts den Anwender bei der Zieldefinition. Das Vorgehen ermöglicht, sich am Ideal zu orientieren und dadurch zielgerichtet und effizient zu arbeiten sowie neue Lösungsprinzipien zu finden [vgl. EVER03, S. 158]. In der Praxis wird das ideale System möglichst in Workshops erarbeitet. Dabei ist zunächst die primäre nützliche Funktion zu definieren. Dann wird geprüft, welche Eigenschaften und Funktionen für die verschiedenen Anwendungsfälle, aber beispielsweise auch für den Hersteller störend sind. Danach wird nach den nützlichen und angenehmen Eigenschaften und Funktionen gefragt. Abschließend wird eine Vision von einem idealen Produkt erarbeitet: Ein Produkt, das in verschiedensten Anwendungsfällen zum Einsatz kommen kann und den Kunden absolut zufrieden stellt bzw. die Leistung der übergeordneten Technologie signifikant steigert.

Bei einem Workshop der Innovationswerkstatt 2002 [vgl. INNO02] wurde der ideale Staubsauger definiert. Als primär nützliche Funktion wurde „Staub entfernen" festgelegt. Als schädliche Funktionen wurden unter anderem „Energie benötigen", „Staubsaugerbeutel entfernen" und „Staubsauger bewegen" genannt. „Lärm erzeugen" war für einige Workshopteilnehmer eine nützliche, für andere eine schädliche Funktion.

Bei der TRIZ-basierten Technologiefrüherkennung können daraus die relevanten Suchkriterien in Form von Funktionen bzw. Attributen abgeleitet werden (vgl. Kapitel 4.3.1.2). Dazu werden alle genannten Funktionen aufgelistet. Zusätzlich wird kenntlich gemacht, ob es sich um eine nützliche oder schädliche Funktion handelt und in welche Richtung eine Optimierung anzustreben ist. Vor dem Hintergrund, dass die Produkttechnologie in Zukunft möglichst vielen Anwendungsfällen gerecht werden soll, sind die einzelnen Funktionen zu gewichten. Dem Kapitel 4.3.1.2 vorgreifend können die Funktionen in Parameter, die eine realisierte Produkttechnologie beschreiben, umgewandelt werden.

Am Beispiel des Staubsaugers wird deutlich, dass die verschiedenen Funktionen häufig in Parameter umgewandelt werden können. So wird aus der Funktion „Lärm erzeugen" beispielsweise „Lärmpegel" und aus „Energie benötigen" wird „Energiebedarf". „Füllstand des Staubbeutels anzeigen" ist eine Nebenfunktion, die nicht in ein Attribut oder einen Parameter umgewandelt werden kann. Allerdings könnte durch Substantivierung aus dieser Funktion das Objekt „Füllstandsanzeige" gemacht werden.

Die geschilderte Spezifizierung der funktionalen Systembeschreibung durch Nebenfunktionen und Parameter kann nicht nur für die Produkttechnologie, sondern auch für die untergeordneten Technologien durchgeführt werden. Allerdings wird empfohlen, dabei nur einige wenige Leistungstreiber auszuwählen, um die Komplexität zu reduzieren.

4.1.3 Morphologischer Ansatz zur Definition des Suchraums

Nachdem die einzelnen Systemebenen definiert und die Systemkomponenten durch Funktionen beschrieben wurden, gilt es nun, den Suchbereich um alternative Systeme zu ergänzen. Diese Aufgabe wird mit der morphologischen Methode (vgl. Kapitel 2.3.2) erfüllt.

„Mit der morphologischen Methode der Feldüberdeckung sucht man (…) nach allen Lösungen eines genau vorgegebenen Problems, indem man von einer begrenzten Zahl von Stützpunkten des Wissens ausgeht und eine genügende Zahl von Denkprinzipien benutzt, um neue Tatsachen aufzudecken, neue Probleme zu formulieren und unter Umständen neue Materialien, Geräte und Methoden zu erfinden, die der weiteren Forschung dienen." [ZWIC66, S. 56]

Auf der Basis dieser Definition von ZWICKY kann die morphologische Methode vereinfacht als „Denken in Alternativen" beschrieben werden. Übertragen auf die TRIZ-basierte Technologiefrüherkennung bedeutet das die Suche nach allen relevanten alternativen Systemen – bzw. nach alternativen Super- und Subsystemen. Dabei entspricht die funktionale Systembeschreibung dem „genau vorgegebenen Problem". Die Methode entspricht damit der so genannten morphologischen Matrix bzw. dem morphologischen Kasten der Konstruktionssystematik, bei dem einer Funktion Wirkprinzipien oder Funktionsträger zugeordnet werden [vgl. BREI93, S. 54]. Allerdings werden hier einer Funktion Produkttechnologien zugeordnet.

Damit möglichst alle alternativen Systeme gefunden werden, muss eine genügende Zahl von Denkprinzipien genutzt werden. Diese Denkprinzipien werden im folgenden Kapitel „Technologien recherchieren" beschrieben. In dem Kapitel „Informationsbedarf bestimmen" gilt es vielmehr, den Suchbereich durch die morphologische Methode zu erweitern.

Vereinfachend für den komplexen Suchraum wurde ein Modell, bestehend aus drei Systemebenen, entwickelt: die eigentlich Systemebene sowie die Super- und Subsystemebenen (vgl. Bild 4-3). Auf jeder Ebene sind möglichst alle alternativen Systeme zu identifizieren. Die

Detaillierung der Methodik

Zahl und Art der Anwendungsfälle erlaubten Rückschlüsse auf das Anwendungspotenzial und ermöglichen, Anforderungen an die Produkttechnologie aus der Sicht vieler, verschiedener Anwendungsfälle abzuleiten. Die Identifikation aller alternativen Produkttechnologien ist zwingend notwendig, damit sich das Potenzial dieser Technologien relativ zueinander bewerteten lässt. Kenntnisse über untergeordnete Technologien sind notwendig, damit das Weiterentwicklungspotenzial, das sich durch die Weiterentwicklung von untergeordneten Technologien ergibt, abgeleitet werden kann. Es sind also alle Systemebenen um alternative Systeme zu ergänzen. Auf der Basis dieser Anforderung kann der Suchbereich endgültig modelliert werden.

4.1.4 Das Modell des Suchbereichs

Die vorangegangenen Betrachtungen werden im Modell des Suchbereichs aggregiert (Bild 4-4):

Super-System-Ebene: Anwendungsfälle

Übergeordnetes techn. System		Kundengruppen		Anforderungen an die Produkttechnologien aus der Perspektive der Anwendungsfälle
Alternatives technisches System	Alternatives technisches System	Alternative Kundengruppe	Alternative Kundengruppe	

System-Ebene: Produkttechnologien

Hauptfunktion				Spezifizierung der Produkttechnologien durch ■ Nebenfunktionen und ■ Attribute
Produkttechnologie des Technologieeigners	Alternative Produkttechnologie	Alternative Produkttechnologie	Alternative Produkttechnologie	

Sub-System-Ebene: untergeordnete Technologien

Teilfunktion		Teilfunktion		Potenzial zur Leistungssteigerung der Produkttechnologien durch Weiterentwicklungen der untergeordneten Technologien
Alternative Technologie	Alternative Technologie	Alternative Technologie	Alternative Technologie	

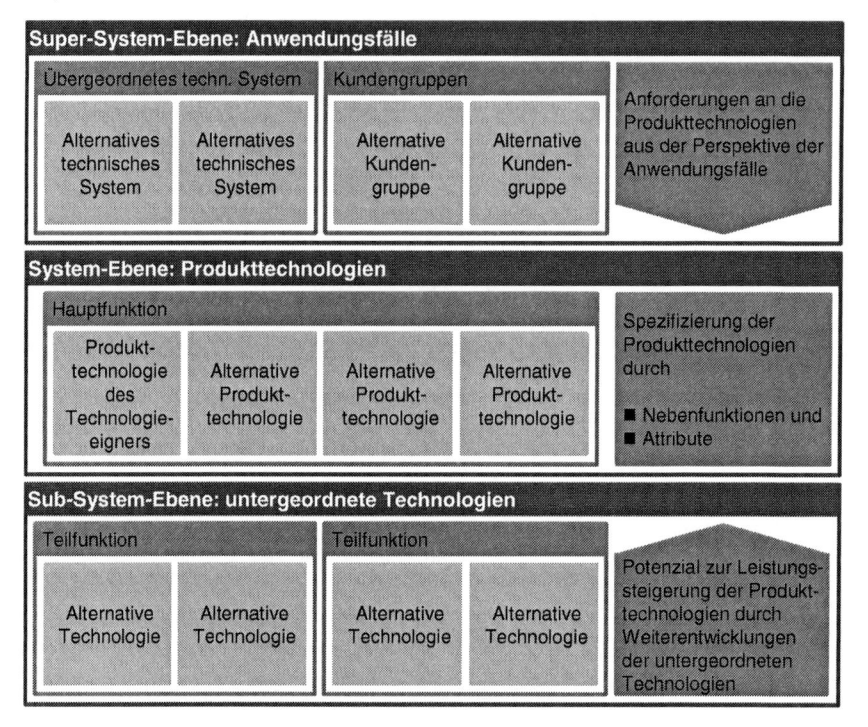

Bild 4-4: Modell des Suchbereichs

Die vertikale Achse wird durch das systemhierarchische Beschreibungsmodell der Produkttechnologie aufgespannt. Diese Achse wird für jede Systemebene in der Horizontalen – im Sinne der morphologischen Methode – um alternative Systeme erweitert. Dabei sind die Anwendungsfälle in übergeordnete technische Systeme und Kundengruppen unterteilt. Die alternativen untergeordneten Technologien werden für jede Teilfunktion aufgelistet. Die unterschiedlichen Produkttechnologien sind durch die Hauptfunktion definiert. Als Zusatzinformation und Vorgriff auf spätere Arbeitsschritte sind darüber hinaus die Nebenfunktionen und Attribute der Produkttechnologie dargestellt.

Nachdem der Suchbereich durch die funktionale Beschreibung der Technologien eingegrenzt und mit dem Modell des Suchbereichs systematisiert wurde, gilt es nun, die modellhafte Darstellung mit Informationen zu füllen. Die dazu notwendigen Recherchestrategien werden im nächsten Kapitel erläutert.

4.2 Technologien recherchieren

Die aufwändigste Aktivität der Technologiefrüherkennung, durch die wesentliche neue Erkenntnisse gewonnen werden können, ist die Recherche. Dabei ist die Recherche zwar durch das Beschaffen von Informationen charakterisiert, aber nicht darauf reduziert. Im Zuge der Recherche müssen Informationen gefiltert, systematisiert, interpretiert und dokumentiert werden. Nur so kann eine fundierte und fokussierte Informationsbasis geschaffen werden, die eine weitere Interpretation ermöglicht. Das übergeordnete Ziel der Recherche ist, alle relevanten Informationen zu beschaffen, die notwendig sind, um das Potenzial von Produkttechnologien zu bestimmen. Dieses Ziel lässt sich – dem Modell des Suchbereichs entsprechend – in drei Unterziele gliedern:

▶ Es sind alle Produkttechnologien zu identifizieren, die dieselbe Hauptfunktion erfüllen.

▶ Es sind alle potenziellen Anwendungsfälle und untergeordneten Technologien zu identifizieren, die den Produkttechnologien zugeordnet werden können.

▶ Es sind möglichst viele Zusatzinformationen zu sammeln, die eine erste Abschätzung des Potenzials der Produkttechnologien ermöglichen (vgl. Bild 4-5).

Das dritte Ziel entstammt nicht der vorher diskutierten Eingrenzung des Suchbereichs. Allerdings ermöglicht diese vorgezogene Bewertung eine Reduktion der Alternativen und kann wegen des hohen Rechercheaufwands organisatorisch diesem Kapitel zugeordnet werden.

Ziel		
▶ Alle Informationen, die zur Bestimmung des Potenzials der Produkttechnologien notwendig sind, beschaffen.		
Teilziel	**Teilziel**	**Teilziel**
▶ Alle Produkttechnologien identifizieren, die die selbe primäre Funktion erfüllen.	▶ Alle potenziellen Anwendungsfälle und untergeordneten Technologien identifizieren.	▶ Zusatzinformationen sammeln.
Rechercheobjekte	**Datenquellen**	**Rechercheprozess**
▶ Wonach wird recherchiert?	▶ Wo wird recherchiert?	▶ Wie wird recherchiert (gefiltert, systematisiert, interpretiert und dokumentiert)?

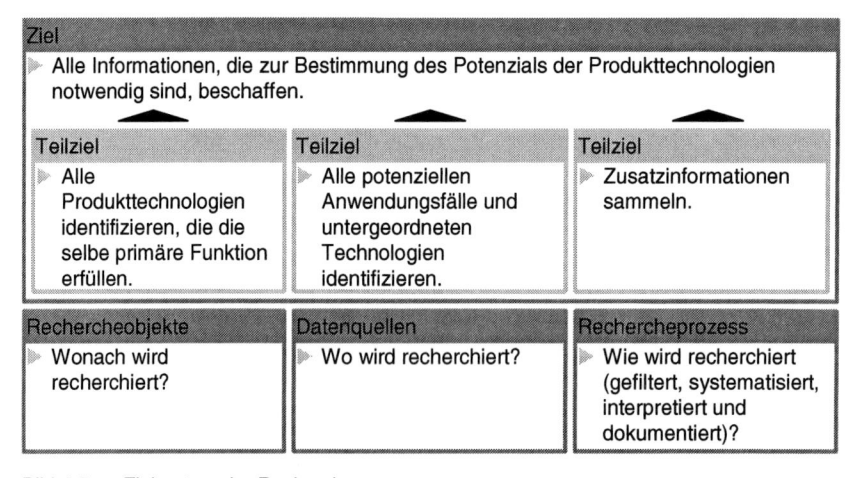

Bild 4-5:   Zielsystem der Recherche

Gemäß diesen Zielen werden im Kapitel „Technologien recherchieren" die Rechercheobjekte, die Datenquellen und der Rechercheprozess für die TRIZ-basierte Technologiefrüherkennung spezifiziert. Dabei werden die drei Fragen

▶ „wonach wird recherchiert?",

▶ „wo wird recherchiert?" und

▶ „wie wird recherchiert?" beantwortet (vgl. Bild 4-5).

Detaillierung der Methodik

4.2.1 Rechercheobjekte

Entsprechend den beschriebenen drei Zielen lassen sich die Rechercheobjekte in vier Bereiche unterteilen: Produkttechnologien, Anwendungsfälle, untergeordnete Technologien sowie Zusatzinformationen. Während die ersten drei Bereiche durch die Betrachtungen des vorangegangenen Kapitels eindeutig definiert wurden, müssen die Zusatzinformationen genauer spezifiziert werden.

In der Literatur werden schon seit über zwei Jahrzehnten verschiedene Ansätze beschrieben, die es ermöglichen sollen, das Potenzial von (Produkt-) Technologien auf der Basis von so genannten Indikatoren abzuschätzen [vgl. ALTS84, S. 115-120; LITT81; PFEI89, S. 39-50; SCHM88; SIMO86, S. 32-48]. Aus der praktischen Erfahrung heraus wurden diese Ansätze in Kapitel 2.2.1.1 kritisiert und als nicht aussagekräftig genug bewertet. Darüber hinaus wurden Probleme bei der Datenerhebung aufgezeigt. Aus diesem Grund wird das Potenzial von Produkttechnologien bei der TRIZ-basierten Technologiefrüherkennung aus verschiedenen Blickwinkeln betrachtet. Einer dieser Blickwinkel ist das Lebenszyklusmodell, das auf den Ansätzen von LITTLE [vgl. LITT81; LITT94, S. 75-82] und ALTSCHULLER [vgl. ALTS84, S. 115-120] basiert. Dieses Modell wurde trotz der angeführten Kritik gewählt, weil es etabliert ist, die technologische Entwicklung anschaulich darstellt, eine hinreichende erste Prognose liefert und somit eine gute Basis für eine weitere Diskussion des Potenzials von Produkttechnologien darstellt.

Das Lebenszyklusmodell wird im Folgenden für die TRIZ-basierte Technologiefrüherkennung angepasst. Dabei steht die Recherchierbarkeit der Zusatzinformationen im Vordergrund. Damit die Frage, welche Zusatzinformationen recherchiert werden müssen, beantwortet werden kann, wird zunächst das erweiterte Lebenszyklusmodell hergeleitet, um darauf aufbauend die zu recherchierenden Indikatoren abzuleiten.

4.2.2 Lebenszyklusmodell

Die Lebenszyklusmodelle von LITTLE und ALTSCHULLER wurden bereits in Kapitel 2.2.1.1 beschrieben. Beide Modelle weisen Überschneidungen in der Darstellung und Interpretation auf. Allerdings stützen sich beide Modelle teilweise auf unterschiedliche Indikatoren und unterschiedliche Informationsquellen. Beim Lebenszyklusmodell von ALTSCHULLER werden der S-Kurve der Leistungsfähigkeit eines Systems die Anzahl der Innovationen, das Niveau der Innovationen und der marktwirtschaftliche Erfolg einer Technologie gegenübergestellt (vgl. Bild 2-7). Beim Lebenszyklusmodell von LITTLE werden den einzelnen Phasen der S-Kurve unterschiedliche Ausprägungen für 10 verschieden Indikatoren zugewiesen (vgl. Bild 2-8). Der Ansatz von ALTSCHULLER hat sich in der Praxis als schwer durchführbar erwiesen, da das Niveau der Innovationen auf Grund der vielen Patentanmeldungen zu einer Technologie nicht mit angemessenem Aufwand ermittelt werden kann [vgl. GRAW03; GRAW05]. Der Ansatz von LITTLE weist Schwächen bei der Verfügbarkeit der Daten und eine mangelhafte Handlichkeit für die Belange des strategischen Managements auf [vgl. PFEI89, S. 49]. Ferner fehlt bei Beschreibungen wie z.B. niedrig, mittel und hoch die Relation zu einem Bezugswert.

Aus diesem Grund werden die beiden Ansätze kombiniert und durch weitere Erkenntnisse zur indikatorbasierten Potenzialbestimmung ergänzt. Dabei steht die Verfügbarkeit und Aussagekraft der Informationen im Vordergrund.

Detaillierung der Methodik

Ausgangspunkt des Lebenszyklusmodells ist der Verlauf der Leistung einer Technologie über der Zeit in Form einer S-Kurve [vgl. ALTS84, S. 115 f.] und die Unterteilung des Lebenszyklus in die Phasen „Entstehung, Wachstum, Reife und Alter" nach LITTLE [vgl. BRAN01, S. 30 f.] bzw. „Kindheit, Reife, Alter und Degeneration" nach ALTSCHULLER [vgl. ALTS84, S. 115]. Wegen des größeren Bekanntheitsgrades wird die Begrifflichkeit nach LITTLE gewählt.

Die *Entstehungsphase* einer Technologie beginnt mit der *Entdeckung dieser Technologie* und endet mit der *Markteinführung* von Produkten, die auf dieser Technologie basieren. Dementsprechend beginnt diese Phase mit einer *Erfindung höchsten Niveaus* und endet mit *Erfindungen, die die Markteinführung ermöglichen*. Die *Zahl der Patente steigt*, je mehr sich die Technologie der Marktreife nähert [vgl. ETNS96, S. 109]. Da mit der Technologie bis zur Markteinführung noch kein Geld verdient werden kann, ist die Forschung grundlagenorientiert. Demzufolge beteiligen sich wenige Länder und Unternehmen an der Forschung, obwohl die Grundlagenforschung staatlich gefördert wird und entsprechende Entwicklungsaktivitäten für die Etablierung des Geschäfts eine entscheidende Rolle spielen [vgl. ARTH93, S. 32]. Ferner gilt es diverse *technische Probleme* zu lösen, bevor Produkte einem Massenmarkt angeboten werden können. Der Punkt der Markteinführung wird erst erreicht, wenn die *schon existierende Konkurrenztechnologie an seine physikalische Grenze stößt* [ALTS84, S. 118 f.].

Hat eine Technologie die Marktreife erlangt, tritt sie in die *Wachstumsphase* ein. Die *entscheidenden technischen Barrieren sind überwunden* und die Technologie wirft Gewinne ab. Demzufolge bemühen sich zunehmend *mehr Länder und Unternehmen* um eine Beherrschung und Weiterentwicklung der Technologie. Das hat zur Folge, dass die *Anzahl der Patentanmeldungen steigt*. Allerdings *sinkt das Niveau der Erfindungen*, da vermehrt strategische Patente (z.B. Patentschirme) angemeldet werden, die dem Patenteigner einen Wettbewerbsvorteil sichern sollen. Die *Entwicklungsziele* beziehen sich jetzt nicht mehr auf die technische Machbarkeit, sondern auf die *Leistungssteigerung der Technologie* [vgl. MANN02, S. 131]. Entwicklungsaktivitäten dienen der Ausweitung des Geschäftsfeldes und der Absicherung des Wettbewerbsvorsprungs [vgl. ARTH93, S. 32]. Die Technologie verdrängt allmählich die ältere, ausgereiftere Konkurrenztechnologie. Dadurch *erhöht sich die Verfügbarkeit* der Produkte, die auf der neueren Technologie basieren, am Markt.

In der *Reifephase* stagniert die Leistungssteigerung der Technologie allmählich. Ebenso *stagniert die Anzahl der Patente* bzw. deren Bewilligung. Die meisten Entwicklungsbarrieren wurden überwunden und das Niveau der Erfindung lässt nach. Die Entwicklungen sind immer noch auf eine *Leistungssteigerung* ausgerichtet, zielen aber auch immer weiter auf *Kostenreduzierungen* und damit eine günstigere Produzierbarkeit ab [vgl. ARTH93, S. 32]. Da die Technologie mittlerweile etabliert und *allgemein verfügbar* ist, werden *Entwicklungsaktivitäten reduziert*. Allerdings beherrschen zunehmend *mehr Länder und Unternehmen* die Technologie, da die Eintrittsbarriere zur Technologiebeherrschung stark gesunken ist. Einige Akteure richten ihre Aufmerksamkeit verstärkt auf neuere Konkurrenztechnologien, da sich die physikalische Grenze der Technologie langsam abzeichnet. Diese Phase endet, wenn die Technologie die physikalische Grenze erreicht hat.

Wenn die Technologie den Punkt der maximal möglichen Leistungsfähigkeit erreicht hat, beginnt die *Alterungsphase*. Dabei gibt es zwei Entwicklungsrichtungen: Entweder die Technologie wird degradiert, wobei sie durch eine grundsätzlich andere Technologie abgelöst wird, oder sie bleibt lange Zeit bei den erreichten Parametern stehen [vgl. ALTS84, S. 115 f.]. In beiden Fällen ist die Zahl der *bewilligten Patente stark abnehmend*. Entwicklungsbarrieren zur Leistungssteigerung sind unüberwindbar und können nur durch den Wechsel auf andere Technologien umgangen werden. Auf Grund dieser Perspektive sind die *Entwicklungsaktivitäten sehr niedrig* und primär auf die *Kostenreduzierung* ausgerichtet [vgl. ARTH93, S. 32].

4.2.3 Indikatoren des Lebenszyklusmodells

Aus der vorangegangenen Kombination und Erweiterung bestehender Lebenszyklusmodelle können einige Indikatoren, die leicht recherchierbar sind, abgeleitet werden. In Bild 4-6 sind sie dem Lebenszyklusmodell zugeordnet.

Die *Anzahl der bewilligten Patente*, bezogen auf eine Technologie, kann mit geringem Aufwand und mit einer geringen Unsicherheit ermittelt werden. Dabei ist allerdings zu beachten, dass erst nach vier Jahren wirklich gesicherte statistische Aussagen auf der Basis von Patentdatenbanken gemacht werden können [vgl. SCHM88, S. 33]. Das ist der Zeitraum, der vergeht, bis etwa 99% der angemeldeten und erteilten Patente in den Datenbanken dokumentiert werden [vgl. SCHM88, S. 30-47]. Patentrecherchen des Fraunhofer IPT haben diesen Sachverhalt bestätigt. Die Anzahl von Patenterteilungen wurde für diverse Technologien der Medizintechnik über der Zeit aufgetragen. Alle Kurven weisen eine stetig sinkende Zahl von Patenterteilungen in den letzten vier Jahren auf.

Ein weiterer kritischer Faktor sind Gesetzesänderungen, die immer wieder zu einem Anstieg oder Abfall der Patenterteilungen führen. Aus diesem Grund kann eine einzelne Technologie nur sehr schwer anhand von Patenterteilungsstatistiken im Lebenszyklusmodell positioniert werden [vgl. GRAW03; GRAW05]. Technologien sind daher immer mit anderen Technologien zu vergleichen, weil für sie die gleichen Gesetzesänderungen und somit die gleichen statistischen Schwankungen gelten.

Die *Erfindungshöhe* kann auf Grund der großen Patentmenge nicht mit angemessenem Aufwand bestimmt werden. Dazu kommt, dass die Einschätzung der Erfindungshöhe stark subjektiv ist. Es fällt daher schwer, große Patentmengen durch eine Gruppe von Analysten bearbeiten zu lassen, da jedes Individuum über ein anderes Maß für die Patenthöhe verfügt [GRAW03; GRAW05]. Es existieren allerdings zwei Indikatoren, die mit der Patenthöhe und dem Verlauf der S-Kurve verknüpft sind. Dies sind der Zeitpunkt der Entdeckung einer Technologie und der Zeitpunkt der Einführung einer Technologie in den Massenmarkt. Die Entdeckung ist zweifellos eine Erfindung auf höchstem Niveau. Der Zeitpunkt der Einführung in den Massenmarkt ist nach ALTSCHULLER auf mehrere Erfindungen von hohem Niveau zurückzuführen [vgl. ALTS84, S. 116 f.], die eine wirtschaftliche Massenproduktion ermöglichen. Die Auswirkungen dieser Erfindungen lassen sich zu dem Zeitpunkt feststellen, wenn die Technologie das Prototypenstadium verlässt und auf dem Markt verfügbar wird.

Detaillierung der Methodik

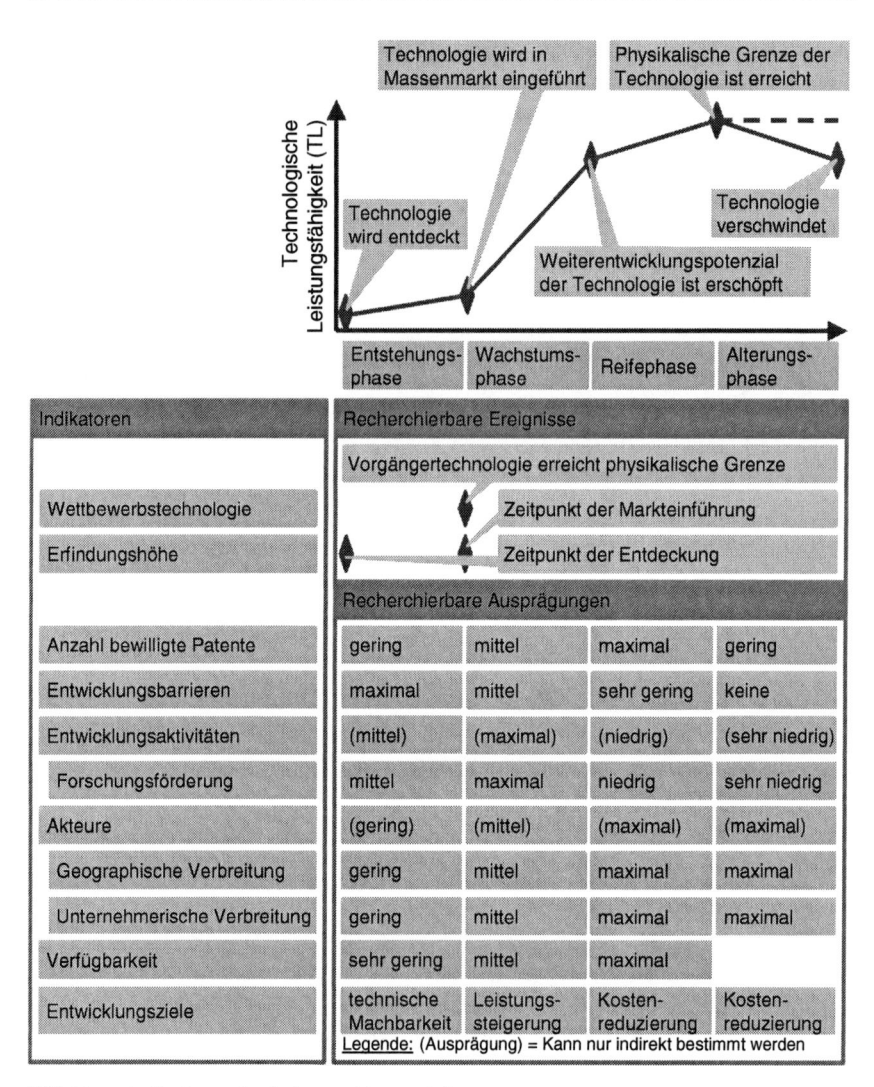

Indikatoren	Recherchierbare Ereignisse			
	Vorgängertechnologie erreicht physikalische Grenze			
Wettbewerbstechnologie		Zeitpunkt der Markteinführung		
Erfindungshöhe		Zeitpunkt der Entdeckung		
	Recherchierbare Ausprägungen			
	Entstehungsphase	Wachstumsphase	Reifephase	Alterungsphase
Anzahl bewilligte Patente	gering	mittel	maximal	gering
Entwicklungsbarrieren	maximal	mittel	sehr gering	keine
Entwicklungsaktivitäten	(mittel)	(maximal)	(niedrig)	(sehr niedrig)
Forschungsförderung	mittel	maximal	niedrig	sehr niedrig
Akteure	(gering)	(mittel)	(maximal)	(maximal)
Geographische Verbreitung	gering	mittel	maximal	maximal
Unternehmerische Verbreitung	gering	mittel	maximal	maximal
Verfügbarkeit	sehr gering	mittel	maximal	
Entwicklungsziele	technische Machbarkeit	Leistungssteigerung	Kostenreduzierung	Kostenreduzierung

Legende: (Ausprägung) = Kann nur indirekt bestimmt werden

Bild 4-6:   Indikatoren des Lebenszyklusmodells

Zu dem Zeitpunkt der Einführung in den Massenmarkt nähert sich die Weiterentwicklung der etablierten Vorgängertechnologie bzw. *Wettbewerbstechnologie* der *physikalischen Grenze*. Nach ALTSCHULLER liegt der Beginn der Wachstumsphase in der Reifephase der Vorgängertechnologie [vgl. ALTS84, S. 116 f.]. Zu Beginn der Reifephase ist die Weiterentwicklung einer Technologie eigentlich nicht mehr wirtschaftlich. Auf Grund der „Trägheit der subjektiven Neigungen" [ALTS84, S. 116] – „der Furcht, ein gewohntes System aufzugeben" [ALTS84, S. 116] – wird die alte, etablierte Technologie weiterentwickelt, obwohl neue Technologien bei entsprechendem Entwicklungsaufwand ein besseres Aufwand-Nutzen-

Verhältnis aufweisen könnten. Aber eben dieser Entwicklungsaufwand wird erst geleistet, wenn die alte Technologie ausgereizt ist, weil erst spät mit einem Return of Investment zu rechnen ist und die Unsicherheiten über die Leistungsfähigkeit der Technologie in diesen frühen Phasen zu groß ist [vgl. EVER03, S. 174]. Für den Indikatoransatz der TRIZ-basierten Technologiefrüherkennung bedeutet das, dass der Zeitpunkt zu antizipieren ist, an dem die etablierte Konkurrenztechnologie die maximale Leistungsfähigkeit erreicht. Die Einführung der neuen Technologie in den Massenmarkt liegt dann in der Nähe dieses Zeitpunktes.

Die Anzahl und Höhe der *Entwicklungsbarrieren* geben einen vagen Eindruck, in welcher Entwicklungsphase sich eine Technologie befindet. Für die Anzahl und Höhe der Entwicklungsbarrieren gibt es allerdings keine absoluten Vergleichswerte. Die Entwicklungsbarrieren können daher nur retroperspektiv mit der Entwicklungshistorie der Technologie oder im Vergleich zu Konkurrenztechnologien bewertet werden. Es ist auf jeden Fall hilfreich, wesentliche bestehende und überwundene Entwicklungsbarrieren aller relevanten Technologien zu dokumentieren und einander gegenüberzustellen.

WOLFRUM schlägt F&E-Aufwendungen und F&E-Personalstatistiken als Informationsquelle vor [vgl. WOLF94, S. 140-142]. Allerdings sind diese Informationen nur bedingt zugänglich. Die *Entwicklungsaktivitäten* können in zwei Bereiche geteilt werden. Das sind zum einen unternehmensinterne Entwicklungen und zum anderen öffentliche Forschungsaktivitäten. Während unternehmensinterne Aktivitäten normalerweise geheim gehalten werden, sind Ergebnisse aus öffentlich geförderten Forschungsarbeiten in der Regel zu veröffentlichen. LITTLEs Indikator Investitionen in die Technologieentwicklung [vgl. EVER03, S. 174] kann daher aus dem Indikator *Forschungsförderung* abgeleitet werden. Allerdings gilt zu beachten, dass die Forschungsförderung nicht zwingend proportional zu den Investitionen in die Technologieentwicklung ist. Die Forschungsförderung hängt auch immer von der politischen Orientierung der Förderer ab. In dieser Arbeit wird davon ausgegangen, dass öffentliche Förderung eher auf Grundlagenentwicklung und junge Technologien ausgerichtet ist. Die Förderung steigt, wenn ein baldiger Nutzen zu erwarten ist. Weiterentwicklungen von etablierten Technologien werden von den Technologieeignern selbstmotiviert durchgeführt und müssen daher nicht mehr öffentlich gefördert werden.

Bis sich die Investitionen für die Weiterentwicklung einer Technologie auszahlen, können Jahrzehnte vergehen. Aus diesem Grund kümmern sich zunächst erst wenige *Akteure* um die Technologieentwicklung. Wenn erste Gewinne erwirtschaftet werden können und die Unsicherheit über die technische Leistungsfähigkeit [vgl. EVER03, S. 174] abnimmt, wird die Technologie von einer stetig zunehmenden Zahl von Akteuren weiterentwickelt, bis sie irgendwann langsam verdrängt wird. Die beiden Indikatoren *geographische Verbreitung* und *unternehmerische Verbreitung* geben Aufschluss über diesen Sachverhalt.

Anhand der Ausrichtung der Entwicklungsaktivitäten – also der *Entwicklungsziele* – kann eine Technologie ebenfalls grob einer Lebensphase zugeordnet werden. Nach LITTLE sind die Entwicklungsanforderungen in der Entstehungsphase eher wissenschaftlich orientiert. In der Wachstumsphase sind sie primär anwendungsorientiert und in der Reife- und Altersphase werden die Entwicklungsziele zunehmend kostenorientierter [LITT94, S. 75-82]. Dementsprechend hat MANN den unterschiedlichen Lebensphasen die Entwicklungsziele „make it work", „make it work properly", „maximise performance", „maximise efficiency", „maximise reliability" und „minimise cost" zugeordnet [vgl. MANN02, S. 131]. Das entspricht wiederum einem weiteren Indikator von LITTLE [LITT94, S. 75-82]: dem Typ der Patente. Zunächst werden eher Konzepte patentiert, die die wissenschaftlichen Errungenschaften dokumentieren. Dann werden konkrete Produktentwicklungen durch Patente geschützt. Tritt die Technologie in die Reifephase ein, werden vermehrt Verfahren, die eine effizientere und kostengünstigere Produktion ermöglichen, patentiert. Da diese Informationen nur durch sehr aufwändige Analysen aus Patentdatenbanken gewonnen werden können, wird vorgeschlagen, eine vereinfachte Unterteilung der Entwicklungsziele in technische Machbarkeit, Leistungssteigerung und Kostenreduzierung vorzunehmen. Die Tendenz kann nur durch Stichproben mit einem gerechtfertigten Rechercheaufwand abgeschätzt werden.

Alle beschriebenen Indikatoren finden Ausdruck in der *Verfügbarkeit der Technologie* [LITT94, S. 75-82]. Am Ende der Entstehungsphase existieren nur einige wenige Prototypen. Die Wachstumsphase beginnt, wenn erste Produkte Nischenmärkte besetzten haben und vom Markt akzeptiert werden. In der Reifephase erreicht die Verfügbarkeit den maximalen Wert. In der Alterungsphase sind zwei Varianten möglich: Entweder die Technologie wird von einer anderen Technologie abgelöst oder sie bleibt eine lange Zeit konkurrenzlos am Markt bestehen.

Bei der Beschreibung des Indikators Entwicklungsbarriere und des Indikators Anzahl der bewilligten Patente wurde bereits darauf eingegangen, dass das Potenzial einer Produkttechnologie auf der Basis von Indikatoren nur unter starken Einschränkungen absolut bewertet werden kann. TERNINKOs Ansatz, die Position einer Technologie auf der S-Kurve über die Kurvenverläufe der Patentanmeldungen-Zeit- und Innovationshöhen-Zeit-Diagramme zu bestimmen [vgl. TERN98a], hat sich in der Praxis als schwer praktikabel herausgestellt [vgl. GRAW03; GRAW05]. Die Ausprägungen der Indikatoren müssen daher sowohl mit der Historie der zu analysierenden Produkttechnologie als auch mit den Ausprägungen aller Konkurrenztechnologien und deren Historien verglichen werden. Erst durch diese relative Betrachtung kann abgeschätzt werden, in welcher Phase des Lebenszyklus sich die Technologien befinden.

4.2.4 Informationsquellen

Damit die Position der Technologien auf der S-Kurve abgeschätzt werden kann, müssen zunächst die beschriebenen Indikatoren recherchiert werden. Welche Informationsquellen zur Verfügung stehen und welche Indikatoren welcher Informationsquelle entnommen werden können, ist Inhalt dieses Kapitels.

Die Theorie des erfinderischen Problemlösens entwickelte ALTSCHULLER, basierend auf der Analyse mehrerer tausend Patente [vgl. MOEH02, S. 131 f.]. Für ihn stellten *Patente* eine einzigartige Informationsquelle dar, da in ihnen der Großteil des weltweit vorhandenen technischen Wissens niedergeschrieben ist. Zu Patentinformationen existiert nach *Specht* „neben systematischen Expertenbefragungen keine Alternative von vergleichbar objektivem Informationsgehalt, leichter Zugänglichkeit und hohem Abdeckungsgrad" [SPEC96, S. 80 f.] Aus dem gleichen Grund werden Patentdatenbanken als Informationsquelle für die TRIZ-basierte Technologiefrüherkennung herangezogen. Patente stellen zwar „ein vielseitig verwendbares und mächtiges Werkzeug der Bewältigung von technologischen Diskontinuitäten dar" [HARM02, S. 210], bedürfen aber „zumeist der Ergänzung oder der Anwendung im

Verbund mit anderen Instrumenten" [HARM02, S. 210]. Aus diesem Grund muss die Recherche auf andere Informationsquellen ausgedehnt werden.

Eine meistens einfachere Methode, an technologisches Wissen zu gelangen, ist die Literaturrecherche. Technische Sachverhalte sind in der *Literatur* klarer und eindeutiger erklärt als in Patenten, da in Patenten das Wissen häufig verschlüsselt wird. „Im Vergleich zu Patentrecherchen liegt ein eindeutiger Vorteil im Einschluss auch nicht patentierbarer Forschungsergebnisse" [WOLF94, S. 142]. Literaturquellen werden daher genutzt, um allgemeine technologische Informationen zu recherchieren.

Eine weitere einfache Möglichkeit, um in kurzer Zeit oberflächliche Grundlageninformationen zu erarbeiten, bietet das Internet. Diverse *Suchmaschinen* unterstützen die Recherche und erleichtern so eine Informationsbeschaffung vom Arbeitsplatz aus. Allerdings sind die Informationen, die durch eine Internetrecherche gewonnen werden können, meistens nicht sehr tiefgängig. Die Ergebnisse können aber gut dazu genutzt werden, weitere Recherchen daran anzuknüpfen, da sich das Internet häufig mit den übrigen genannten Informationsquellen überschneidet bzw. einen Pfad zu diesen Informationsquellen aufweist.

GERPOTT schlägt als weitere Informationsquellen für eine Technologiefrüherkennung innovative Kunden, innovative Zulieferer und wissenschaftlich führende Institutionen vor [vgl. GERP99, S. 102-105]. Diese Informationsquellen werden durch interne Wissensträger erweitert und zusammenfassend als *Experten* beschrieben. Experten verfügen über das am besten verarbeitete bzw. verknüpfte Wissen. Allerdings wird dieses Wissen oft subjektiv interpretiert und teilweise sehr fokussiert bewertet [vgl. GRAW04a, S. 8 f.]. Darüber hinaus kann sich das Wissen der Experten im Detail oft unterscheiden. Aus diesem Grund ist es ratsam, mehrere Experten zu einem Thema zu befragen, um möglichst objektive Aussagen zu erhalten. Grundlegende Kenntnisse zum Themenbereich müssen allerdings vorher erworben worden sein, um den Experten die entsprechenden Fragen stellen zu können.

Eine offensichtliche und in der Literatur zum Thema Technologiefrüherkennung oft unterschätzte Informationsquelle ist der *Markt*. Darunter werden sowohl Produktbeschreibungen in Werbekatalogen und auf Internetseiten als auch reale am Markt erhältliche Produkte verstanden. Unternehmen machen sich diese Informationsquelle zunutze und kaufen beispielsweise Wettbewerbsprodukte auf, um sie dann im eigenen Labor zu analysieren. Ein anderes in der Praxis beliebtes Vorgehen ist, die neuesten technologischen Errungenschaften der Konkurrenz auf Messen „auszuspionieren".

Den recherchierbaren Indikatoren Wettbewerbstechnologie, Erfindungshöhe, Anzahl bewilligter Patente, Entwicklungsbarrieren, Forschungsförderung, geographische und unternehmerische Verbreitung, Verfügbarkeit und Entwicklungsziele stehen somit die fünf Informationsquellen Patente, Literatur, Internet, Experten und Markt gegenüber. Im folgenden Kapitel wird beschrieben, welche Indikatoren aus welcher Informationsquelle wie erarbeitet werden können.

4.2.5 Recherchestrategien

In Kapitel 4.1 wurde der Suchbereich auf Produkttechnologien, Anwendungsfälle und untergeordnete Technologien sowie Zusatzinformationen eingegrenzt. In Kapitel 4.2.3 wurden diese Zusatzinformationen als Indikatoren des Lebenszyklusmodells konkretisiert. Nun

Detaillierung der Methodik

werden den Rechercheobjekten Informationsquellen und Recherchestrategien zugeordnet. Dabei sind sowohl die Zuordnungen von Informationsquellen als auch von Recherchestrategien als Vorschlag zu verstehen, der mit hoher Wahrscheinlichkeit zum Erfolg führt. Je nach ausgewählter Produkttechnologie ist es natürlich möglich, dass alle benötigten Informationen beispielsweise bereits in der Literatur beschrieben oder im Internet verfügbar sind.

In Bild 4-7 sind den Rechercheobjekten Informationsquellen zugeordnet. Dabei sind die Rechercheobjekte in Indikatoren und Systeme unterteilt. Beiden Gruppen sind die Informationsquellen des vorangegangenen Kapitels zugeordnet.

Indikatoren	Informationsquellen				
	Patente	Literatur	Such-maschine	Experten	Markt
Wettbewerbstechnologie					●
Erfindungshöhe	○	●			●
Anzahl bewilligte Patente	●				
Entwicklungsbarrieren				●	
Forschungsförderung		●			
Geographische Verbreitung	●				
Unternehmerische Verbreitung	●			○	
Verfügbarkeit					●
Entwicklungsziele	○			●	
Produkttechnologien		●		○	○
Anwendungsfälle	○		●	○	
Untergeordnete Technologien	○	●		●	

Legende: als Informationsquelle   ● geeignet   ○ teilweise geeignet   nicht geeignet

Bild 4-7:   Zuordnung von Rechercheobjekt zu Informationsquelle

Informationen über die etablierten Vorgängertechnologien (*Wettbewerbstechnologien*) können am besten am Markt recherchiert werden, da in der Regel ausreichend Werbung für die Leistungsfähigkeit der Produkte gemacht wird. Aus der Stärke der Veränderung der Leistungsfähigkeit in einem festgelegten Zeitabschnitt kann abgeleitet werden, wie stark sich eine Technologie der physikalischen Leistungsfähigkeit genähert hat (vgl. Kapitel 2.2.1.1).

Der Zeitpunkt der Entdeckung und der Zeitpunkt der Einführung in den Massenmarkt (*Erfindungshöhe*) kann verschiedenen Quellen entnommen werden. Dabei hängt die Wahl der Quelle in der Regel von der Reife der Technologie ab. Junge Ereignisse können direkt am Markt abgelesen werden. Liegt die Markteinführung schon einige Zeit zurück, muss auf

Literatur zurückgegriffen werden. Die Entdeckung einer Technologie kann teilweise durch das erste Patent zu dem Thema festgelegt werden.

Die *Anzahl der bewilligten Patente* und die Verteilung der Bewilligungen über der Zeit kann nur Patentdatenbanken entnommen werden. Das einzige Problem dabei ist, möglichst alle Patente, die eine Technologie betreffen, zu finden. Patentinhaber sind natürlich bemüht, ihre Patente zu verschlüsseln, oder es ergeben sich Rechercheprobleme, weil es für neue Technologien noch keine Klassifikation gibt [vgl. PFEI89, S. 13-16]. Durch zwei parallele Suchstrategien kann eine hinreichend hohe Treffersicherheit erreicht werden: Zum einen kann die International Patent Classification genutzt werden, um Technologien zu finden, zum anderen kann mit einer der zahlreichen Suchmaschinen über Schlagworte recherchiert werden. In jedem Fall sind die identifizierten Patente stichprobenartig zu prüfen, um den Wahrheitsgehalt der Recherche zu bestätigen.

Entwicklungsbarrieren werden am besten durch Experten, die sich intensiv mit der Technologie beschäftigen, eingeschätzt. Dazu eignen sich individuelle Befragungen ebenso wie moderierte Workshops. Wichtig ist, einen möglichst objektiven Eindruck zu erzielen, indem unterschiedliche Wissensträger in die Diskussion eingebunden werden. Die Interviews bzw. Moderationen können durch Internet- und Literaturrecherchen vorbereitet werden.

Über *Förderaktivitäten* wird meistens auf den Internetseiten der Förderer oder der Forschungseinrichtungen berichtet. Dementsprechend führt eine Internetrecherche auf einfache Weise zu den besten Ergebnissen. Dabei ist davon auszugehen, dass nicht alle Förderer gefunden werden. Um trotzdem einen guten Überblick zu erhalten, sind die großen Forschungsförderer wie die EU, das BMBF oder die DFG zu analysieren. Es sind die Fördermittel für die konkurrierenden Technologien zu vergleichen. Möglicherweise werden bei dieser Recherche auch Aussagen zu den Erwartungen der Förderer in technologische Potenziale gefunden.

Aussagen über die *geographische und unternehmerische Verbreitung* können durch Patentrecherchen gewonnen werden. In jedem Patent werden Angaben über den Urheber, seine Unternehmenszugehörigkeit und das Land der Anmeldung gemacht. Die Recherche nach geographischer und unternehmerischer Verbreitung kann durch einschlägige Suchmaschinen entscheidend unterstützt werden. Bei einer manuellen Auswertung ist der Aufwand hingegen nicht gerechtfertigt.

Die *Verfügbarkeit* einer Technologie kann durch Marktrecherchen abgeschätzt werden. Dazu steht das Internet als einfaches Hilfsmittel zur Verfügung. Bei etablierten Technologien können den Studien des statistischen Bundesamtes aussagekräftige Informationen entnommen werden. Teilweise ist die Verbreitung von Technologien aber auch indirekt abzuschätzen, wenn eine Technologie in Endprodukte integriert ist und nur Angaben über diese Endprodukte zu finden sind.

Entwicklungsziele werden möglichst genauso wie Entwicklungsbarrieren mit Experten diskutiert. Eine aufwändigere Alternative sind Patentanalysen. Durch Stichproben kann die Tendenz der Patentanmeldungen zu einer bestimmten Zeit abgeschätzt werden: Sind die Patente eher konzept-, produkt- oder verfahrensbezogen bzw. zielen die Patente eher auf technische Machbarkeit, Leistungssteigerung oder Kostenreduzierung ab.

Alternative *Produkttechnologien* sind primär der Informationsquelle Literatur zu entnehmen. Dazu sind beispielsweise von *Koller* Effektedatenbanken und Konstruktionskataloge erstellt worden [vgl. KOLL94]. Über die Funktion einer Produkttechnologie kann in diesen Informationsquellen nach alternativen Produkttechnologien gesucht werden. Auch aus der TRIZ-Methodik heraus sind einige ähnliche Datenbanken erstellt worden, die eine Recherche nach alternativen Technologien unterstützten [vgl. z.B. CREA05; INVE98; TRIS02]. Ergänzend können Informationen über alternative Produkttechnologien durch Expertenbefragungen oder Marktrecherchen gewonnen bzw. bestätigt werden.

Durch eine Recherche über die Produktfunktion wird häufig eine hohe Zahl von möglichen Produkttechnologien identifiziert. Damit der Suchbereich nicht zu komplex wird, ist die Anzahl der Technologien auf das Wichtigste zu reduzieren. Aus diesem Grund sind durch eine Marktrecherche Angaben über die jetzige Leistungsfähigkeit und die mögliche zukünftige Leistungsfähigkeit einer Technologie zu gewinnen. Dann können die Leistungsfähigkeiten der Technologien einander gegenübergestellt werden. Es werden nur die Produkttechnologien weiter betrachtet, die in den Leistungsbereich der zu analysierenden Produkttechnologie fallen.

Aus der Beschreibung der Produkttechnologien können die *untergeordneten Technologien* abgeleitet werden. Als Informationsquellen kommen Experten, Literatur und Patente in Frage. Aus der Analyse der Produkttechnologien lassen sich die untergeordneten Technologien von Experten mit entsprechendem technischen Know-How ableiten. Sollen alle möglichen untergeordneten Technologien abgedeckt werden, ist wiederum auf Effektedatenbanken und Konstruktionskataloge zurückzugreifen. Teilweise können untergeordnete Technologien aber auch aus der Beschreibung von Funktionsprinzipien, die in jedem Patent enthalten sind, abgeleitet werden.

Die unterschiedlichen *Anwendungsfälle* ergeben sich aus der Patentanalyse und der Expertenbefragung. In der Praxis wurden insbesondere mit der der Befragung von Experten aus der Marketingabteilung des Technologieeigners gute Erfahrungen gemacht. Weitere Anwendungsfälle lassen sich durch Internetrecherchen identifizieren. Um neue Anwendungsfälle für eine noch nicht etablierte Produkttechnologie zu finden, können die Anwendungsfälle für die etablierten Konkurrenztechnologien aufgelistet werden. Dann ist zu prüfen, ob die neue Produkttechnologie die etablierten Technologien substituieren könnte.

Mit den beschriebenen Recherchemethoden können die notwendigen Informationen gesammelt werden, um den Indikatoren Werte zuzuweisen. Wird die Entwicklung dieser Werte betrachtet und werden die Werte der unterschiedlichen Technologien einander gegenübergestellt, können die Technologien im Lebenszyklusmodell positioniert werden. Allerdings kann mit diesem Modell nur grob abgeschätzt werden, in welcher Phase sich eine Produkttechnologie gerade befindet. Insbesondere der Punkt, an dem sich das Potenzial einer Produkttechnologie erschöpft, lässt sich mit dem Lebenszyklusmodell nicht abschätzen, wenn sich eine Technologie noch in den ersten beiden Phasen befindet. Ferner genügt die grobe Einteilung nicht den Anforderungen der TRIZ-basierten Technologiefrüherkennung. Darum sind weitere Ansätze zur Bestimmung des Potenzials von Produkttechnologien und damit einhergehend zur Antizipation der Technologieentwicklung notwendig.

4.3 Entwicklungen antizipieren

Das Modul „Entwicklungen antizipieren" soll dem Technologiefrüherkenner Methoden zur Verfügung stellen, mit dem Zukunftsszenarien für die relevanten Produkttechnologien entwickelt werden können, um daraus das Weiterentwicklungspotenzial dieser Technologien abzuleiten. Zu diesem Zweck werden zwei Modelle vorgestellt: Das Modell der Leistungsgrenze ist ein Vorhersagemodell, mit dessen Hilfe die Grenze der Leistungssteigerung einer Technologie zu bestimmen ist. Das Evolutionsmodell ist ebenfalls ein Vorhersagemodell. Dieses Modell dient dazu, die Entwicklungen einer Technologie von der Ist-Situation bis zur technologischen Leistungsgrenze zu antizipieren.

4.3.1 Modell der Leistungsgrenze

Die Weiterentwickelbarkeit einer Technologie ist ein wesentliches Element zur Bestimmung des Technologiepotenzials und wurde als Differenz zwischen der aktuellen und der maximal möglichen Leistungsfähigkeit der Technologie definiert (vgl. Kapitel 2.2.1.1). Zur Abschätzung des Potenzials von Produkttechnologien müssen daher sowohl die aktuellen als auch die maximalen Leistungsfähigkeiten aller relevanten Technologien bestimmt werden, da das Potenzial einer Technologie nur relativ zu anderen Technologien bewertet werden kann.

Dazu muss zunächst eine Definition der Leistungsfähigkeit erfolgen. Dann erst lassen sich real existierende Produkttechnologien bezüglich der momentanen Leistungsfähigkeit bewerten. Auf Basis dieser Definitionen kann schließlich die Entwicklungsgrenze eines technologischen Systems erarbeitet werden, um daraus das Potenzial zu berechnen. Dabei ist wichtig, dass die Technologie eindeutig beschrieben und abgegrenzt wird, um Technologiesprünge auf andere technologische Systeme innerhalb des Betrachtungsraums zu vermeiden [vgl. HOCH00, S. 19].

4.3.1.1 Definition der technologischen Leistungsfähigkeit

Die Definition des technologischen Potenzials wurde durch das S-Kurven-Konzept veranschaulicht, da sowohl die Weiterentwickelbarkeit als auch die Entwicklungsgeschwindigkeit durch den S-Kurvenverlauf graphisch dargestellt werden können (vgl. Bild 2-6). Dabei wurde die Weiterentwickelbarkeit als Differenz zwischen der aktuellen Leistungsfähigkeit einer Technologie und der Leistungsgrenze beschrieben (vgl. Kapitel 2.2.1.1).

In der Literatur finden sich unterschiedlichste Definitionen für die Leistungsfähigkeit einer Technologie [vgl. ALTS84, S. 115; HERB00, S. 180 f.; EVER03, S. 173-177; MANN02, S. 122-123; LITT94, S. 79;]. Sie variieren von einfachen Variablen – wie z.B. Geschwindigkeit oder Effizienz – bis zu komplex konstruierten Variablenkombinationen [vgl. HOCH00, S. 18 f.].

Ziel dieser Arbeit ist es, dem Technologieeigner eine Methodik zur Verfügung zu stellen, mit der er das für ihn und seine Technologie relevante Potenzial bestimmen kann, um daraus Chancen und Risiken bzw. Technologiestrategien abzuleiten. Aus diesem Grund muss der Technologieeigner die technologische Leistungsfähigkeit technologiespezifisch selbst definieren. Es stehen drei Ansätze zur Verfügung, die sich in der Komplexität und damit dem Aufwand der Analyse und der Genauigkeit der Aussage unterscheiden:

Detaillierung der Methodik

Eine Variable:

Wird die technologische Leistungsfähigkeit nur durch eine messbare Variable beschrieben, ist die Bestimmung der aktuellen und maximalen Leistungsfähigkeit einer Technologie vergleichsweise einfach und der Wahrheitsgehalt der Aussage leicht nachzuprüfen [vgl. ALTS84, S. 119]. Die aktuelle Leistungsfähigkeit wird durch das beste real existierende Produkt definiert und die technologische Grenze entspricht einer physikalischen Grenze, die mit dieser Technologie nicht überschritten werden kann. Allerdings werden andere Einflussgrößen nicht in Betracht gezogen.

Mikrochips sind ein Beispiel dafür, dass Technologien an die Grenzen des technisch Machbaren stoßen. Der erste Chip wurde 1958 von Jack Kilbey gebaut. Sieben Jahre später prophezeite Gordon Moore, dass sich die Zahl der Transistoren pro Quadratzentimeter Chipfläche alle ein bis zwei Jahre verdoppeln würde (MOORE's law), und löste damit eine selbsterfüllende Prophezeiung aus, die sich bis heute bestätigt hat. Allerdings wird die konsequente Weiterentwicklung der Chiptechnologie an physikalische Grenzen stoßen (vgl. Bild 4-8). Auf Grund von Quanteneffekten, die im Nanometerbereich auftreten, kann die Position von Elektronen dann nicht mehr exakt bestimmt werden und es können Elektronensprünge zwischen den Leiterbahnen (Tunneleffekt) auftreten. Aus diesem Grund wird schon jetzt an neuen (Substitutions-) Technologien (z.B. Ein-Elektron-Transistor, Tunneltransistor) geforscht [vgl. LEUV04, S. 11].

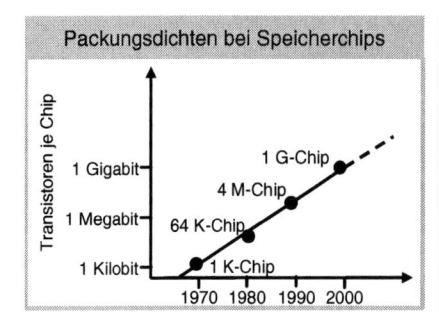

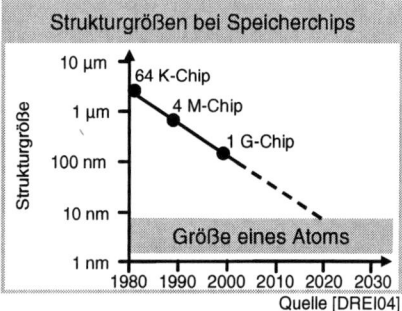

Bild 4-8: Technologische Grenze am Beispiel des Moore'schen Gesetzes

Variablenpaar:

Variablenpaare ermöglichen eine Aussage über die technologische Leistungsfähigkeit anhand zweier voneinander abhängiger messbarer Variablen. Dazu werden beide Variablen in ein zweidimensionales Koordinatensystem eingetragen. Die Verknüpfung beider Variablen wird durch eine Kurve dargestellt. Somit können der idealtypische, maximal mögliche und der technisch realisierte Kurvenverlauf in das gleiche Diagramm eingetragen werden. Der Unterschied zwischen beiden Kurven ist die Weiterentwickelbarkeit und kann ggf. in einen dimensionslosen Wert umgerechnet werden (vgl. Bild 5-2).

Energiewandler werden beispielsweise mit Variablenpaaren verglichen: Der theoretische energetische Wirkungsgrad eines Carnot-Prozesses (Wärmekraftmaschine) wird durch die Eintrittstemperatur T_1 und die Austrittstemperatur T_2 des Arbeitsmediums definiert [DUBB97, S. D18 f.]:

$$\eta_{max}^C = \frac{abgegebene\ Arbeit}{eingebrachte W\ddot{a}rmeenergie} = \frac{T_1 - T_2}{T_1}$$

Dagegen ergibt sich für die Brennstoffzelle folgender Wirkungsgrad:

$$\eta_{max}^{BZ} = \frac{\Delta H - T\Delta S}{\Delta H}$$

mit der Zellarbeitstemperatur T, der Reaktionsenthalpie ΔH und der Reaktionsenthropie ΔS [vgl. JUNG04]. Wird der maximal mögliche Wirkungsgrad für die Technologien über der Temperatur aufgetragen (vgl. Bild 4-9), wird deutlich, dass die Brennstoffzelle in Niedertemperaturbereichen theoretisch den höheren Wirkungsgrad hat. Faktoren wie z.B. Wärmeverluste sind in dieser zweidimensionalen Darstellung allerdings ausgeblendet.

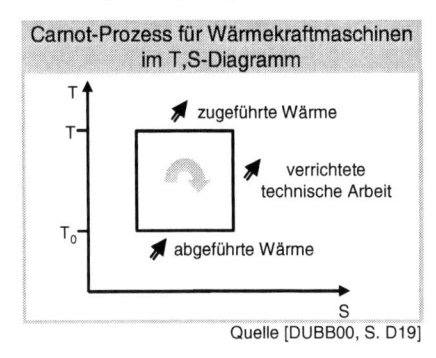

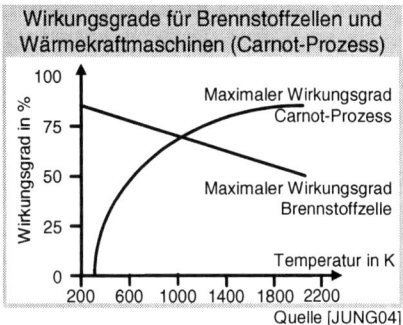

Bild 4-9: Technologische Grenze am Beispiel Wärmekraftmaschinen und Brennstoffzellen

Komplexe Variablenkombination:

Die komplexe Variablenkombination beinhaltet alle wichtigen Variablen, die die Leistungsfähigkeit einer Technologie beschreiben. Dabei muss auch mit in Betracht gezogen werden, wie wichtig die Leistung einer Variablen im Vergleich zu der Leistung einer anderen Variablen für die Gesamtleistung ist. Ebenso muss – wie bei der Variablenpaarung – davon ausgegangen werden, dass sich einzelne Variable untereinander beeinflussen bzw. voneinander abhängen. Das im Folgenden beschriebene Modell der technologischen Leistungsfähigkeit wird diesen Anforderungen gerecht und bietet eine Möglichkeit, komplexe Kombinationen von Leistungsparametern bzw. –variablen durch einen Wert zu definieren.

4.3.1.2 Das Modell der technologischen Leistungsfähigkeit

Mit dem Modell der technologischen Leistungsfähigkeit sollen die vielfältigen Leistungsparameter einer existenten bzw. die Leistungsvariablen einer möglichen zukünftigen Technologie auf einen Wert – die technologische Leistungsfähigkeit – reduziert werden. Dabei ist zu beachten, dass einzelne Variable voneinander abhängen und dass Leistungsvariable für die Gesamtleistung unterschiedlich gewichtet sind.

Das Idealitätsprinzip der TRIZ-Methodik erfüllt die Anforderung nach einer Reduzierung der Leistungsfähigkeit auf einen Wert durch die Definition der Idealität als

$$Idealität = \frac{\sum nützliche\ Funktionen}{\sum schädliche\ Funktionen} \left(= \frac{Nutzen}{Aufwand} \right)$$

[vgl. ALTS84, S. 126; EVER03 S. 158 f.; HERB00, S. 72] und dient daher als Grundlage für das Modell der technologischen Leistungsfähigkeit. Bei dieser Definition werden alle nützlichen bzw. erwünschten Funktionen im Zähler aufsummiert. Alle schädlichen bzw. unerwünschten Funktionen werden im Nenner aufgelistet. Das Idealitätsprinzip besagt, dass die „Entwicklung aller Systeme (...) in Richtung auf die Erhöhung des Grades der Idealität (verläuft)" [ALTS84, S. 126], indem die Zahl bzw. Ausprägung der nützlichen Funktionen steigt und die Zahl bzw. Ausprägung der schädlichen Funktionen sinkt.

Im Falle von Mobiltelefonen ist eine nützliche Funktion, beispielsweise mit Menschen über weite Distanzen zu kommunizieren. Schädliche Funktionen sind unter anderem, dass das Telefon ein Volumen hat und Energie benötigt. Eine Reduzierung des Volumens oder eine Erweiterung der Funktionalität – beispielsweise um die Möglichkeit zu fotografieren – erhöht den Grad der Idealität.

Erweiterungen der TRIZ-Methodik beinhalten erste Ansätze zur genaueren Berechnung des Idealitätsgrades [LIND93, S. 30; LIVO03] – allerdings fehlt ein exaktes und individuell anpassbares Berechnungsmodell, das sowohl eine Gewichtung der einzelnen Leistungsvariablen als auch eine Verknüpfung der Variablen beinhaltet.

Um diesen Anforderung gerecht zu werden, müssen

- die einzelnen Funktionen bzw. deren Ausprägungen durch dimensionslose und messbare Zahlenwerte beschrieben werden,
- den Funktionen bzw. Ausprägungen Gewichtungen zugeordnet werden,
- die Korrelationen zwischen den einzelnen Funktionen und Ausprägungen mathematisch beschrieben werden und
- muss eine Bezugsgröße für den Grad der Idealität bzw. die technologische Leistungsfähigkeit eingeführt werden.

Im DUDEN sind Parameter als Kennziffern, die die Leistungsfähigkeit einer Maschine charakterisieren, definiert [vgl. DUDE00, S. 724]. Parameter erfüllen somit die Anforderung, einzelne Funktionen bzw. deren Ausprägung durch messbare Zahlenwerte zu beschreiben. Dem Vorhanden oder Nichtvorhandensein einer Funktion muss dann allerdings auch ein Zahlenwert zugeordnet werde.

So erhält z.B. der Parameter für die Funktion „fotografieren" eine "1", wenn diese Funktion vorhanden ist, und eine „0", wenn sie nicht vorhanden ist.

Messbare Werte sind häufig nicht dimensionslos. Um der Forderung nach der Dimensionslosigkeit und einer Bezugsgröße gerecht zu werden, bietet es sich daher an, den variablen Leistungsparameter durch den aktuellen Leistungsparameter einer real existierenden Technologie zu dividieren. Dabei ist allerdings zu beachten, dass eine Verbesserung einer nützlichen Funktion bzw. gewünschten Ausprägung und eine Reduzierung einer schädlichen Funktion bzw. unerwünschten Ausprägung zu einer Erhöhung des Idealitätsgrades führen muss. Daher muss je nach Optimierungsrichtung geprüft werden, ob der Quotient aus dem variablen Leistungsparameter durch den aktuellen Leistungsparameter in die Formel für den Idealitätsgrad eingetragen werden muss oder sein Kehrwert.

An dieser Stelle wird die Frage aufgeworfen, welche Leistungsparameter für die Beschreibung einer Technologie wesentlich sind. Dies sind die für den allgemeinen Erfolg einer

Technologie wichtigen Parameter. Dabei sollte die Zahl der Leistungsparameter möglichst auf einige wenige, wirklich wichtige Parameter beschränkt werden, um die Komplexität gering zu halten. Eine Auswahl der wesentlichen Leistungsparameter kann durch eine Gewichtung erfolgen.

Die (Ge-)Wichtung der einzelnen Leistungsparameter kann durch einen einfachen Zahlenwert definiert werden. Dazu werden in Anlehnung an das Quality Function Deployment [vgl.; AKAO92] die Zahlen „9" für sehr wichtig, „3" für wichtig und „1" für relevant vorgeschlagen [vgl. SAAT97, S. 140-147; TEUF98, S. 45]. Bei der Vergabe der Wichtungswerte ist der Bandbreiteneffekt [vgl. NITZ98, S. 76-80] zu beachten. Dabei liegt ein Bandbreiteneffekt dann vor, „falls sich durch Veränderungen der Bandbreite eine andere relative Bewertung der Alternativen ergibt" [NITZ98, S. 78]. Es ist also auch die mögliche Steigerung der Leistungsparameter bei der Gewichtung zu beachten. Ferner gilt zu prüfen, ob die mit „1" bewerteten Leistungsparameter bei der Berechnung des Idealitätsgrades wirklich mit einbezogen werden müssen oder aus Gründen der Komplexitätsreduktion entfallen können.

Die Korrelation der einzelnen Leistungsparameter untereinander kann auf zwei Arten beschrieben werden. Die erste Möglichkeit ist eine mathematisch korrekte Beschreibung der Beziehungen durch Formeln. Dem hohen Wahrheitsgehalt steht allerdings gegenüber, dass die Korrelationen nicht immer mathematisch korrekt beschrieben werden können, weil teilweise das Wissen fehlt, oder dass die Berechnung der technologischen Leistungsfähigkeit durch diese Beschreibung mathematisch zu komplex wird. Daher wird eine zweite Möglichkeit vorgeschlagen, die wiederum dem Quality Function Deployment entliehen ist: Die Korrelationen zwischen den einzelnen Leistungsparametern können in einer Matrix dargestellt und durch einfache Zahlenwerte definiert werden. Dadurch wird zwar die Genauigkeit der Aussage verringert, aber die Praktikabilität des Modells gewährleistet.

Es wird vorgeschlagen, die Korrelation zwischen den zwei normierten Leistungsparametern p_k und p_l idealisiert als proportionale Beziehung der Form $y = m \times x + b$ anzunehmen (vgl. Bild 4-10). Dabei ist der Variablen b der normierte Wert des ersten Leistungsparameters – also „1" für die Ist-Situation – zuzuordnen. Für die Variable m sind positive oder negative Prozentwerte je nach Stärke der Korrelation und Beeinflussungsrichtung einzusetzen. Die Variable x gibt die Abweichung zur Ist-Situation an. Daraus ergibt sich für die einzelnen Parameterpaarungen die in Bild 4-10 dargestellte Berechnungsvorschrift.

$$y = m \times x + b$$

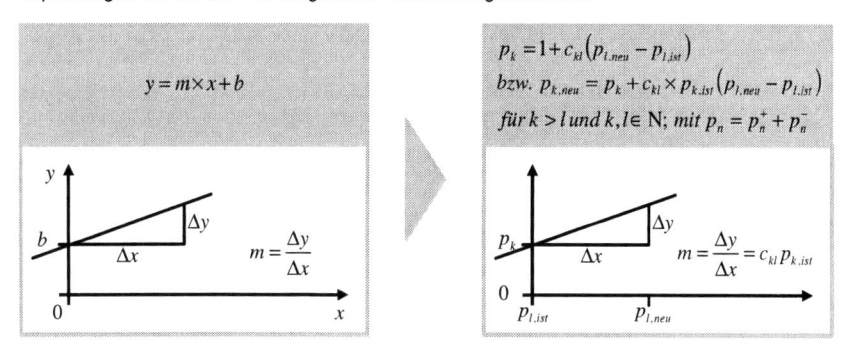

$$m = \frac{\Delta y}{\Delta x}$$

$$p_k = 1 + c_{kl}\left(p_{l,neu} - p_{l,ist}\right)$$

$$\text{bzw. } p_{k,neu} = p_k + c_{kl} \times p_{k,ist}\left(p_{l,neu} - p_{l,ist}\right)$$

$$\text{für } k > l \text{ und } k,l \in \mathbb{N}; \text{ mit } p_n = p_n^+ + p_n^-$$

$$m = \frac{\Delta y}{\Delta x} = c_{kl} p_{k,ist}$$

Bild 4-10:   Modell für die Korrelation zwischen Leistungsparametern.

Detaillierung der Methodik

Eine Kamera als zusätzliche Komponente eines Mobiltelefons führt beispielsweise zu einer geringen Erhöhung des Gesamtvolumens. Daher wird der Parameter „fotografieren möglich" mit dem Parameter „Volumen" vereinfacht durch den Wert c = 10 % für eine schwache positive Korrelation verknüpft. Die integrierte Kamera erhöht das benötigte Volumen um 10 %.

Soll die Betriebszeit des Mobiltelefons verdoppelt werden, müssten bei gleicher Technologie – also bei gleicher Leistungsaufnahme des Mobiltelefons und bei gleicher Leistung der Batterie – das Gewicht und Volumen der Batterie in etwa verdoppelt werden. Da die Batterie bei heutigen Mobiltelefonen etwa ein Viertel des Gesamtvolumens und Gesamtgewichts ausmacht, kann c der Wert „20 %" zugeordnet werden. Bei einer Verdopplung der Leistung würde das neue Mobiltelefon 120% des alten Gewichts und Volumens haben.

Mit der Definition der variablen Leistungsparameter als dimensionslose, normierte Zahlenwerte, der Wichtung der einzelnen Leistungsparameter zueinander durch die Zahlen „1", „3" und „9" sowie der (vereinfachten) Beschreibung der Korrelation zwischen den einzelnen Leistungsparametern sind die Anforderungen für ein Modell der technologischen Leistungsfähigkeit erfüllt und eine Formel zur Berechnung der technologischen Leistungsfähigkeit (TL) gegeben. Das Modell und die Formel sind in Bild 4-11 graphisch dargestellt. Bei der Formel fällt auf, dass der berechnete Wert mit dem Quotienten aus der Summe der Wichtungswerte für die nützlichen Eigenschaften (Funktionen) und der Summe der Wichtungswerte für die schädlichen Eigenschaften (Funktionen) multipliziert wird. Das hat zur Folge, dass der Wert für die technologische Leistungsfähigkeit bei der Ist-Situation der Referenztechnologie den Wert „1" hat. Die Leistungsfähigkeit zukünftiger oder früherer Technologieentwicklungen sowie anderer vergleichbarer Technologien wird somit immer auf die aktuelle Ist-Situation der Referenztechnolgie bezogen.

Auf der Grundlage des Modells der technologischen Leistungsfähigkeit und deren Berechnungsvorschrift kann die Leistungsgrenze einer Technologie berechnet werden, um daraus und aus der Ist-Situation das Potenzial einer Technologie abzuleiten.

Zur besseren Übersicht und um die Bearbeitungsfolge festzulegen, sind die einzelnen Leistungsparameter so nach ihrer Wichtung anzuordnen, dass die wichtigsten Parameter auf der linken Seite der Matrix stehen und die Wichtigkeit nach rechts hin abnimmt. Dann kann der wichtigste Parameter ausgewählt und gedanklich bis zu seinem Limit hin optimiert werden. Der Wert stößt an seine Grenze, wenn entweder für diesen Wert die physikalische Grenze der Technologie erreicht ist (vgl. Kapitel 4.3.1.1) oder andere Parameter eine Erhöhung begrenzen. Andere Parameter stoßen an ihre Grenzen, wenn entweder ihre physikalische Grenze erreicht ist oder die Menge der Einflussparameter das Optimum erreicht hat. Das Optimum ist erreicht, wenn die Formel für die technologische Leistungsfähigkeit auf die Leistungsparameter, die direkt oder indirekt mit dem wichtigsten Leistungsparameter verknüpft sind, reduziert wurde und einen rechnerischen Maximalwert aufweist. Die Bestimmung des Maximalwerts kann durch Kurvendiskussion oder numerische Verfahren errechnet werden.

Bezogen auf die gesamte technologische Leistungsfähigkeit bedeutet das, dass die technologische Grenze dann erreicht ist, wenn die Formel für die Berechnung der technologischen Leistungsfähigkeit in Abhängigkeit von den variablen Leistungsparametern das Maximum aufweist. Die Berechnung erfolgt, indem die Grenzen der einzelnen Leistungsparameter bestimmt und die wichtigsten Parameter der Reihe nach durch ihre Korrelation zu den verbleibenden Parametern ersetzt werden.

Detaillierung der Methodik

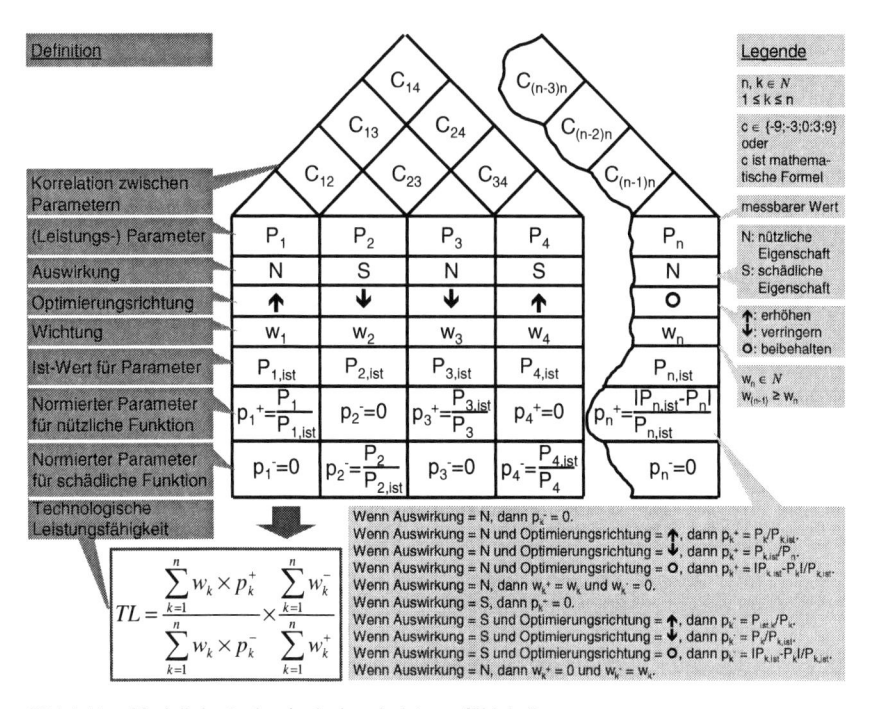

Definition		Legende
	C_{14} $C_{(n-3)n}$ C_{13} C_{24} $C_{(n-2)n}$ C_{12} C_{23} C_{34} $C_{(n-1)n}$	$n, k \in N$ $1 \leq k \leq n$ $c \in \{-9;-3;0;3;9\}$ oder c ist mathematische Formel
Korrelation zwischen Parametern		messbarer Wert
(Leistungs-) Parameter	P_1 P_2 P_3 P_4 P_n	N: nützliche Eigenschaft
Auswirkung	N S N S N	S: schädliche Eigenschaft
Optimierungsrichtung	↑ ↓ ↓ ↑ O	↑: erhöhen
Wichtung	w_1 w_2 w_3 w_4 w_n	↓: verringern O: beibehalten
Ist-Wert für Parameter	$P_{1,ist}$ $P_{2,ist}$ $P_{3,ist}$ $P_{4,ist}$ $P_{n,ist}$	$w_n \in N$ $w_{(n-1)} \geq w_n$
Normierter Parameter für nützliche Funktion	$p_1^+=\frac{P_1}{P_{1,ist}}$ $p_2^-=0$ $p_3^+=\frac{P_{3,ist}}{P_3}$ $p_4^+=0$ $p_n^+=\frac{|P_{n,ist}-P_n|}{P_{n,ist}}$	
Normierter Parameter für schädliche Funktion	$p_1^-=0$ $p_2^-=\frac{P_2}{P_{2,ist}}$ $p_3^-=0$ $p_4^-=\frac{P_{4,ist}}{P_4}$ $p_n^-=0$	
Technologische Leistungsfähigkeit	$$TL = \frac{\sum_{k=1}^{n} w_k \times p_k^+}{\sum_{k=1}^{n} w_k \times p_k^-} \times \frac{\sum_{k=1}^{n} w_k^-}{\sum_{k=1}^{n} w_k^+}$$ Wenn Auswirkung = N, dann $p_k^- = 0$. Wenn Auswirkung = N und Optimierungsrichtung = ↑, dann $p_k^+ = P_k/P_{k,ist}$. Wenn Auswirkung = N und Optimierungsrichtung = ↓, dann $p_k^+ = P_{k,ist}/P_k$. Wenn Auswirkung = N und Optimierungsrichtung = O, dann $p_k^+ = |P_{k,ist}-P_k|/P_{k,ist}$. Wenn Auswirkung = N, dann $w_k^+ = w_k$ und $w_k^- = 0$. Wenn Auswirkung = S, dann $p_k^+ = 0$. Wenn Auswirkung = S und Optimierungsrichtung = ↑, dann $p_k^- = P_{ist}/P_k$. Wenn Auswirkung = S und Optimierungsrichtung = ↓, dann $p_k^- = P_k/P_{k,ist}$. Wenn Auswirkung = S und Optimierungsrichtung = O, dann $p_k^- = |P_{k,ist}-P_k|/P_{k,ist}$. Wenn Auswirkung = N, dann $w_k^+ = 0$ und $w_k^- = w_k$.	

Bild 4-11: Modell der technologischen Leistungsfähigkeit

4.3.1.3 Berechnungsvorschriften für die Leistungsgrenze

Die Berechnung der maximalen technologischen Leistungsfähigkeit folgt somit folgender Berechnungsvorschrift, wobei sich die Werte aus dem Modell für die technologische Leistungsfähigkeit (vgl. Bild 4-11) ergeben:

$$TL_{max} = \frac{\sum_{k=1}^{n} w_k \times p_{k,max}^+}{\sum_{k=1}^{n} w_k \times p_{k,max}^-} \times \frac{\sum_{k=1}^{n} w_k^-}{\sum_{k=1}^{n} w_k^+} \quad mit \quad P_{k,max} = f\big(c_{k(k+1)}(P_{k+1}); c_{k(k+2)}(P_{k+2});...; c_n(P_n)\big)$$

Das so errechnete Maximum stellt allerdings nur eine optimale Ausrichtung aller Parameter dar und darf bei exakter Aufstellung des Modells keine große Abweichung von der technologischen Leistungsfähigkeit der Ist-Situation aufweisen. Der berechnete Wert bezieht keine innovative Weiterentwicklung mit ein. Wie können Innovationen in das Modell einbezogen werden?

Eine grundlegende und empirisch belegte Hypothese der TRIZ-Philosophie ist, dass Innovationen Widersprüche auflösen [vgl. ALTS84 S. 23 – 28; TEUF98, S. 14]. Dabei bestehen Widersprüche in dem Modell für die technologische Leistungsfähigkeit zwischen den Leistungsparametern, wenn ein Parameter optimiert werden soll, aber ein anderer Parameter dadurch verschlechtert würde. Dieser Widerspruch ist durch den Korrelationswert definiert.

Zur Bestimmung des Maximums der technologischen Leistungsfähigkeit wird daher angenommen, dass in Zukunft innovative Entwicklungen Widersprüche auflösen oder zumindest reduzieren werden. Diese Entwicklungstendenz ist mit der Entwicklung des robusten Designs nach SUH – also der Entwicklung von Produkten mit voneinander unabhängigen Variablen – gleichzusetzen [vgl. SUHN90; SUHN99]. Es ergibt sich also eine innovationsbedingte neue Formel zur Berechnung der technologischen Leistungsfähigkeit und somit der technologischen Grenze mit neuen Korrelationswerten (c^i):

$$TL_{\max, inno} = \frac{\sum_{k=1}^{n} w_k \times p^+_{k,\max,inno}}{\sum_{k=1}^{n} w_k \times p^-_{k,\max,inno}} \times \frac{\sum_{k=1}^{n} w^-_k}{\sum_{k=1}^{n} w^+_k} \quad mit \quad P_{k,\max,inno} = f\left(c^i_{k(k+1)}(P_{k+1}); c^i_{k(k+2)}(P_{k+2}); ...; c^i_{kn}(P_n)\right)$$

Ziel der Berechnung ist es also, die Korrelationen zwischen den einzelnen Einflussparametern auf innovative Weise aufzulösen oder zumindest zu reduzieren. Dabei müssen keine konkreten Lösungen erarbeitet werden. Es gilt lediglich abzuschätzen, ob eine Auflösung von Widersprüchen möglich ist. Diese Aufgabe verlangt Fachwissen, Kreativität, Vorstellungsvermögen und – im Falle einer Gruppenarbeit – gute Moderationsfähigkeiten. Zur gedanklichen Auflösung der Widersprüche können zahlreiche TRIZ-Werkzeuge und andere Kreativitätstechniken genutzt werden. Insbesondere bieten sich – da die Widersprüche in einer Matrix dargestellt sind – nach TEUFELSDORFER [vgl. TEUF98] die Widerspruchsmatrix und die Innovationsprinzipien [vgl. EVER03, S. 161-163; MANN03] sowie die Separationsprinzipien [vgl. EVER03, S. 163-165] an. Darüber hinaus bietet sich die Anwendung der Evolutionsprinzipien zur Auflösung der Widersprüche an, da dieses Werkzeug die Innovations- und Separationsprinzipien beinhaltet und zusätzlich hilft, Entwicklungstendenzen zu erarbeiten.

Am Beispiel des Mobiltelefons bedeutet das, dass der Widerspruch zwischen der erwünschten neuen Komponente (Kamera) und der unerwünschten Erhöhung des Volumens in Zukunft aufgelöst werden bzw. bis zur Irrelevanz verringert werden könnte. Denkbare Lösungen sind unter anderem eine weitere Miniaturisierung der Kamera oder eine Integration der Kamera in schon existente Komponenten, wie das Gehäuse oder eine Taste.

Zur Bestimmung des Entwicklungsverlaufs von Technologien bis zur Leistungsgrenze wird im folgenden Kapitel das Evolutionsmodell entwickelt, mit dem sowohl Entwicklungsmöglichkeiten für die zu betrachtenden Technologien (Systeme) und deren Super- und Subsysteme erarbeitet als auch Widersprüche aufgelöst werden. Nach der Anwendung des Evolutionsmodells wird empfohlen, für wesentliche Widersprüche auch die Innovations- und Separationsprinzipien anzuwenden, da durch ein auf den Widerspruch fokussiertes Vorgehen weitere innovative Lösungen zu erwarten sind. Die technologische Grenze ist dann auf Basis der neuen Erkenntnisse und mit Hilfe der beschriebenen Formel für die Berechnung der technologischen Leistungsfähigkeit zu bestimmen. Dabei werden die neuen Korrelationswerte und die Grenzen für die einzelnen Leistungsparameter eingesetzt. Letztere müssen unter Umständen abgeschätzt werden. Für die Korrelationen kann die vorgeschlagene Vereinfachung der Korrelationswerte (vgl. Kapitel 4.3.1.2) benutzt werden oder können – wenn das Modell hinreichend einfach geworden ist und die Verknüpfungen bekannt sind – auch die exakten Formeln eingesetzt werden.

4.3.1.4 Bestimmung des S-Kurven-Verlaufs

Mit dem Modell der technologischen Leistungsfähigkeit können sowohl die aktuelle technologische Leistungsfähigkeit als auch die technologische Leistungsgrenze berechnet werden. Im Folgenden wird gezeigt, wie der S-Kurven-Verlauf für die zukünftige Technologieentwicklung aus der Entwicklungshistorie und dem Wert für die technologische Leistungsgrenze abgeschätzt werden kann.

Dabei ist zu beachten, dass in Kapitel 2.2.1.1 angezweifelt wurde, dass der Verlauf der technologischen Leistungsfähigkeit über der Zeit mit Hilfe der S-Kurven-Darstellung exakt dargestellt werden kann. Allerdings wurde davon ausgegangen, dass die Entwicklung einer Technologie in guter Näherung einem S-Kurven-förmigen Verlauf folgt, da jede Technologie eine eigene physikalische Leistungsgrenze aufweist und sich dieser mit der Zeit asymptotisch nähert (vgl. Kapitel 2.4). Unter der Voraussetzung, dass die S-Kurven-Darstellung in guter Näherung gilt, kann daher aus der Entwicklungshistorie einer Technologie der zukünftige Verlauf der Leistungssteigerung extrapoliert werden. Dieser Verlauf muss allerdings mit den Ergebnissen aus den übrigen Modellen zur Potenzialbestimmung abgeglichen werden.

S-Kurven lassen sich grundsätzlich mit der in Bild 4-12 dargestellten Funktion beschreiben [vgl. OSSI05, S. 3]. Dabei gibt „G" den Wert für die obere und „A" den Wert für die untere Grenze der S-Kurve an. Die Steigung der Kurve wird durch den Parameter „b" – mit b < 0 – festgelegt; die Position der S-Kurve auf der x-Achse durch „a". Die Werte für die obere und untere Grenze können aus den vorangegangenen Betrachtungen abgeleitet werden: „A" entspricht der technologischen Leistungsfähigkeit des ersten Prototyps der Technologie. „G" ist der Wert für die technologische Leistungsgrenze dieser Technologie. Die Parameter „a" und „b" müssen über zwei gegebene Punkte auf der S-Kurve bestimmt werden. Dazu bieten sich der aktuelle Wert für die technologische Leistungsfähigkeit und ein historischer Wert an. Der historische Wert kann die technologische Leistungsfähigkeit des Prototyps sein.

Die S-Kurven-Funktion ist somit vollständig definiert, wenn die Leistungsfähigkeit des Prototyps, die aktuelle Leistungsfähigkeit und die technologische Leistungsgrenze gegeben sind. Über diese Funktion lässt sich dann auch der Wendepunkt der S-Kurve berechnen: Da die Steigung der S-Kurve im Wendepunkt maximal ist, nimmt die Ableitung der S-Kurven-Funktion an dieser Stelle einen maximalen Wert an. Dementsprechend beträgt der Wert für die zweite Ableitung „0". Daraus ergibt sich für „x" am Wendepunkt der Wert „-a/b" (vgl. Bild 4-12).

Die Darstellung des Verlaufs der technologischen Leistungsfähigkeit mit Hilfe der beschriebenen Funktion kann als erster Schritt zur Bestimmung des technologischen Potenzials durchgeführt werden, sollte aber mit den Erkenntnissen aus den übrigen Modellen abgeglichen werden. Weitere Erkenntnisse zur Extrapolation der Leistungssteigerung können gewonnen werden, wenn weitere historische Werte der Leistungsfähigkeit einer Technologie in das Diagramm eingetragen werden. Der Trend, der aus diesen Punkten abgeleitet wird, lässt sich mit der idealisierten S-Kurve abgleichen.

Detaillierung der Methodik

S-Kurve

- $G = f(x=\infty)$ — Leistungsgrenze
- $W = f(x_W)$ — Wendepunkt
- $I = f(x_I)$ — Ist-Leistung
- $H = f(x_H)$ — Historische Leistung
- $A = f(x=-\infty)$ — Anfängliche Leistung

Definition der S-Kurven-Funktion

Funktionale Beschreibung

$$f(x) = \frac{G-A}{1+e^{a+bx}} + A \text{ , für } b < 0$$

$$f'(x) = \frac{-b(G-A)e^{a+bx}}{(1+e^{a+bx})^2}$$

$$f''(x) = \frac{b^2(G-A)e^{a+bx}(e^{a+bx}-1)}{(1+e^{a+bx})^3}$$

Berechnung der Parameter

$$A = \lim_{x \to -\infty} f(x)$$

$$G = \lim_{x \to \infty} f(x)$$

$$a : f(x=x_i = 0) = I$$

$$\Rightarrow a = \ln\frac{G-A}{I-A}$$

$$b : f(x=x_H) = H$$

$$\Rightarrow b = \frac{1}{x_H}\left[\ln\left[\frac{G-A}{H-A} - 1\right] - a\right]$$

Ableitung der S-Kurve

Berechnung des Wendepunkts

Wendepunkt bei $f''(x_W) = 0$

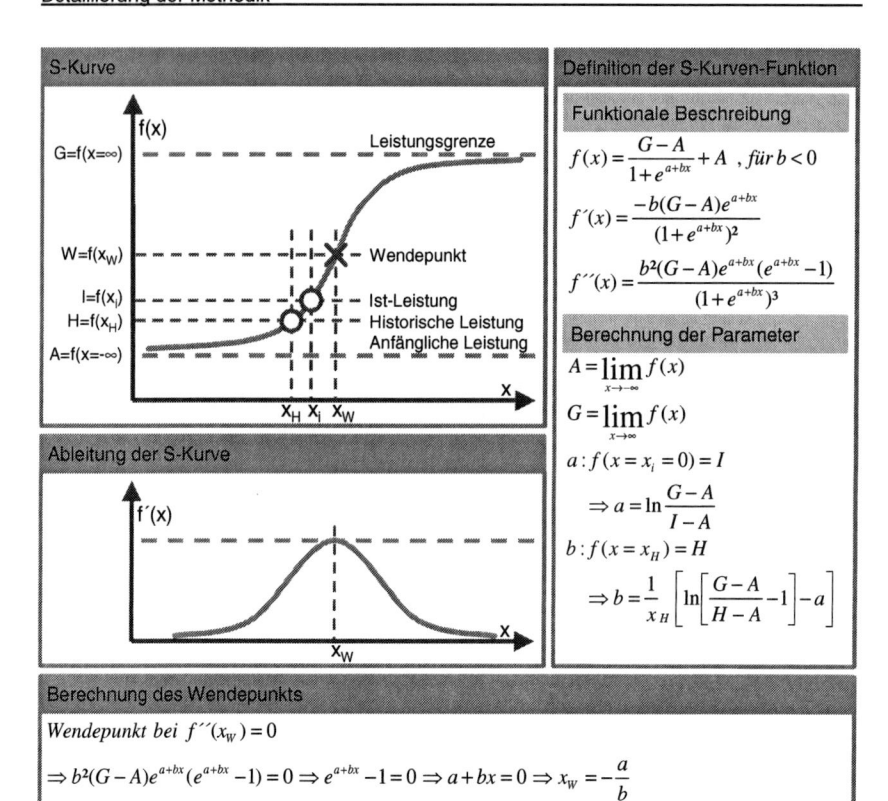

$$\Rightarrow b^2(G-A)e^{a+bx}(e^{a+bx}-1) = 0 \Rightarrow e^{a+bx}-1 = 0 \Rightarrow a+bx = 0 \Rightarrow x_W = -\frac{a}{b}$$

Bild 4-12: Funktionale Bestimmung des S-Kurven-Verlaufs

4.3.2 Evolutionsmodell

Im ersten Schritt zur Antizipation der Entwicklung von Systemen wurden die technischen bzw. physikalischen Entwicklungsgrenzen von Systemen festgelegt. Das Ziel des zweiten Schrittes ist es, Entwicklungsmöglichkeiten zu erarbeiten, um aus diesen Erkenntnissen den Zeitbedarf für die Weiterentwicklung abzuschätzen.

Bei der Formulierung der Lösungshypothese (vgl. Kapitel 2.4) wurde postuliert, dass die Evolutionsprinzipien der TRIZ-Methodik ein geeignetes Werkzeug sind, um Entwicklungsmöglichkeiten zu erarbeiten. Allerdings werden die Evolutionsprinzipien primär dazu benutzt, Lösungs- und neue Produktideen zu erarbeiten [vgl. EVER03, S. 171]. Ferner existieren viele verschiedene Sammlungen von Evolutionsprinzipien und Ansätze, diese zu nutzen [vgl. EVER03, S. 171]. Eine Auswahl von Evolutionsprinzipien sowie ein entsprechendes Vorgehensmodell für die Technologiefrüherkennung existiert nicht.

Aus diesem Grund werden im Folgenden für die Technologiefrüherkennung relevante Evolutionsprinzipien ausgewählt und in einem Evolutionsmodell zusammengefasst. Auf dieser Grundlage wird dann ein Vorgehensmodell zur Anwendung der Evolutionsprinzipien für die Technologiefrüherkennung entwickelt. Dazu wird ein Vorgehen gewählt (vgl. Bild 4-13), das sich an den Lösungszyklus des Systems Engineering (vgl. Bild 3-10) anlehnt:

Zielsuche:	Welche Eigenschaften müssen Evolutionsprinzipien besitzen, damit sie die Technologiefrüherkennung unterstützen können?
Idealität	Bionik	S-Kurve	Potenzialbegriff
Was macht Systeme erfolgreich?			

Lösungssuche:	Welche Evolutionsprinzipien stehen für die Technologiefrüherkennung zur Verfügung?
Liste aller Evolutionsprinzipien (-gesetze, -muster)	

Auswahl:	Welche Evolutionsprinzipien sind für die Technologiefrüherkennung relevant?
Entwicklung des Evolutionsmodells	

Ergebnis/ Anstoß:	Wie können die Evolutionsprinzipien für die Technologiefrüherkennung genutzt werden?

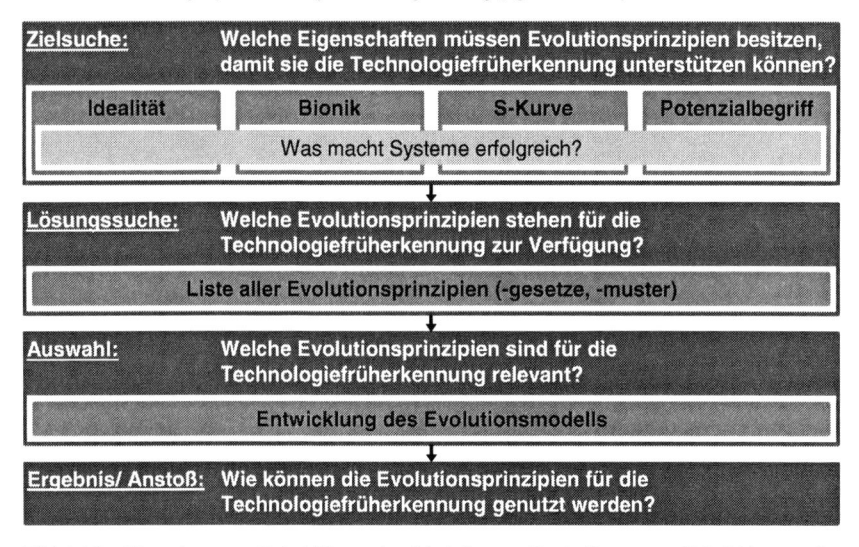

Bild 4-13: Vorgehen zur Entwicklung des Modells zur Erarbeitung von Entwicklungsmöglichkeiten

Nachdem in Kapitel 2.3.3 die Evolutionsprinzipien bereits einer groben Analyse unterzogen worden sind, wird zunächst im Sinne der Zielsuche das Ziel formuliert, indem Anforderungen an die Evolutionsprinzipien aus verschiedenen Richtungen beleuchtet werden. Zentrale Fragestellung ist dabei, welche abstrakten Eigenschaften ein System erfolgreich machen. Bei der Auswahl der Evolutionsprinzipien wird dann untersucht, welche Evolutionsprinzipien die Erreichung bzw. Steigerung dieser Eigenschaften unterstützen. Um diese Auswahl vorzunehmen, werden im Vorfeld alle Evolutionsprinzipien aufgelistet. Im Zuge dieser Auswahl werden die relevanten Evolutionsprinzipien in einem Evolutionsmodell gruppiert. Aufbauend auf diesem Ergebnis wird dann das Vorgehensmodell entwickelt.

4.3.2.1 Anforderungen zur Auswahl von Evolutionsprinzipien

Die Evolutionsprinzipien gehen auf die Arbeiten von ALTSCHULLER – den Urheber der TRIZ-Methodik – zurück. Durch die Analyse einer Vielzahl von Patenten fand er unter anderem acht Evolutionsgesetze und vierzig Innovationsprinzipien [vgl. MOEH02 S. 131-136]. Die Evolutionsgesetze beschreiben in abstrakter Weise Entwicklungslinien, denen technische Systeme im Laufe der Zeit folgen [vgl. ALTS73, S. 124-128, ALTS84, S. 186-193]. Da diese Gesetze durchaus falsifizierbar sind, genügen sie nicht dem Anspruch einer Allgemeingültigkeit, können aber auf Grund ihrer häufigen Verifikation mit gewissen Einschränkungen als hinreichend brauchbar für die Technologiefrüherkennung angenommen werden. Die Innovationsprinzipien hingegen sind abstrakt beschriebene Heuristiken, die Erfinder immer wieder zur Lösung technischer Probleme angewendet haben [vgl. MOEH02 S. 132, ALTS73, S. 85-95]. Sie sind als solche nicht widerlegbar, da sie nicht grundsätzlich, aber hinreichend oft zum Erfolg führen.

Aus den Evolutionsgesetzen und den Innovationsprinzipien sind später die Evolutionsprinzipien (Entwicklungsmuster technischer Systeme) gebildet worden [vgl. MOEH02 S. 132 f.]. Die Firma Ideation/ Invention Machine gilt als Urheber dieser Kombination [vgl. MOEH02 S. 132; INVE98]. Heutzutage gibt es eine Vielzahl von Evolutionsmodellen, die verschiedene, aber einander ähnliche Evolutionsprinzipien auflisten und beschreiben. Die umfassenste Liste wurde von MANN veröffentlicht [vgl. MANN02, S. 273-343] und enthält 31 so genannte Trends of Evolution. Andere Ansätze – wie z.B. von EVERSHEIM [vgl. EVER03, S. 171-182] – enthalten wesentlich weniger Evolutionsprinzipien und erreichen diese Reduktion durch eine Gruppierung ähnlicher Evolutionsprinzipien.

Da die Evolutionsprinzipien nicht unwiderlegbar sind [vgl. MOEH02, S. 135] und auch Rückschritte zu einer vorgelagerten Evolutionsstufe im Verlauf des Lebenszyklus einer Technologie möglich sind, können die Prinzipien nicht direkt zur Bewertung des Potenzials von Technologien herangezogen werden. Die Evolutionsprinzipien eignen sich allerdings sehr gut dazu, Ideen für Weiterentwicklungen technologischer Systeme zu erarbeiten. Bei der TRIZ-basierten Technologiefrüherkennung werden sie daher angewendet, um Entwicklungsmöglichkeiten zu erarbeiten und über diesen Umweg das Potenzial von Produkttechnologien zu antizipieren.

Es stellt sich nun die Frage, welche Evolutionsprinzipien wie für die Erarbeitung von Entwicklungsmöglichkeiten genutzt werden können. Für diese Entscheidung müssen zunächst Ziele für die Auswahl der Evolutionsprinzipien definiert werden. Diese Ziele werden aus vier verschiedenen Ansätzen abgeleitet: dem Idealitätsprinzip (vgl. Kapitel 4.3.1.2), der S-Kurven-Analyse (vgl. Kapitel 2.2.1.1), dem Potenzialbegriff (vgl. Kapitel 2.1.1.2) und der biologischen Evolution [vgl. HEND01, S. 3-11; EVER03, S. 188 f.] sowie ihrer Übertragung auf die technische Evolution. Übergeordnete Fragestellung ist dabei: Welche allgemeinen Kriterien machen Systeme erfolgreich?

Das *Idealitätsprinzip* besagt, dass sich technische Systeme in Richtung zunehmender Idealität entwickeln, indem die Zahl der nützlichen Funktionen steigt und die Zahl der schädlichen

Funktionen sinkt [vgl. ALTS73, S. 126 f.; EVER03, S. 175 f.; HERB00, S. 72]. Die schädlichen Funktionen werden von MANN als Aufwand und Kosten bezeichnet [MANN02, S. 137]. In Anlehnung an die Funktionsanalyse des gleichen Autors [vgl. MANN02, S.105] können die Funktionen (z.B. Gewicht haben) auch teilweise vereinfacht als Attribute (z.B. Gewicht) beschrieben werden. Wird in der Praxis das ideale System definiert, wird zunächst von der primären nützlichen Funktion ausgegangen [vgl. SALA99, S. 144]. Daneben werden weitere nützliche Funktionen aufgelistet. Diesen nützlichen Funktionen werden dann alle schädlichen Funktionen gegenübergestellt und abschließend die Optimierungsrichtungen der einzelnen Funktionen und Attribute festgelegt.

Der PKW hat beispielsweise die primäre nützliche Funktion, Personen zu befördern. Daneben kann er aber auch die Funktion „Fahrspaß bereiten" oder „Lasten befördern" erfüllen. Der Preis für die Erfüllung dieser Funktionen äußert sich unter anderem darin, dass Kraftstoff benötigt wird. Ein bei der Parkplatzsuche als negativ wahrgenommenes Attribut ist das Volumen bzw. die Länge des PKWs.

Durch die beschriebene Vorgehensweise ergeben sich in der Praxis recht umfangreiche Listen von nützlichen und schädlichen Funktionen. Die zentrale Frage ist jetzt, wie diese Funktionen abstrakt beschrieben werden können bzw. was ihnen gemeinsam ist.

LINDE und HILL definieren das ideale System dadurch, „dass für die Erreichung einer maximalen funktionalen Effektivität der Aufwand an Stoff, Energie, Raum (und) Zeit durch immer mehr Import und bessere Beherrschung von Informationen gegen Null geht" [LIND93, S. 30; vgl. KLEI02, S. 16-19]. Zusätzlich trägt die Erhöhung der Anzahl der Funktionen zu einer Erhöhung der Idealität bei [vgl. LIND93, S. 30]. Wird diese abstrakte Beschreibung der Idealität weiter abstrahiert, kann definiert werden, dass die Kriterien „steigende Effizienz" und „Multifunktionalität" Systeme idealer und damit zwangsläufig erfolgreicher machen.

Diese These wird durch Erkenntnisse aus der *biologischen Evolution* unterstützt. Die Grundlage für diese Herleitung ist die Hypothese, dass der Erfolg biologischer Systeme ähnlichen Gesetzmäßigkeiten unterliegt wie der Erfolg technischer Systeme. REICHEL drückt das so aus: „Die vergleichende Analyse von biologischer und technischer Evolution hat die Existenz vieler überraschender Analogien bestätigt. Dass diese Analogien sich zum Teil auf gleiche Evolutionsfaktoren und Gesetzmäßigkeiten zurückführen lassen, braucht uns nicht zu wundern" [HILL97, S. 92, REIC84, S. 101].

Nach DARWIN überleben die am besten an die Umgebung angepassten biologischen Systeme [vgl. DARW00]. SALAMATOV überführt diese Gesetzmäßigkeit auf technische Systeme und postuliert, dass sich technische Systeme genau wie biologische im Laufe der Zeit an das veränderliche Umfeld anpassen [vgl. SALA99, S. 146] – bzw. daran angepasst werden. Diese optimale Anpassung und hohe Anpassbarkeit werden von HILL mit dem Minimum-Maximum-Prinzip [vgl. HILL98, S. 9-16, HILL99, S. 36-43] und dem Prinzip der Multifunktionalität [vgl. HILL98, S. 17, HILL99 S. 43-45] bzw. der Dynamisierung [vgl. HILL98, S. 22-25, HILL99, S. 49-51] beschrieben. Das erste Prinzip besagt, dass mit einem „Minimum an Material und Energie ein Maximum an Leistung und Stabilität erreicht wird" [HILL99, S. 36]. Die Prinzipien der Multifunktionalität und Dynamisierung lassen sich am Beispiel von Vögeln erklären:

Krallen erfüllen unter anderem die Funktionen „transportieren, verteidigen, fortbewegen und Nest bauen" [vgl. HILL99, S. 43]. Das Federkleid zeichnet sich durch eine Vielzahl von Sensoren und Akto-

ren aus, die es ermöglichen, kleinste Luftströmungen durch ein dynamisches Verhalten optimal auszunutzen [vgl. HILL99, S. 49].

Im Sinne dieser teils widersprüchlichen Prinzipien stellen erfolgreiche Systeme oft einen Kompromiss zwischen effizienter Spezialisierung und starker Generalisierung dar [vgl. HILL99, S. 5]. Übertragen auf technische Systeme bedeutet das, dass die Kriterien Effizienz und Multifunktionalität bzw. Flexibilität die wesentlichen Faktoren für die Überlebensfähigkeit eines Systems sind. Dabei unterstützt die Multifunktionalität sowohl die Effizienz als auch die Flexibilität und ist daher als untergeordnetes Prinzip anzusehen.

Die These, dass Effizienz und Flexibilität die erfolgskritischen Faktoren sind, die die technische Evolution vorantreiben, wird im Folgenden mit der *S-Kurven-Analyse* (vgl. Kapitel 2.2.1.1 und 4.3.1.1) abgeglichen. Relevant für diese Betrachtung ist allerdings nur die Y-Achse der Koordinatendarstellung, da hier – je nach Zielsetzung – die technologische Leistung [vgl. HOEC00, S. 6 f.], der Grad der Ausschöpfung des Wettbewerbspotenzials [vgl. EVER03, S. 174, LITT94, S. 79], die Hauptkennziffern des Systems [vgl. ALTS84, S. 115], die Performance [vgl. HERB00, S. 180 f.] oder der Idealitätsgrad [vgl. MANN02, S. 122 f.] aufgetragen wird. Nicht zuletzt durch die Definition der Y-Achse nach MANN wird deutlich, dass die Leistung, die Hauptkennziffern und das Wettbewerbspotenzial zu einem festen Zeitpunkt durch die Effizienz eines Systems im Vergleich zu dessen Wettbewerbern bestimmt sind. Auf lange Sicht ist das System erfolgreicher, das genau die Hauptkennziffern verbessern kann, die in Zukunft von besonders vielen Anwendern gefordert werden. Hier ist also wiederum Flexibilität erfolgsentscheidend.

Dieser Abgleich deckt sich zwangsläufig mit der Definition des *Potenzialbegriffs*, da das Potenzial einer Technologie u.a. als Differenz zwischen der aktuellen Position einer Technologie auf der Y-Achse der S-Kurve und der Grenze der Weiterentwickelbarkeit festgelegt wurde (vgl. Kapitel 2.2.1.1). Als Auswahlkriterium für die Evolutionsprinzipien steht also die Frage, ob die Evolutionsprinzipien eine *Steigerung der Effizienz und Flexibilität* unterstützen.

4.3.2.2 Sammlung von Evolutionsprinzipien

Die Sammlung von Evolutionsprinzipien wurde bereits durch die Situationsanalyse im vorherigen Abschnitt eingeleitet. Dort wurde deutlich, dass die verschiedenen Listen von Evolutionsprinzipien im Wesentlichen auf der Kombination der Evolutionsgesetze nach ALTSCHULLER und den von ihm entdeckten Innovationsprinzipien basieren. LINDE und HILL haben diese Evolutionsprinzipien durch Erkenntnisse aus der Biologie erweitert bzw. untermauert [vgl. HILL97; HILL98; HILL99; LIND93].

Die kürzesten und pragmatischsten Konzepte finden sich unter anderem bei EVERSHEIM, HERB und TERNINKO [vgl. EVER03, HERB00, TERN98a; TERN98b]. Sie lehnen sich stark an die Evolutionsprinzipien der Firma IDEATION/ INVENTION MACHINE an [vgl. INVE98].

LIVOTOV hat eine umfangreichere Liste von Evolutionsprinzipien in der Software TRISolver übersichtlich gruppiert und strukturiert [TRIS02]. Solch eine Gruppierung wird auch in dieser Arbeit durchgeführt, um den Überblick und die Anwendbarkeit zu erleichtern.

Die Liste von MANN ist zur Zeit die vollständigste Sammlung von Evolutionsprinzipien und enthält die meisten Prinzipien der anderen Autoren in Form einer ungruppierten Auflistung [vgl. MANN02]. Teilweise wurden die ursprünglichen Evolutionsprinzipien zerlegt. Ferner wurde die Liste um zusätzliche Prinzipien erweitert, die allerdings für die Technologiefrüherkennung weniger interessant sind und daher in der folgenden Betrachtung außer Acht gelassen werden. In der Auflistung fehlen aber einige Evolutionsgesetze von ALTSCHULLER. Diese Gesetze können als übergeordnet angesehen werden und sind teilweise bereits in das Grobkonzept der TRIZ-basierten Technologiefrüherkennung eingeflossen. Sie werden bei der Auswahl der Evolutionsprinzipien und beim Aufbau des Evolutionsmodells gesondert betrachtet (vgl. Bild 4-15).

Die Liste von MANN zeichnet sich dadurch aus, dass bei jedem Evolutionsprinzip Gründe für jeden einzelnen evolutionären Schritt eines Systems beschrieben werden.

So werden beispielsweise bei der letzten Stufe des Evolutionsprinzips „Action co-ordination" Aktivitäten parallelisiert, um zum einen neue Funktionen zu integrieren oder zum anderen die gesamte Effizienz des Systems zu steigern [vgl. MANN02, S. 316].

Diese Darstellung wird im Folgenden genutzt, um die einzelnen Prinzipien bezüglich ihrer Eignung zur Steigerung von Effizienz und Flexibilität zu überprüfen und dementsprechend auszuwählen. Parallel dazu werden die Evolutionsprinzipien gruppiert. Anschließend wird die so reduzierte und gruppierte Liste mit den Evolutionsgesetzen nach ALTSCHULLER abgeglichen. Mit Hilfe dieser Evolutionsprinzipien und -gesetze wird dann das Evolutionsmodell aufgebaut.

4.3.2.3 Auswahl von Evolutionsprinzipien

Die Auswahl der Evolutionsprinzipien aus der Liste von MANN ist in Bild 4-14 dargestellt. Dabei sind nur die Prinzipien aufgelistet, deren Umsetzung zur Steigerung der Effizienz oder der Flexibilität beiträgt. Evolutionsprinzipien, wie „Customer Purchase Focus", wurden ausgelassen, da hier z.B. die Erfüllung der Kundenwünsche und nicht die Weiterentwicklung der Technologie in den Vordergrund gestellt wird.

Die verbleibenden Prinzipien werden auf ihre Ähnlichkeit hin untersucht, gruppiert und zusammenfassend beschrieben. Daraus ergeben sich die im Folgenden erklärten vier übergeordneten Evolutionsprinzipien, die alle wesentlichen Entwicklungsmöglichkeiten eines Systems aus sich heraus bzw. in Kombination mit Systemen auf der gleichen Systemebene abdecken (vgl. Bild 4-14):

Systemkombination, -integration und -reduktion: Technische Systeme entwickeln sich zunächst in Richtung zunehmender Komplexität und werden dann genial einfach. Dabei werden verschiedenste Systeme kombiniert bzw. integriert. Durch Synergieeffekte können einzelne Komponenten reduziert werden. Allerdings wird im Zuge der integrationsbedingten Komplexitätssteigerung innerhalb des Systems die Anwendung für den Bediener einfacher.

Detaillierung der Methodik

	Das Evolutionsprinzip dient primär der Steigerung der ...	Effizienz	Flexibilität
Systemkombination, -integration und -reduktion			
Mono-Bi-Poly (similar)			X
Mono-Bi-Poly (various)			X
Mono-Bi-Poly (increasing differences)			X
Trimming		X	
Reducing number of energy conversions		X	
Dynamisierung und Einsatz von Feldern			
Surface segmentation		X	
Space segmentation		X	
Webs and fibres		X	
Object segmentation			X
Decreasing density		X	
Geometric evolution (linear)		X	
Geometric evolution (volumetric)		X	
Dynamization			X
Degrees of freedom			
Koordinierung			
Action co-ordination		X	
Rhythm co-ordination		X	
Regelbarkeit, Selbstregelung, Automatisierung			
Increasing use of senses			X
Controllability		X	
Self-serving system		X	
Reducing human involvement		X	

Auf Basis der Evolutionsprinzipien nach MANN [MANN02, S. 303-334]

Bild 4-14: Auswahl und Gruppierung der Evolutionsprinzipien

Heutzutage integrieren Computer diverse Multimediafunktionen wie Fernseher und Stereoanlagen. Die Bedienung ist für den geübten Anwender einfacher geworden, da verschiedenste Funktionen über eine Schnittstelle gesteuert werden können.

Dynamisierung und Einsatz von Feldern: Technische Systeme werden im Laufe der Zeit immer dynamischer, flexibler und vielfältiger – die Freiheitsgrade erhöhen sich. Dabei folgt die Entwicklung den drei Unterprinzipien, dass Systeme zunehmend in bewegliche Komponenten zerlegt werden, dass vermehrt Felder eingesetzt werden und dass die Informationsdichte innerhalb eines Systems und seiner Subsysteme steigt.

Die Kommunikation ist durch den Einsatz von elektromagnetischen Feldern flexibler geworden. Personen sind nicht mehr an direkte Kontakte oder ein Telefonkabel gebunden. Kommunikation kann auf der ganzen Welt geschehen, wenn sich die Personen in den Empfangszonen der Mobilfunknetze befinden.

Koordinierung: Dieses Prinzip besagt, dass im Laufe der Evolution eines technischen Systems Aktionen und Rhythmen zunehmend koordiniert und verschachtelt werden. Dies geschieht beispielsweise, indem Pausen und Intervalle genutzt oder Resonanzen vermieden bzw. provoziert werden.

Beispiele hierfür sind die Taktung von Produktionsprozessen oder das Aufschaukeln der A-Klasse beim Elchtest.

Regelbarkeit, Selbstregelung und Automatisierung: Im Laufe der Entwicklung erhöht sich zum einen die Regelbarkeit von Systemen, zum anderen wird Regelung immer mehr vom System selber übernommen. Ausführung, Kontrolle und Entscheidung durch den Menschen werden in dieser Reihenfolge ersetzt.

Frühe Generationen von Stereoanlagen boten beispielsweise eine Vielzahl von Einstellmöglichkeiten für Soundeffekte. Heutzutage nehmen Anlagen die Einstellungen selbst vor, wenn die Musikrichtung durch den Benutzer ausgewählt wurde.

Die hergeleiteten vier Evolutionsprinzipien werden mit den acht Evolutionsgesetzen nach ALTSCHULLER [vgl. ALTS73, S. 124-128] abgestimmt. Durch den Vergleich wird deutlich, dass nur zwei Gesetze direkt in den Evolutionsprinzipien enthalten sind (vgl. Bild 4-15). Drei Gesetze liegen bereits der Lösungshypothese der TRIZ-basierten Früherkennung zu Grunde (vgl. Kapitel 2.4). Sie sind eher als Erkenntnisse über das Wesen der technischen Evolution zu verstehen und unterstützen weniger die heuristische Weiterentwicklung von technischen Systemen. Die verbleibenden drei Evolutionsgesetze finden Eingang in das Evolutionsmodell. Diese sind das Gesetz des Übergangs in ein Obersystem, das Gesetz des Übergangs von der Makroebene zur Mikroebene und das Gesetz der Erhöhung des Grades der Idealität eines Systems.

Das letzte Gesetz besagt, dass sich technische Systeme im Laufe der Zeit in Richtung zunehmender Idealität entwickeln. Diese Erkenntnis ist zwar auch Bestandteil der Lösungshypothese, hat aber – wie bereits in Kapitel 4.3.1.2 beschrieben – auch einen praktischen Bezug. Als Denkansatz kann dieses Prinzip genutzt werden, um auf heuristischem Weg gezielt nach idealeren Produktkonzepten zu suchen. So kann beispielsweise nach der Formulierung des idealen Endresultats überlegt werden, wie diese Vision zu erreichen ist. Es können aber auch Optimierungsparameter – wie z.B. die Größe eines Objekts – definiert werden. Darauf aufbauend wird dann untersucht, ob eine weitere Miniaturisierung möglich ist und wie dieses Ziel erreicht werden kann.

Die zwei Gesetze „Übergang in ein Obersystem" und „Übergang zur Mikroebene" zwingen den Anwender, die betrachteten Systemgrenzen zu verlassen. Das erste Gesetz besagt, dasS technische Systeme mit der Zeit in übergeordneten Systemen (Supersystemen) aufgehen bzw. sich mit anderen Systemen zu neuen Systemen zusammenschließen.

Beispielsweise sind diverse HiFi-Komponenten wie Radio, Plattenspieler oder CD-Player, die früher als einzelne Systeme gehandelt wurden, in Stereoanlagen integriert worden. Mittlerweile sind Stereoanlagen zu integrierten Subsystemen von beispielsweise Automobilen geworden. Ferner lässt sich ein

Trend erkennen, dass HiFi-Anlagen zunehmend in Multimediastationen – bestehend aus Computer, Fernseher, Video- bzw. DVD-Anlage und Kommunikationseinheit – integriert werden.

Gesetze, die im Evolutionsmodell Anwendung finden
4. Gesetz der Erhöhung des Grades der Idealität eines Systems
6. Gesetz des Übergangs in ein Obersystem
7. Gesetz des Übergangs von der Makroebene zur Mikroebene
Gesetze, die der Lösungshypothese zu Grunde liegen
1. Gesetz der Vollständigkeit der Teile eines Systems
2. Gesetz der energetischen Leitfähigkeit eines Systems
5. Gesetz der Ungleichmäßigkeit der Entwicklung der Teile eines Systems
Gesetze, die in anderen Evolutionsprinzipien enthalten sind
3. Gesetz der Abstimmung der Rhythmik der Teile eines Systems
↳ Koordinierung
8. Gesetz der Erhöhung des Anteils von Stoff-Feld-Systemen
↳ Dynamisierung und Einsatz von Feldern

In Anlehnung an [ALTS84, S. 124-128]

Bild 4-15: Evolutionsgesetze

Das zweite Gesetz besagt primär, dass eine Optimierung von Systemen im Laufe der Zeit zunehmend mehr auf der Mikroebene als auf der Ebene der Subsysteme stattfindet. Eine sekundäre Aussage ist, dass technische Systeme zunehmend kleiner werden (Miniaturisierung). Diese Gesetzmäßigkeit wird der Idealität zugeordnet und hier nicht weiter betrachtet.

Nachdem der neue Airbus A380 vorgestellt wurde, werden jetzt Optimierungen in den einzelnen Subsystemen vorgenommen. So konnte bereits das Gewicht der Kloschüssel um die Hälfte auf fünf Kilogramm reduziert werden. Die hydraulischen Systeme wurden bereits von bei normalen Verkehrsflugzeugen üblichen 3000 psi auf 5000 psi umgestellt. Der größere Druck überträgt die Kräfte durch dünnere Rohrleitungen und führt so zu einer Gewichtseinsparung von ca. einer Tonne [vgl. REES04, S. 82-84].

Auf der Grundlage der vorangegangenen Auswahl und durch Gleichsetzung der Begriffe Evolutionsprinzip und Evolutionsgesetz verbleiben sieben Evolutionsprinzipien für den Aufbau des Evolutionsmodells. Diese sind:

- Zunehmende Systemkombination, -integration und –reduktion
- Übergang in ein Obersystem
- Zunehmende Dynamisierung und Einsatz von Feldern
- Übergang von der Makroebene zur Mikroebene
- Zunehmende Regelbarkeit, Selbstregelung und Automatisierung
- Zunehmende Koordinierung
- Zunehmende Idealität

Die Evolutionsprinzipien werden in das Modell des Suchbereichs (vgl. Bild 4-4) integriert (vgl. Bild 4-16), damit eine einfache Verknüpfung zu den vorangegangenen Arbeitsschritten sichergestellt ist. Für die Integration bietet sich die Kombination der Prinzipien „Zunehmende Systemkombination, -integration und –reduktion" und „Übergang in ein Obersystem" an, da die Systemkombination zwangsläufig zu der Bildung eines neuen (Ober-) Systems führt. Ebenso können die Prinzipien „Zunehmende Dynamisierung und Einsatz von Feldern" und „Übergang von der Makroebene zur Mikroebene" verknüpft werden. Durch die Segmentierung von Systemen wird die Betrachtung von Subsystemen erleichtert und der Blickwinkel auf die Mikroebene gerichtet.

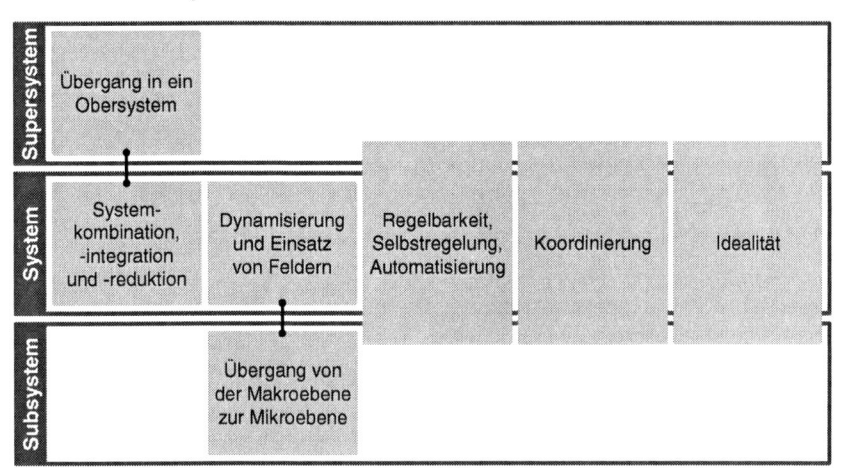

Bild 4-16: Das Evolutionsmodell

Das Evolutionsprinzip „Zunehmende Regelbarkeit, Selbstregelung und Automatisierung" bezieht sich nicht nur auf die Interaktion eines Systems mit anderen Systemen und auf die Regelung von Subsystemen, sondern auch auf die Anpassung an Signale des Supersystems. Ebenso gilt das Prinzip der zunehmenden Koordinierung für Systeme auf gleicher Ebene sowie für Sub- und Supersysteme. Aus diesem Grund reichen beide Evolutionsprinzipien bei der graphischen Darstellung in die Ebenen der Super- und Subsysteme. Für die Praxis bedeutet das, dass bei der Erarbeitung von Entwicklungsmöglichkeiten mit Hilfe dieser Prinzipien alle Systemebenen in Betracht gezogen werden müssen.

Das Prinzip der zunehmenden Idealität reicht von der Ebene des Supersystems bis zur Ebene des Subsystems. Zunächst gilt es die Frage zu beantworten, wie sich Supersysteme in Zukunft verbessern werden. Daraus leitet sich die Frage ab, wie das technische System diese Entwicklung unterstützen kann und was für Anforderungen durch das Supersystem – u.U. den Menschen – an das System gestellt werden. Dies wiederum führt zu der Frage, wie die idealen Subsysteme aus Sicht des Systems aussehen und ob diese Subsysteme in die entsprechende Richtung weiterentwickelt werden (können).

Mit dem in Bild 4-16 dargestellten Evolutionsmodell ist die Auswahl der für die Früherkennung relevanten Evolutionsprinzipien abgeschlossen. Darüber hinaus sind die Prinzipien in einem logischen Modell, das auf dem Modell des Suchbereichs basiert, zusammengefasst worden. Wie bereits mit der Erklärung des Evolutionsprinzips „Zunehmende Idealität" eingeleitet, wird im folgenden Abschnitt das Vorgehensmodell zur Erarbeitung von Entwicklungsmöglichkeiten hergeleitet.

4.3.2.4 Vorgehensmodell zur Erarbeitung von Entwicklungsmöglichkeiten

Die Herausforderung des Vorgehensmodell ist es, die sieben Evolutionsprinzipien des Evolutionsmodells in sinnvoller und effizienter Weise auf das System, die alternativen Systeme sowie die Super- und Subsysteme anzuwenden. Dabei ist die Reihenfolge, in der die Evolutionsprinzipien innerhalb des Evolutionsmodells angewendet werden, ebenso entscheidend wie das Vorgehen durch die einzelnen Betrachtungsebenen.

Mit der Beschreibung des Idealitätsprinzips im vorangegangenen Kapitel wurde bereits veranschaulicht, dass ein Vorgehen von der Ebene des Supersystems über das System zum Subsystem sinnvoll ist, damit die Anforderungen des übergeordneten Systems an das untergeordnete weitergegeben werden können. Die Potenziale für das System, die sich aus den Entwicklungen der untergeordneten Systeme ergeben, können hingegen direkt abgeschätzt werden. Gegen ein Vorgehen von oben nach unten spricht allerdings der menschliche Faktor. Da die Evolutionsprinzipien in Workshops angewendet werden sollten und die Teilnehmer in der Regel nicht mit diesem Ansatz vertraut sind, sollte der Umgang mit den Evolutionsprinzipien an einem bekannten System trainiert werden. Dies ist in der Regel das zu betrachtende System.

Aus diesem Grund wird als idealisierter Prozess vorgeschlagen, die Evolutionsprinzipien zunächst auf das System anzuwenden, um dann mit den Supersystemen fortzufahren. Sind die Entwicklungsmöglichkeiten der Supersysteme und damit die Anforderungen herausgearbeitet und verallgemeinert bzw. abstrahiert beschrieben worden, kann wieder zur Systemebene zurückgekehrt werden. Zum einen können die Anforderungen mit den Entwicklungsmöglichkeiten des Systems abgestimmt werden. Zum anderen können die Entwicklungsmöglichkeiten der konkurrierenden Systeme abgeschätzt werden. Abschließend werden die Evolutionsprinzipien auf die relevanten Subsysteme angewendet und daraus die Entwicklungspotenziale für das System und die Alternativsysteme abgeleitet.

Diesem Vorgehen durch die Systemebenen (Makrologik) wird das Vorgehen innerhalb des Evolutionsmodells (Mikrologik) untergeordnet. Die Reihenfolge, mit der die Evolutionsprinzipien abgearbeitet werden, ergibt sich zum einen aus der logischen Abhängigkeit der Prinzipien zueinander und zum anderen aus dem Vorgehen von der höheren zur tieferen Systemebene.

Damit Systemkomponenten besser koordiniert werden können, müssen Möglichkeiten zur Regelung bzw. Selbstregelung dieser Komponenten gegeben sein. Eine entsprechende Flexibilität (Dynamisierung) des Systems bzw. der Systemkomponenten ist dafür Voraussetzung. Dies wiederum setzt voraus, dass entsprechende Systemkomponenten in das System integriert worden sind. Auf der Basis dieser Betrachtung bietet sich folgendes Vorgehen an:

Bild 4-17 fasst die Ergebnisse der vorangegangenen Betrachtung zusammen.

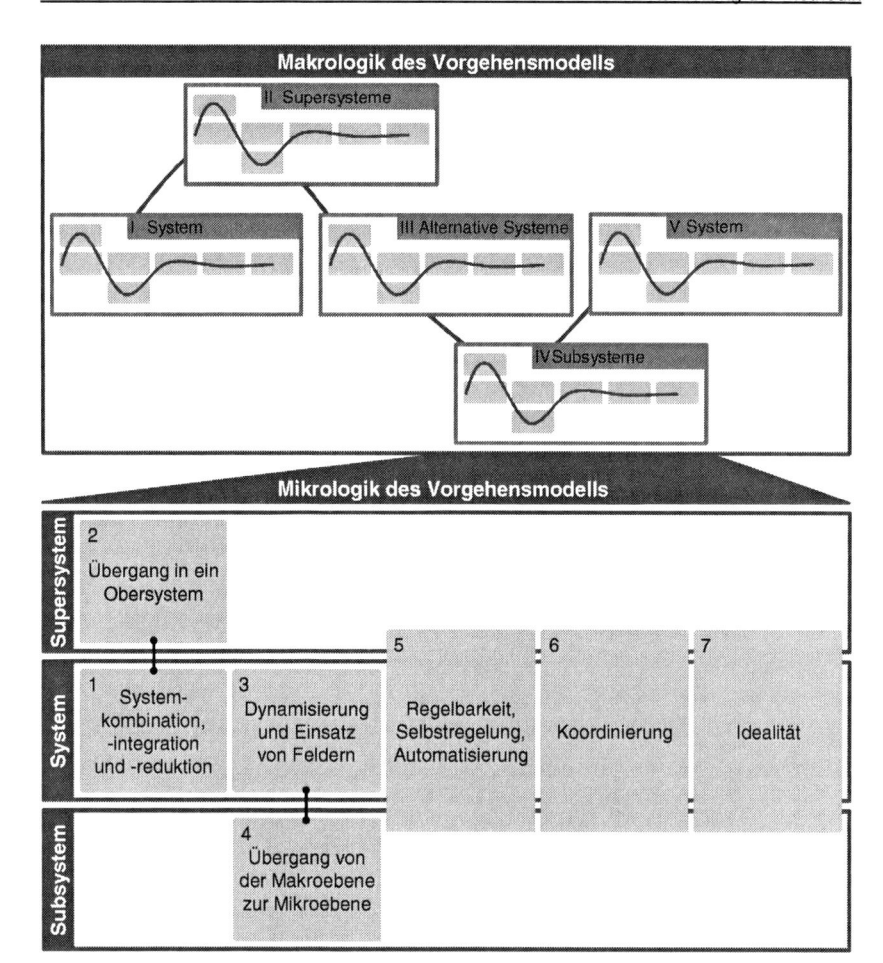

Bild 4-17: Vorgehensmodell zur Erarbeitung von Entwicklungsmöglichkeiten

▶ Zunächst wird untersucht, welche Systeme integriert bzw. kombiniert oder ob Komponenten reduziert werden können. Daran anschließend wird überprüft, ob das System in ein Obersystem übergehen kann.

▶ Danach wird das Evolutionsprinzip „zunehmende Dynamisierung und Einsatz von Feldern" auf das System angewendet, um sodann zu klären, welche optimierten Subsysteme zu einer wesentlichen Steigerung der Performance des Systems beitragen können.

▶ Im Anschluss daran wird das Prinzip „Zunehmende Regelbarkeit, Selbstregelung und Automatisierung" angewendet, um nach Entwicklungsmöglichkeiten für eine höhere Adaptierbarkeit und Automatisierung des Systems – aber auch der Subsysteme und der Interaktion mit dem Supersystem – zu suchen.

Detaillierung der Methodik

- Aufbauend auf den so gewonnenen Erkenntnissen und dem Ist-Zustand des Systems wird mit dem nächsten Evolutionsprinzip überprüft, ob die Effizienz oder Flexibilität durch eine zunehmende Koordinierung der Systemkomponenten oder der Interaktion des Systems mit seinem Umfeld gesteigert werden kann.

- Abschließend wird das Idealitätsprinzip genutzt, um die gewonnenen Erkenntnisse bezüglich ihres Potenzials zur Idealitätssteigerung zu überprüfen. Ferner lassen sich u.U. aus der Formulierung des idealen Produktes neue Lösungsmöglichkeiten erarbeitet. Auch die Denkanstöße „selbstregelndes System" und „Nutzung der zur Verfügung stehenden Ressourcen" [vgl. EVER03, S. 161-170] können hier genutzt werden, um neue Entwicklungsmöglichkeiten zu generieren.

Somit ist das Vorgehensmodell zur Erarbeitung von Entwicklungsmöglichkeiten für technische Systeme sowie deren Super- und Subsysteme vollständig definiert. Es gilt allerdings zu beachten, dass dieses Vorgehensmodell ein idealisierter Prozess ist, der der jeweiligen Situation angepasst werden muss.

4.3.3 Potenzialmodell

In den vorangegangenen Kapiteln wurde zunächst der Suchbereich durch das Modell des Suchbereichs eingegrenzt. Darauf aufbauend wurden Recherchestrategien für die Identifikation relevanter Technologien erarbeitet. Es wurde ergänzt, wie bei dieser Recherche bereits Zusatzinformationen, die eine erste Bewertung des Potenzials der Produkttechnologien im erweiterten Lebenszyklusmodell nach ALTSCHULLER und LITTLE ermöglichen, gesammelt und dokumentiert werden können. Da jegliche Vorhersagen der Zukunft mit Unsicherheiten behaftet sind, wurden zwei weitere Modelle zur Bewertung des Potenzials von Produkttechnologien vorgestellt: das Modell der technologischen Leistungsfähigkeit und das Evolutionsmodell. Ersteres wird zur Bestimmung der technologischen Grenze und Letzteres zur Antizipation der Technologieentwicklung bis zu dieser Grenze benutzt. Alle drei Ansätze verfolgen das Ziel, das Potenzial von Produkttechnologien zu bestimmen, wobei die Recherche darüber hinaus die Grundlage für die beiden anderen Ansätze liefert. Die Aggregation aller Ansätze soll einen möglichst hohen Wahrscheinlichkeitsgrad der Aussage gewährleisten.

Ziel dieses letzten Schrittes ist nun, aus den gesammelten Informationen und gewonnenen Erkenntnissen das Potenzial der identifizierten und für relevant befundenen Produkttechnologien relativ zueinander abzuleiten (vgl. Bild 4-18). Dazu müssen zunächst die Bewertungskriterien festgelegt und daraus muss ein Bewertungsmodell entwickelt werden. Ferner soll ein Ausblick gegeben werden, wie die Erkenntnisse weiter genutzt und kommuniziert werden können.

Das relative Potenzial einer Technologie wurde in Kapitel 2.4 auf die Weiterentwickelbarkeit und Entwicklungsgeschwindigkeit reduziert und somit als Funktion der aktuellen technologischen Leistungsfähigkeit und des Weiterentwicklungspotenzials der Technologie definiert. Dabei wird durch die aktuelle Leistungsfähigkeit beschrieben, in welchem Maß die Anforderungen übergeordneter Systeme bei hoher Anwendungsbreite im Moment durch eine Technologie erfüllt werden. Das Weiterentwicklungspotenzial ist eine Abschätzung dafür, welche Leistungsfähigkeit sich mit dieser Technologie mit welchem F&E-Aufwand erreichen lässt. In diesem Kapitel wird erörtert, wie die Leistungsfähigkeit und das Weiterentwicklungspotenzial aus den gewonnenen Erkenntnissen abgeleitet und wie daraus auf das Potenzial einer Produkttechnologie geschlossen werden kann.

Die technologische Leistungsfähigkeit wurde im Kapitel 4.3.1.2 durch das Modell der technologischen Leistungsfähigkeit definiert. Eingangsinformationen für dieses Modell sind die mit Hilfe des Idealitätsprinzips bestimmten Anforderungen der Supersysteme an die Technologie – inklusive einer Gewichtung – bei möglichst hoher Anwendungsbreite. Diese zukünftigen Anforderungen und Gewichtungen können sich durch die Anwendung des Evolutionsmodells (vgl. Kapitel 4.3.2.4) verändert haben und sind daher erneut zu prüfen. Unter diesen Voraussetzungen kann die aktuelle technologische Leistungsfähigkeit mit der in Kapitel 4.3.1.2 hergeleiteten Formel für alle relevanten Technologien berechnet werden.

Detaillierung der Methodik

Eingangsinformationen	Ausgangsinformationen (Ergebnis)
Ist-Situation und Entwicklungshistorie	Entwicklungsanforderungen
Erweitertes S-Kurven-Modell nach Arthur D. Little	Entwicklungsmodell für Anwendungsfälle
Technologische Grenze	Leistungsfähigkeit und Entwicklungspotenzial
Modell der technologischen Leistungsfähigkeit	Bewertungsmodell für Produkttechnologien
Entwicklungsmöglichkeiten	Leistungstreiber
Evolutionsmodell	Bewertungsmodell für Leistungstreiber

Leistungsgrenze T_n (lim TL_n)

Ist-Leistung T_n ($TL_{n,ist}$)

Entwicklungsmöglichkeiten

Potenzial T_n (PT_n)

Technologische Leistungsfähigkeit (TL)

Technologie n (T_n)

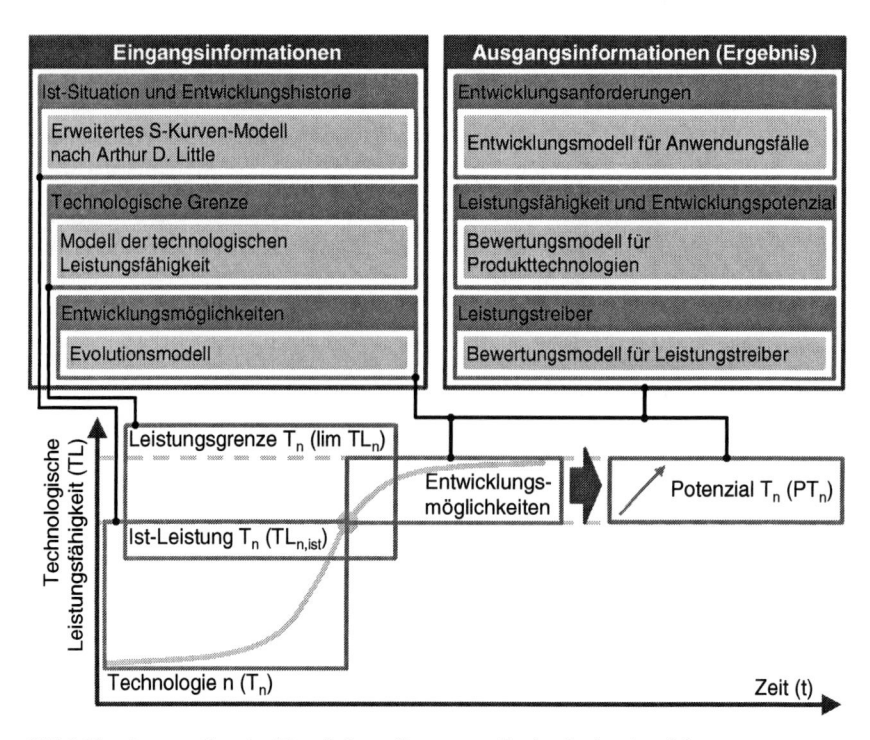

Zeit (t)

Bild 4-18: Aggregation der Einzelinformationen zum Technologiepotenzial

Komplizierter ist die Abschätzung des Weiterentwicklungpotenzials, da keine konkreten Werte und Berechnungsvorschriften existieren und über die Zukunft keine eindeutigen Aussagen gemacht werden können. Aus diesem Grund wurde das Weiterentwicklungspotenzial mit dem Modell der Leistungsgrenze und dem Evolutionsmodell aus drei Blickwinkeln betrachtet:

▶ Aus der Analyse und Anwendung des Evolutionsmodells auf die Subsysteme ergibt sich das Leistungstreiberpotenzial – das Vermögen der untergeordneten Technologien zur Leistungssteigerung.

▶ Aus dem Modell der technologischen Leistungsfähigkeit bzw. der Differenz aus Ist-Situation und technologischer Grenze ergibt sich die Weiterentwickelbarkeit.

▶ Aus der Anwendung des Evolutionsmodells auf die Technologien können die Entwicklungsmöglichkeiten abgeleitet werden.

Wie kann nun das Weiterentwicklungspotenzial abgeleitet werden? Da nur die Weiterentwickelbarkeit ein rechnerischer Wert ist und alle übrigen Informationen interpretiert und bezüglich ihrer Auswirkung analysiert werden müssen, bietet sich ein Verfahren an, bei dem das Weiterentwicklungspotenzial diskutiert, abgeschätzt und visualisiert wird. Das hat den Vorteil, dass eine größere Gruppe an der Bewertung beteiligt werden kann. Dadurch werden die gewonnenen Erfahrungen kommuniziert und wird auf das implizite Wissen der Beteiligten zurückgegriffen.

Die qualitative Darstellung des Potenzials verschiedener Technologien zueinander auf S-Kurven (vgl. Kapitel 2.2.1.1) erfüllt diese Anforderung nach einer Visualisierung und einem Diskussionsmedium. Damit der Überblick über die komplexen Sachverhalte gewahrt bleibt und fundierte Entscheidungen getroffen werden können, müssen die gewonnenen Erkenntnisse schon im Vorfeld der Bewertung dokumentiert und möglichst überschaubar dargestellt werden. Aus diesen Anforderungen und der Summe der gesammelten Erkenntnisse ergibt sich das in Bild 4-19 dargestellte Bewertungsmodell für das Potenzial von Produkttechnologien mit den für die Bewertung notwendigen Informationen.

4.3.3.1 Bewertungsdimensionen für das Potenzial von Technologien

Kernelement des Bewertungsmodells für das Potenzial von Produkttechnologien ist die S-Kurven-Darstellung zweier konkurrierender Technologien. Die technologischen Leistungsfähigkeiten werden übereinander aufgetragen. Es wird also der gleiche kumulierte F&E-Aufwand bei unterschiedlicher Leistung angenommen. Ebenso werden die technologischen Grenzen für beide Technologien eingetragen. Dann können die S-Kurven qualitativ eingezeichnet werden. Dabei richtet sich der Verlauf der Kurven nach den Entwicklungshistorien, der Weiterentwickelbarkeit, den erarbeiteten Entwicklungsmöglichkeiten, den Leistungstreiberpotenzialen sowie den gewichteten Anforderungen der Supersysteme unter der Prämisse einer hohen Anwendungsbreite. Alle dafür notwendigen Informationen sind in dem Bewertungsmodell zu dokumentieren (vgl. Bild 4-19), bevor eine fundierte und ganzheitliche Bewertung erfolgen kann.

Die gewichteten Anforderungen der potenziellen zukünftigen Anwendungsfälle ergeben sich aus den erarbeiteten Entwicklungsmöglichkeiten der Supersysteme und den daraus abgeleiteten Leistungsanforderungen. Es sind daher sowohl wesentliche Anwendungsfälle zu dokumentieren als auch deren wichtigste Entwicklungstendenzen und die einzelnen gewichteten Leistungsanforderungen.

Die Weiterentwickelbarkeit ergibt sich direkt aus der Differenz der eingezeichneten Werte für die Ist-Situation und die technologischen Grenzen. Zur Bestimmung des Weiterentwicklungspotenzials wird die Weiterentwickelbarkeit um die Erkenntnisse aus der Recherche ergänzt. Dem erweiterten Lebenszyklusmodell nach ALTSCHULLER und LITTLE entsprechend kann abgeschätzt werden, ob es sich um eine Schrittmacher-, Schlüssel-, Basis- oder verdrängte Technologie handelt. Des Weiteren unterstützen wesentliche Merkmale der Entwicklungshistorie die Darstellung des unteren S-Kurven-Verlaufs. Beispiele hierfür sind die Leistungsfähigkeit der ersten realisierten Technologie oder die historische Steigung der technologischen Leistungsfähigkeit über der Zeit. Der historische S-Kurven-Verlauf kann dann in die Zukunft extrapoliert werden.

Auf Basis der erarbeiteten und dokumentierten Entwicklungsmöglichkeiten lässt sich der zukünftige Verlauf der S-Kurve ebenfalls abschätzen. Zum einen kann abgeleitet werden, wie stark neue Entwicklungen die technologische Leistungsfähigkeit steigern werden. Zum anderen kann von erfahrenen Entwicklern abgeschätzt werden, wie viel Aufwand für eine Weiterentwicklung notwendig ist. Daraus lässt sich in zweiter Instanz die Steigung der S-Kurve ableiten.

Detaillierung der Methodik

Super-System-Ebene: Entwicklungsmodell für Anwendungsfälle

Entwicklungsmöglichkeiten der Supersysteme (Anwendungsfälle)

Gewichtete zukünftige Anforderungen der Supersysteme an die technologische Leistungsfähigkeit unter der Prämisse einer hohen Anwendungsbreite

System-Ebene: Bewertungsmodell für Produkttechnologien

Technologische Leistungsfähigkeit (TL)

- Leistungsgrenze T_{n+1} (lim TL_{n+1})
- Leistungsgrenze T_n (lim TL_n)
- Ist-Leistung T_n ($TL_{n,ist}$)
- Technologie n+1 (T_{n+1})
- Ist-Leistung T_{n+1} ($TL_{n+1,ist}$)
- Technologie n (T_n)

Zeit

Informationen zur Technologie T_n
- Leistungssteigerungspotenzial
- Entwicklungshistorie
- Ist-Situation
- Technologische Grenze
- Entwicklungsmöglichkeiten
- Leistungstreiberpotenzial

Informationen zur Technologie T_n
- Leistungssteigerungspotenzial
- Entwicklungshistorie
- Ist-Situation
- Technologische Grenze
- Entwicklungsmöglichkeiten
- Leistungstreiberpotenzial

Sub-System-Ebene: Bewertungsmodell für Leistungstreiber

Leistungstreiberpotenzial für Technologie T_n

Vermögen zur Leistungssteigerung / Weiterentwicklungspotenzial:
- adaptieren | weiterentwickeln
- verwerfen | beobachten

Leistungstreiberpotenzial für Technologie T_{n+1}

Vermögen zur Leistungssteigerung / Weiterentwicklungspotenzial:
- adaptieren | weiterentwickeln
- verwerfen | beobachten

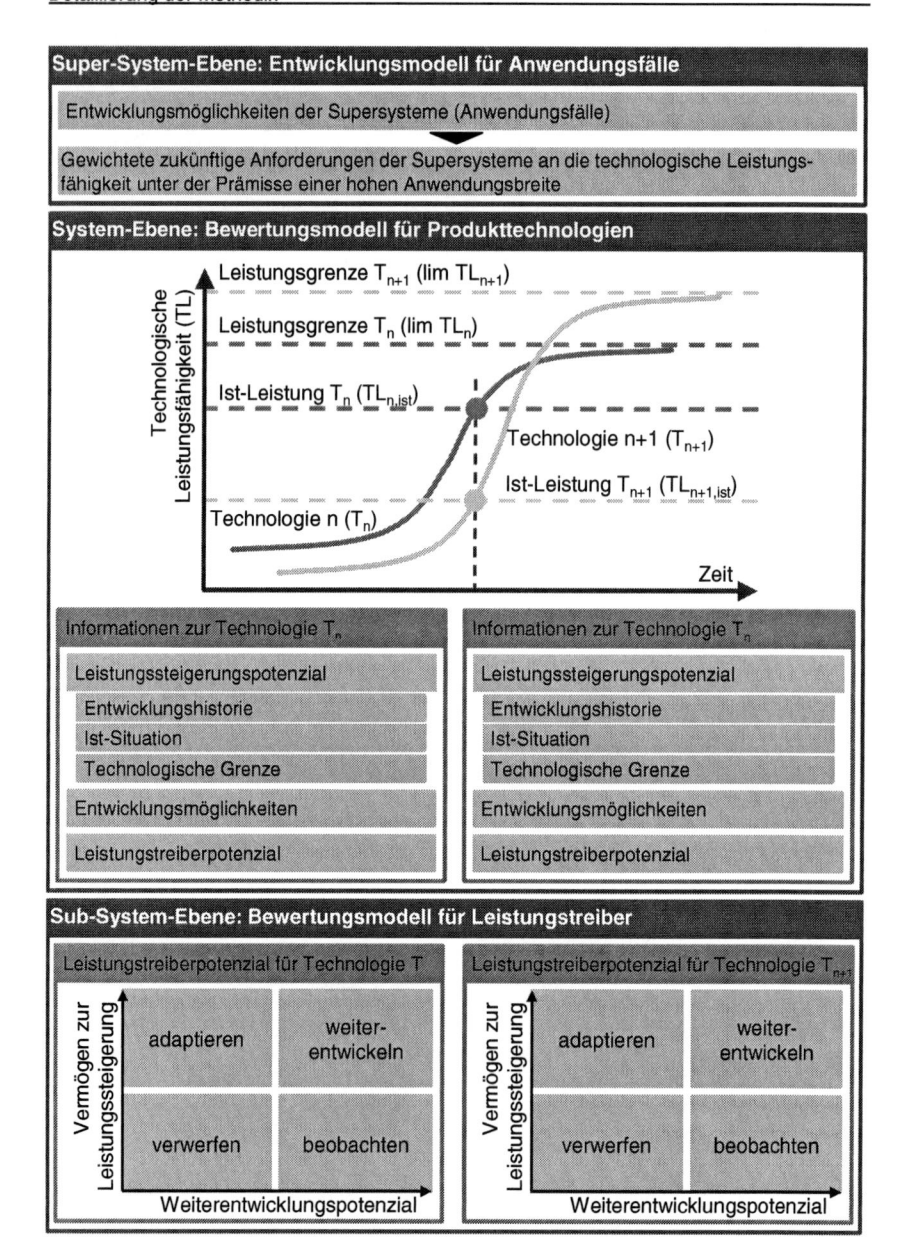

Bild 4-19: Bewertungsmodell für das Potenzial von Technologien

Die Steigung der S-Kurve ist aber auch von dem Vermögen der untergeordneten Technologien, in Zukunft zur Leistungssteigerung beizutragen, abhängig. Allerdings tragen die einzelnen Sub-Technologien nur zur Leistungssteigerung von einzelnen Bereichen der zu untersuchenden Technologien bei. Ferner trägt nicht jede untergeordnete Technologie gleichermaßen zur Leistungssteigerung der übergeordneten Technologie bei. Aus diesem Grund muss das Leistungstreiberpotenzial für jede Technologie und für jeden Bereich dieser Technologie einzeln betrachtet werden.

Bei den betrachteten Sub-Technologien ist nicht nur das aktuelle Vermögen zur Leistungssteigerung von Interesse, sondern auch das Weiterentwicklungspotenzial und somit die Möglichkeit, in Zukunft die Leistung der zu betrachtenden Technologien zu steigern. Das Leistungstreiberpotenzial stellt somit eine Funktion aus den beiden Kriterien „Vermögen zur Leistungssteigerung" und „Weiterentwicklungspotenzial" dar, die es qualitativ zu bestimmen gilt. Dabei sind die Sub-Technologien nach deren Funktion zu trennen bzw. in einzelne Bereiche zu gruppieren, um sie vergleichbar zu machen. Darüber hinaus ist das unterschiedliche Leistungstreiberpotenzial für unterschiedliche Technologien zu beachten und die Bewertung der Subtechnologien daher für jede Technologie gesondert durchzuführen.

Da die Menge der relevanten Sub-Technologien in der Regel die Zahl Zwei übersteigt, bietet sich die S-Kurven-Darstellung aus Gründen der Unübersichtlichkeit nicht als Bewertungsinstrument an. Ein geeignetes Bewertungsverfahren für die Bestimmung des Leistungstreiberpotenzials ist hingegen die Portfolio-Technik (vgl. Kapitel 2.2.3.2), da eine Zweiteilung der entscheidungsrelevanten Parameter (aktuelles Vermögen zur Leistungssteigerung und Weiterentwicklungspotenzial) eine der Grundlagen der Portfolio-Technik darstellt [vgl. PFEI89, S. 52]. Dabei muss ein Parameter ein externer Faktor (Reaktionsparameter), der nicht vom Technologieeigner beeinflussbar ist, und ein Parameter ein interner Faktor (Aktionsparameter) – also ein beeinflussbarer Faktor – sein [vgl. EVER03, S. 195]. Die beiden Parameter können sich wiederum aus mehreren Indikatoren zusammensetzen. Aus der Position der Analyseobjekte in der durch die beiden Faktoren aufgespannten Matrix ergeben sich dann Handlungsempfehlungen [vgl. PFEI89, S. 51-56]. Die Portfolio-Technik eignet sich damit nicht nur zur qualitativen Bestimmung des Leistungstreiberpotenzials, sondern auch zur Ableitung von Handlungsempfehlungen zum Umgang mit den Sub-Technologien.

Aus diesen Vorbetrachtungen ergibt sich das in Bild 4-19 dargestellte Portfolio zur Bewertung des Leistungstreiberpotenzials von Sub-Technologien und zur Ableitung von Handlungsempfehlungen (Bewertungsmodell für Leistungstreiber). Der Reaktionsparameter ist das aktuelle Vermögen zur Leistungssteigerung. Eine mögliche Aktion ist die Weiterentwicklung der Sub-Technologie. Daher ist der Aktionsparameter das Weiterentwicklungspotenzial. Beide Werte werden in positiver x- bzw. y-Richtung aufgetragen. Dementsprechend nimmt das Leistungstreiberpotenzial vom Nullpunkt aus in Richtung der rechten oberen Ecke zu.

Das Weiterentwicklungspotenzial kann auf der Basis von Rechercheergebnissen und der Anwendung des Evolutionsmodells abgeschätzt werden oder durch ein identisches Bewertungsmodel – wie das für Produkttechnologien auf der übergeordneten Ebene – exakter bestimmt werden. Ebenso lässt sich das Vermögen zur Leistungssteigerung über das Modell der technologischen Leistungsfähigkeit bestimmen. Dazu sind dann konkrete Anforderungen aus Sicht der Produkttechnologie(n) zu formulieren und zu gewichten. In der Regel sollte aber ein pragmatischeres Vorgehen gewählt werden, um den Arbeitsaufwand zu reduzieren. Kompetenzträger aus dem Bereich Forschung und Entwicklung sind meist auch ohne ein methodisches Vorgehen bei gründlicher Recherche in der Lage, das Vermögen zur Leistungssteigerung abzuschätzen (vgl. Kapitel 5.1.1).

Die Gründe, die zur Abschätzung des Vermögens zur Leistungssteigerung und des Weiterentwicklungspotenzials geführt haben, sind in einem Technologiedatenblatt zu dokumentieren. Dadurch wird nicht nur die Abschätzung als solche erleichtert, sondern auch die Nachvollziehbarkeit der Entscheidungen. Darüber hinaus ist ein Technologiedatenblatt ein ideales Hilfsmittel, um gewonnene Erkenntnisse zu kommunizieren bzw. Folgeaktivitäten vorzubereiten.

Das Portfolio bietet hier die Möglichkeit, nicht nur das Leistungstreiberpotenzial von Sub-Technologien zu bestimmen, sondern auch Handlungsempfehlungen abzuleiten. Es bietet sich also der Zusatznutzen, eine Entwicklungsstrategie für die Erschließung des Leistungstreiberpotenzials zu formulieren. Wurde nämlich das Potenzial einer Technologie als hoch und damit relevant eingestuft, gilt es Aktivitäten einzuleiten, mit denen entweder das Potenzial der Sub-Technologien erschlossen oder die Weiterentwicklung der relevanten Sub-Technologien überwacht (Monitoring) werden kann. In Abhängigkeit von der Position der Sub-Technologien im Portfolio werden daher folgende Handlungen vorgeschlagen:

- ▶ Ist das Vermögen einer Sub-Technologie zur Leistungssteigerung noch gering, aber das Weiterentwicklungspotenzial hoch, empfiehlt es sich, die Sub-Technologie weiter zu beobachten.

- ▶ Ist hingegen das Vermögen zur Leistungssteigerung gering und auch das Weiterentwicklungspotenzial niedrig, kann diese Sub-Technologie verworfen werden.

- ▶ Ist das Vermögen zur Leistungssteigerung hoch, gilt generell zu prüfen, ob und wann eine Sub-Technologie adaptiert werden kann. Ist das Weiterentwicklungspotenzial bereits weitestgehend ausgeschöpft, ist die Sub-Technologie direkt zu adaptieren.

- ▶ Weist die Sub-Technologie ein hohes Weiterentwicklungspotenzial auf, ist die Sub-Technologie zu adaptieren und vom Unternehmen selbst weiterzuentwickeln.

Eine endgültige Entscheidung über Aktivitäten zur Erschließung des Leistungstreiberpotenzials kann allerdings nur im Unternehmenskontext getroffen werden. Stehen beispielsweise genügend Entwicklungsressourcen zur Verfügung und strebt das Unternehmen eine Technologieführerschaft an, können auch Sub-Technologien, die im rechten unteren Feld positioniert sind, bei entsprechendem Potenzial aktiv weiterentwickelt werden.

4.3.3.2 Transformation der S-Kurven-Darstellung in die Portfolio-Darstellung

Wenn mehr als zwei Produkttechnologien einander gegenübergestellt und ihr Potenzial bestimmt werden sollen, wird die S-Kurven-Darstellung mit steigender Zahl von Produkttechnologien zunehmend unübersichtlicher. In diesem Fall bietet sich – ebenso wie bei den Sub-Technologien – eine Darstellung des Potenzials in einem Portfolio an. Dabei wird die Leistungsfähigkeit auf der y-Achse und das Weiterentwicklungspotenzial auf der x-Achse aufgetragen (vgl. Bild 4-20). Die Werte werden aus der S-Kurven-Darstellung, bei der aus Gründen der Übersichtlichkeit immer nur eine Produkttechnologie mit der Referenztechnologie des Technologieeigners verglichen wurde, übertragen. Dabei kann die y-Achse des Portfolios direkt durch die y-Achse der S-Kurven-Darstellung ersetzt werden. Das Weiterentwicklungspotenzial setzt sich allerdings aus der Differenz zwischen Ist-Situation und technologischer Grenze sowie der Steigung der S-Kurve zusammen. Die Steigung wird wiederum aus der Entwicklungshistorie, den Entwicklungsmöglichkeiten und dem Leistungstreiberpotenzial abgeschätzt. Zur besseren Übersichtlichkeit kann die S-Kurve auch weiter abstrahiert und durch einen Pfeil, der sich von der Ist-Situation bis zur technologischen Grenze erstreckt und die Kurve tangiert, ersetzt werden (vgl. Bild 4-20).

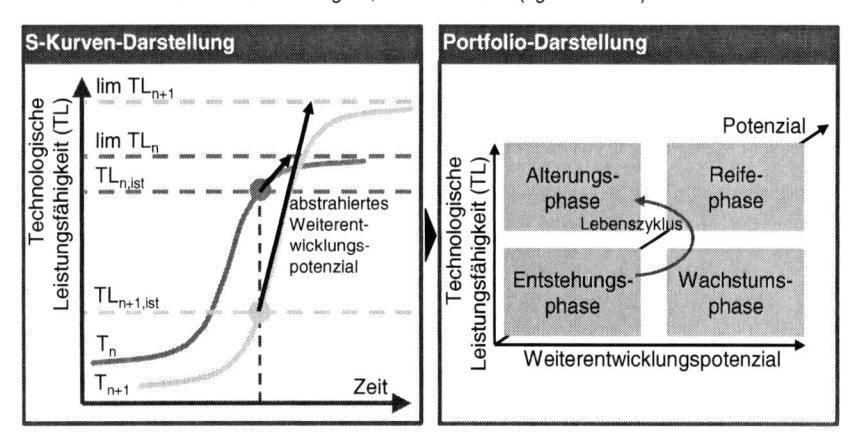

Bild 4-20: Portfolio zur Bewertung des Potenzials von Produkttechnologien

Die Positionierung auf der Achse für das Weiterentwicklungspotenzial muss mit allen beteiligten Personen diskutiert werden, da es sich nicht um rechnerische Werte, sondern um Abschätzungen handelt. Zur Unterstützung der Diskussion sind die Felder für die Entstehungs-, Wachstums-, Reife- und Alterungsphase (vgl. Kapitel 4.2.2) im Portfolio eingezeichnet. Ebenso ist der Lebenszyklus einer Technologie aus der S-Kurven-Darstellung in das Portfolio projiziert worden.

Anschließend ist nochmals darauf hinzuweisen, dass das Potenzial von Produkttechnologien mit dem beschriebenen Bewertungsmodell abgeschätzt, aber nicht eindeutig bestimmt werden kann, da jede Prognose der Zukunft mit Unsicherheiten behaftet ist. Bei dem Bewertungsmodell für das Potenzial von Produkttechnologien hängt diese Unsicherheit zum einen von der Recherche der Entwicklungshistorien der Produkttechnologien, den Vereinfachungen im Bewertungsmodell und der Kreativität bzw. der Inspiration der an der Technologiefrüherkenner beteiligten Personen ab. Zum anderen hängt die Unsicherheit davon ab, was der Technologieeigner aus den gewonnenen Erkenntnissen macht. Die Prognose kann zu einer selbst erfüllenden Prophezeiung werden oder – wie im Falle des Moore'schen Gesetzes – sogar übertroffen werden.

4.4 Zwischenfazit: Detaillierung der Methodik

Im vierten Kapitel wurde die TRIZ-basierte Technologiefrüherkennung detailliert. Dabei wurden fünf verschiedene Modelle entwickelt und in den allgemeinen Prozess der Technologiefrüherkennung integriert. Dadurch können die verschiedenen Modelle einzeln und unabhängig von einander benutzt werden. Es wird aber empfohlen, alle Modelle entsprechend der beschriebenen Reihenfolge anzuwenden, da der Wahrheitsgehalt der Aussage mit der Zahl der angewendeten Modelle steigt und die Modelle weitestgehend aufeinander aufbauen.

Mit dem Modell des Suchbereichs wird der Betrachtungs- und Recherchebereich auf die System-, Super- und Subsystemebenen reduziert. Die Ebenen werden durch alternative Produkttechnologien (Systeme), alternative Anwendungsfälle (Supersysteme) und alternative untergeordnete Technologien (Subsysteme) aufgespannt. In den Mittelpunkt der Betrachtung wird die Produkttechnologie des Technologieeigners gestellt. Alternative Systeme sind konkurrierende Produkttechnologien, die dieselbe primäre Funktion erfüllen. Untergeordnete Technologien erfüllen die Funktionen, die für die Gesamtfunktionalität der Produkttechnologien erforderlich sind. Anwendungsfälle können sowohl Technologien als auch Kunden sein, die einen Bedarf an der Produktfunktion haben.

Das Lebenszyklusmodell vereinigt alle Rechercheaktivitäten und ermöglich gleichzeitig eine erste Auswertung der gesammelten Informationen. Dabei werden nicht nur alle Produkttechnologien, Anwendungsfälle und untergeordneten Technologien recherchiert, sondern es wird auch nach Indikatoren gesucht, die eine Positionierung im Lebenszyklusmodell erlauben. Da diese Abschätzung des Potenzials primär auf der Historie der Technologieentwicklung basiert, werden in dieser Arbeit zusätzlich zwei Vorhersagemodelle zur Verfügung gestellt.

Das Modell der technologischen Grenze bezieht sich nicht auf die Entwicklungshistorie, sondern auf das Ende der Entwicklung einer Technologie. Die technologische Grenze stellt eine physikalische Grenze dar, die nicht überwunden werden kann, ohne auf ein anderes technologisches Funktionsprinzip zu wechseln. Die Bestimmung dieser Entwicklungsgrenze kann ein-, zwei- oder mehrdimensional erfolgen. Bei dem eindimensionalen Ansatz wird nur ein entscheidender Leistungsparameter ausgewählt und analysiert, bis zu welchem Wert eine Steigerung des Leistungsparameters für eine bestimmte Produkttechnologie maximal möglich ist. Da die Steigerung eines Leistungsparameters meistens durch mindestens einen weiteren Parameter – und sei es nur der Preis – begrenzt wird, wurde dieser vergleichsweise einfache Ansatz durch zwei- und mehrdimensionale Analysen erweitert.

Von der Ist-Situation aus wird ein technologisches System gedanklich bis an die technologische Grenze weiterentwickelt. Diese Entwicklung – oder auch technische Evolution – wird mit dem Evolutionsmodell antizipiert. Dazu wurden die Evolutionsgesetze und -prinzipien der TRIZ-Methodik für die Früherkennung modifiziert und zu einem einheitlichen Konzept zusammengeschlossen. Wird dieses Evolutionsmodell auf die Systeme, Super- und Subsysteme angewendet, kann die zukünftige Entwicklung der alternativen Produkttechnologien und deren Umfeld abgeschätzt werden.

Die Erkenntnisse aus dem Lebenszyklusmodell, dem Modell der technologischen Grenze und dem Evolutionsmodell werden im Potenzialmodell zusammengefasst. Dazu werden zunächst alle gewonnenen Erkenntnisse dokumentiert, um dann die alternativen Produkttechnologien relativ zueinander auf der S-Kurve zu positionieren. Dabei werden die Verläufe der S-Kurven für jede Produkttechnologie angepasst. Ausschlaggebend für diese Verzerrung ist die Entwicklungshistorie, die aktuelle Leistungsfähigkeit, die technologische Grenze und die aus der antizipierten Entwicklung abgeschätzte Steigung der S-Kurve. Bei einer hohen Anzahl von alternativen Technologien kann die S-Kurven-Darstellung zur besseren Übersichtlichkeit in ein einziges Portfolio transformiert werden. Aus der S-Kurven-Darstellung oder der Darstellung im Portfolio kann abschließend das Potenzial abgelesen werden.

5 Fallbeispiel

5.1 Methodenbeispiele der TRIZ-basierten Technologiefrüherkennung

Im dritten Kapitel wurde das Grobkonzept für die Methodik, mit der das Potenzial von Produkttechnologien aus technologischer Sicht abgeschätzt werden kann, hergeleitet. Darauf aufbauend wurde das Konzept im vierten Kapitel detailliert und somit die Grundlage für die praktische Anwendung geschaffen. Aus wissenschaftstheoretischer Sicht besteht nun abschließend die Notwendigkeit, die Praxistauglichkeit der entwickelten Modelle im Anwendungszusammenhang zu belegen [vgl. ULRI76b, S. 349]. Nach POPPER kann durch eine empirische Überprüfung keine endgültige Verifikation der einzelnen Modelle und der gesamten Methodik sichergestellt werden [vgl. POPP69, S. 14-17]. Somit sind die folgenden Fallbeispiele als Verifizierung im Sinne einer Nichtfalsifizierung zu verstehen. Die Fallbeispiele sollen dem Leser darüber hinaus ein Verständnis von der praktischen Anwendung der Methodik vermitteln.

Zur Verifikation der Methodik sind zwei Kriterien zu validieren: Zum einen ist die Anwendbarkeit der Modelle bzw. Methodenbausteine zu überprüfen; zum anderen sind Aufwand und Nutzen der erarbeiteten Erkenntnisse einander gegenüberzustellen und ihre Praktikabilität zu demonstrieren. Der Wahrheitsgehalt der gewonnenen Aussagen kann nicht überprüft werden, da die gewonnenen Erkenntnisse zu einer selbsterfüllenden Prophezeiung werden können und Marktentwicklungen bei der Modellentwicklung ausgeklammert wurden. Auch eine retroperspektive Analyse der Ergebnisse unter Ausgrenzung der marktseitigen Einflüsse ist nicht möglich, da sich einige Modelle auf das Wissen von qualifizierten Individuen stützen. Diese Individuen besitzen auf Grund ihrer Qualifikation zwangsläufig Wissen über die Entwicklungshistorie von Technologien und würden somit die Objektivität eines retroperspektiv entwickelten Zukunftsmodells verfälschen.

Es soll also im Sinne der Forschungsfrage geklärt werden, ob das Potenzial einer Produkttechnologie mit der vorliegenden Methodik aus der Perspektive eines Technologieeigners hinreichend genau und mit angemessenem Aufwand abgeschätzt werden kann.

Nachfolgend werden die einzelnen Modelle bzw. Methodenbausteine unterschiedlich intensiv behandelt, da die einzelnen Fallbeispiele in Abhängigkeit von der jeweiligen Zielsetzung auf unterschiedliche Modelle fokussieren.

5.1.1 Das Potenzial der Schraubenvakuumpumpe

Die Sterling SIHI GmbH (kurz SIHI) ist ein Unternehmen der Sterling Fluid Systems Gruppe. Das Produktprogramm von Sterling Fluid Systems umfasst Flüssigkeits- und Vakuumpumpen (Kreisel-, Seitenkanal-, Flüssigkeitsring- und trocken laufende Vakuumpumpen) sowie Vakuum-Anlagen. Die Gruppe konzentriert sich insbesondere auf die fünf Marktsegmente „Chemische Industrie und Verfahrenstechnik", „Brandschutz", „Wasser und Abwasser", „Öl" und „Gas" sowie „Service".

Mit Fokus auf das Marktsegment „Chemische Industrie" entwickelte die SIHI die trockenlaufende Schrauben-Vakuumpumpe SIHIdry und brachte 1997 die erste Baugröße auf den Markt. Durch diese Innovation konnte sich das Unternehmen in diesem Bereich eine Technologieführerschaft erarbeiten. Um den technologischen Vorsprung zu halten und das Marktpotenzial des Technologiekonzeptes weiter auszuschöpfen, wurde im Rahmen des Forschungsprojektes „Strategische Produkt und Prozessplanung" (SPP) das Projekt „Technologie Roadmap SIHIdry" durchgeführt. Primäres Ziel des Projektes war es, die Grundlagenentwicklung für das Technologiekonzept SIHIdry in Form einer Roadmap zu priorisieren. Sekundäres Ziel war es, Chancen und Risiken durch alternative Produkttechnologien abzuschätzen und das Potenzial des Technologiekonzeptes für andere Märkte zu nutzen.

Nach der allgemeinen Zielformulierung wurde der Suchraum eingegrenzt und systematisiert, um ein zielgerichtetes und effizientes Vorgehen zu gewährleisten. Entsprechend der Zielsetzung, die Grundlagenentwicklung für Komponenten der Schraubenpumpe zu priorisieren, alternative Technologien zu bewerten sowie neue Anwendungsfälle zu finden, wurden drei Suchbereiche festgelegt und als Systemebenen definiert: In den Fokus der Betrachtung wurde das System „trockenlaufende Schrauben-Vakuumpumpe" gestellt. Potenzielle Anwendungen dieser Technologie (z.B. chemische Anlagen, Lebensmittelverpackungsmaschinen) wurden als Supersystem bezeichnet. Mögliche Komponenten der Technologie (z.B. Schraube, Antrieb, Steuerung) wurden als Subsysteme definiert. Auf der gleichen Ebene wie die Schraubenpumpe wurden alternative Systeme (z.B. Turbomolekularpumpe, Diffusionspumpe) aufgetragen. Zwischen der System- und Supersystemebene wurden Vakuumanlagen als Zwischenebene eingefügt, da unterschiedliche Vakuumpumpen häufig in Kombination eingesetzt werden. Der so definierte Suchraum (vgl. Bild 1) wurde im Folgenden genutzt, um alternative Technologien, relevante Komponenten und potenzielle Anwendungen zu identifizieren und strukturiert darzustellen.

Dazu wurde zunächst erarbeitet, welche Charakteristika eine idealisierte Vakuumpumpe aufweisen müsste, damit sie bei möglichst vielen Anwendungen (Supersysteme) die erste Wahl darstellt. Aus dieser Definition konnten zwei Erkenntnisse gewonnen werden. Zum einen wurden die bei der Weiterentwicklung zu optimierenden Parameter (z.B. hoher Wirkungsgrad, niedriger Ansaugdruck) abgeleitet und zum anderen konnte die Frage gestellt werden, bei welchen Anwendungen dieses „ideale Produkt" eingesetzt würde. Die Fragestellungen wurden in einem Workshop – zusammengesetzt aus Entwicklung und Vertrieb – erörtert. Ein Ergebnis waren 44 potenzielle Anwendungen und somit 44 Bereiche, in denen potenzielle Kunden zu finden sind. Der Vertrieb konnte dieses Ergebnis direkt nutzen, um Kontakt zu möglichen Kunden aufzubauen und aus den Gesprächen Anforderungen für die Produktentwicklung abzuleiten.

Im Folgenden wurden alternative Technologien recherchiert, die die Funktion „Vakuum erzeugen" erfüllen. Über Effektedatenbanken, Konstruktionskataloge, Patent- und Internetrecherchen sowie einen Workshop wurden 19 verschiedene Pumpenprinzipien identifiziert und zur Komplexitätsreduktion in Gruppen zusammengefasst (z.B. Verdrängerpumpen).

Fallbeispiel

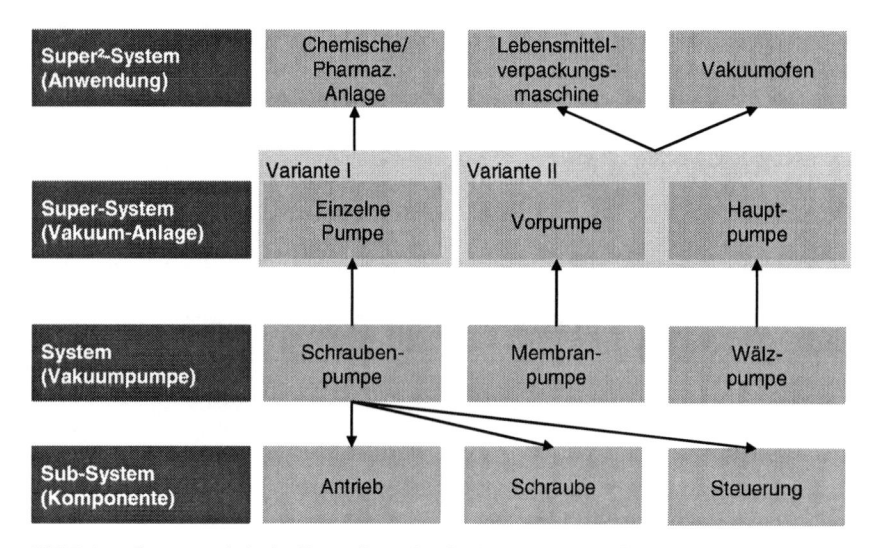

Super²-System (Anwendung)	Chemische/ Pharmaz. Anlage	Lebensmittel- verpackungs- maschine	Vakuumofen
Super-System (Vakuum-Anlage)	Variante I Einzelne Pumpe	Variante II Vorpumpe	Haupt- pumpe
System (Vakuumpumpe)	Schrauben- pumpe	Membran- pumpe	Wälz- pumpe
Sub-System (Komponente)	Antrieb	Schraube	Steuerung

Bild 5-1: Systemtechnische Darstellung des Suchraumes durch Systemebenen

Darauf aufbauend erfolgte die Identifikation der Komponenten, die für die Verbesserung der Gruppe Verdrängerpumpen entscheidend sind. Ergebnisse waren beispielsweise die Elektronik bzw. Steuerung, der Antrieb und die Lagerung. Spezielle Fertigungsverfahren, die zur Optimierung beitragen könnten, wurden gesondert aufgenommen.

Um die Schrauben-Vakuumpumpe im Vergleich zu den konkurrierenden Systemen zu positionieren, wurden auf der Basis der identifizierten Technologien Wettbewerbsprodukte recherchiert und dabei die Konkurrenzprodukte zunächst nach Pumpenprinzipien gruppiert. Dann wurden den erfolgskritischen Parametern (z.B. Volumenstrom und Ansaugdruck) die Leistungsparameter der einzelnen Produkte zugewiesen. Somit lag eine systematische Gegenüberstellung der Konkurrenzprodukte und –technologien vor. Auf Basis des so beschriebenen IST-Zustandes konnte durch die technischen Experten des Unternehmens abgeschätzt werden, welches Pumpenprinzip bei welchem Parameter welches Entwicklungspotenzial besitzt. Aus dieser Analyse ergab sich, dass ein Wechsel auf ein anderes Pumpenkonzept nicht zu empfehlen ist, aber dass die Weiterentwicklung verschiedener Pumpenkonzepte überwacht werden muss.

Die Betrachtung der technologischen Grenze von Verdrängerpumpen bestätigte diese Erkenntnis. Die Leistungskurven der letzten drei Pumpengenerationen und die ideal-polytrope Kennlinie einer Verdrängerpumpe wurden in ein Diagramm eingetragen, bei dem der Ansaugdruck auf die X-Achse und die normierte Leistungsaufnahme auf die Y-Achse aufgetragen wurden (vgl. Bild 2). Dies zeigte deutlich, dass mit den letzten Pumpengenerationen beträchtliche Leistungssprünge erzielt werden konnten und dass die technologische Grenze noch lange nicht erreicht ist. Ein Wechsel der Technologie ist daher nicht sinnvoll.

Fallbeispiel

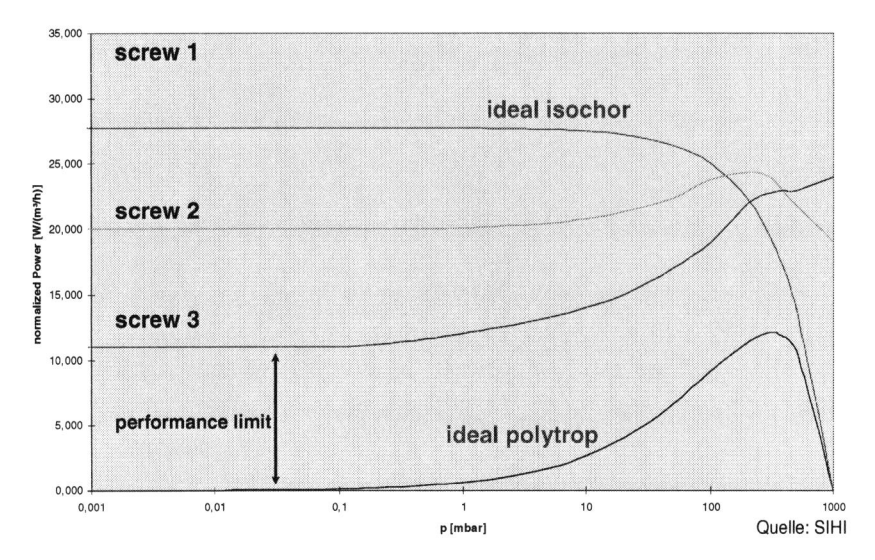

Bild 5-2: Entwicklung und technologische Grenze der Schraubenvakuumpumpe

Nach der Entscheidung, dass die Pumpentechnologie der SIHIdry weiter verfolgt werden soll, galt es nun, die Leistungstreiber zu identifizieren und dementsprechend die Grundlagenentwicklung zu planen. Dazu wurden die vorher als relevant definierten Komponenten getrennt betrachtet. Für die einzelnen Komponenten wurden sowohl alternative Produkttechnologien (z.B. Magnetlager oder Luftlager für die Funktion „Welle lagern") als auch alternative Fertigungs- und Werkstofftechnologien recherchiert. Aus dieser Liste sollte ausgewählt werden, welche Technologien durch eigene Grundlagenentwicklung aktiv vorangetrieben, welche Technologie direkt übernommen und welche weiter beobachtet werden soll. Aus diesem Grund wurden die einzelnen Technologien mit Hilfe des Paarweisen Vergleichs bezüglich ihres eigenen Entwicklungspotenzials sowie ihres Verbesserungspotenzials für die Schrauben-Vakuumpumpe bewertet. Die Ergebnisse wurden in ein Portfolio eingetragen (vgl. Bild 3).

SIHI führte die Bewertung der Technologien in Kleingruppen durch. Teilweise mussten für einzelne Technologien umfangreiche Recherchen durchgeführt werden. Die Erkenntnisse aus den Workshops und den Recherchen wurden in Technologiedatenblättern dokumentiert. Diese Dokumente konnten später für eine detaillierte Recherche und ein Monitoring der Technologien genutzt werden.

Aus der Position der Technologien in den Portfolios wurde abgeleitet, welche Technologien SIHI aktiv vorantreiben sollte: Die Technologien aus der rechten oberen Ecke des Portfolios können in eine Technologie Roadmap für die Grundlagenentwicklung übertragen werden. Die Technologien aus der linken oberen Ecke können in eine Projekt Roadmap übertragen werden, da diese Technologien bereits zum Stand der Technik gehören und daher nicht aktiv vorangetrieben werden müssen. Die Technologien aus der rechten unteren Ecke könnten sich in Zukunft als relevant für die Verbesserung der Schrauben-Vakuumpumpe erweisen und müssen daher in regelmäßigen Abständen überwacht werden.

Fallbeispiel

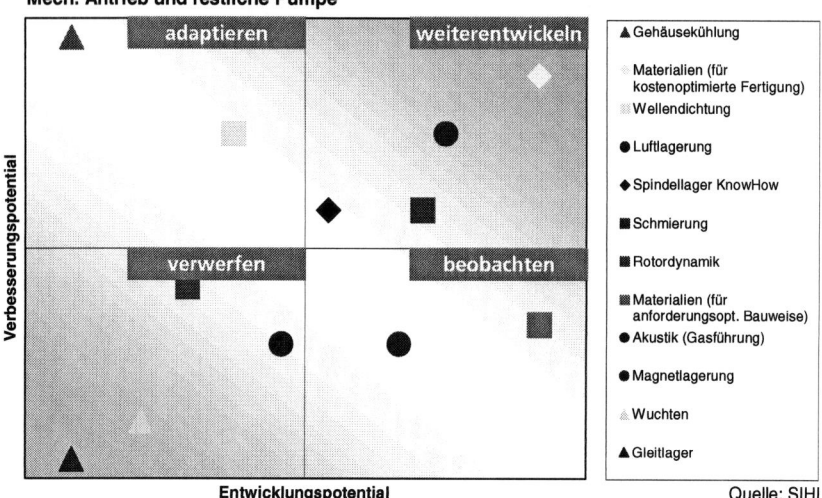

Mech. Antrieb und restliche Pumpe

Bild 5-3: Potenzialbewertung durch Portfoliodarstellung

Mit dem beschriebenen Vorgehen konnten nicht nur Technologien für die Grundlagenentwicklung festgelegt, sondern auch Technologien für eine direkte Implementierung in der Schraubenpumpe gefunden werden. Darüber hinaus konnte festgestellt werden, dass konkurrierende Technologien mittelfristig keine Bedrohung darstellen. Allerdings muss diese Erkenntnis auf der Basis der erstellten Dokumentationen regelmäßig überprüft werden. Als Nebeneffekt des Vorgehens wurden neue Anwendungsfälle und damit neue potenzielle Kunden für die Schraubenvakuumpumpe gefunden.

Den erzielten Erfolgen steht der Aufwand für die Technologiefrüherkennung gegenüber. Auf Grund der begrenzten Ressourcen und des komplexen Suchbereichs stand bei der Konzeption des Vorgehens die pragmatische Anwendbarkeit im Vordergrund. In der Praxis zeigte sich, dass die wesentlichen Aufgaben im Sammeln, Systematisieren und Aufbereiten von Informationen bestanden. Das führte dazu, dass zwei Mitarbeiter der SIHI die relevanten Informationen mit Kompetenzträgern im Unternehmen diskutierten und so automatisch das erarbeitete Wissen an andere Mitarbeiter weitergaben. Durch die systematische Dokumentation und Aufarbeitung der Ergebnisse konnte der Geschäftsführung nicht nur eine Entscheidungsgrundlage vorlegt, sondern konnten auch im Team wichtige Entscheidungen vorbereitet werden. Dadurch ließen sich technologische Potenziale frühzeitig erkennen und nutzen: Aus Risiken wurden rechtzeitig Chancen!

Dieses Fallbeispiel wurde von GRAWATSCH auch in [GAUS04, S. 202-207] veröffentlicht.

5.1.2 Das Potenzial der Brennstoffzelle als portable Energiequelle

Die Brennstoffzellen-Technologie befindet sich in einer entscheidenden Phase - vor der Einführung in den Massenmarkt. Durch weltweite industrielle Entwicklungsanstrengungen und umfangreiche staatliche Förderprogramme wurde in den letzten Jahren eine Vielzahl von Prototypen entwickelt, aber nur wenige bis zur Marktreife gebracht. Trotzdem mischten sich Erfolgsmeldungen zu technischen Durchbrüchen mit Pressemitteilungen und Berichten über das hohe Potenzial von Brennstoffzellen als effiziente und umweltfreundliche Energiewandler. Trotzdem werden immer wieder Zweifel laut, ob die Brennstoffzelle herkömmliche Energiewandler in Zukunft ersetzen wird.

Vor dem Hintergrund dieser Diskussion soll im Folgenden mit Hilfe der entwickelten Methodik die Frage beantwortet werden, wie hoch das technologische Potenzial der Brennstoffzellen-Technologie als Energiewandler für portable Anwendungen ist. Die Frage wird dabei aus der Sicht des Fraunhofer IPT – eines Technologieeigners – beantwortet. Auf der Hannover Messe 2001 präsentierte das Institut mit weiteren Fraunhofer-Partnern eine Miniatur-Brennstoffzelle, die mit 10 W Leistung und 8 V Spannung ausreichend Strom für den Betrieb eines Camcorders lieferte.

5.1.3 Suchbereich

Im ersten Arbeitsschritt gilt es, den Suchbereich festzulegen, um danach relevante Informationen gezielt recherchieren und systematisch ablegen zu können. Dazu wird die Brennstoffzelle zunächst funktional beschrieben. Aus der Perspektive des Anwenders ist die primäre nützliche Funktion „elektrische Energie bereitstellen". Wie die Energie bereit gestellt wird, ist dabei für den Anwender prinzipiell unerheblich. Trotzdem werden zusätzliche Anforderungen an den Energielieferanten gestellt, die die Auswahl möglicher Technologien einschränken. Zur Ermittlung dieser Anforderungen und zur Ableitung der daraus resultierenden Nebenfunktionen und Attribute müssen mögliche Anwendungsfälle – wie der bereits beschriebene Camcorder – betrachtet werden.

Für eine spätere Potenzialbestimmung sind darüber hinaus die Systemkomponenten einer Brennstoffzelle und deren Potenziale zur Leistungssteigerung relevant. Dazu werden die Teilfunktionen, die zur Erfüllung der Gesamtfunktion notwendig sind, beschrieben: Damit einem Verbraucher elektrische Energie bereit gestellt werden kann, muss die Energie zunächst vorhanden – sprich gespeichert – sein. Liegt die Energie nicht in elektrischer Form vor, muss sie in elektrische Energie umgewandelt werden. Zur Unterstützung dieses Prozesses sind verschiedene Nebenfunktionen notwenig, die unter der Funktionsbeschreibung „System regeln" zusammengefasst werden. Das sich daraus ergebende Modell des Suchbereichs ist in Bild 5-4 dargestellt und wird im Folgenden mit Inhalt gefüllt.

Der Brennstoffzelle sind grundsätzlich andere technische Systeme als Anwendungsfälle übergeordnet, da die Brennstoffzelle isoliert keine nützliche Funktion für einen potenziellen Anwender erfüllt. Unter der Einschränkung auf portable Anwendungen kommen alle kleinen Elektrogeräte für die mobile Anwendung in Frage. Dies sind beispielsweise Computer wie Notebooks und PDAs, Werkzeuge wie Bohrmaschinen und Motorsägen oder Mobiltelefone und militärische Funksysteme.

Fallbeispiel

Super-System-Ebene: Anwendungsfälle					
Übergeordnete technische Systeme					Anforderungen an die Produkttechnologien aus der Perspektive der Anwendungsfälle
Camcorder	Laptop	Werkzeug (z.B. Bohrmaschine)		Mobiltelefon	
System-Ebene: Produkttechnologien					
Hauptfunktion: elektrische Energie bereitstellen					Spezifizierung der Produkttechnologien durch - Nebenfunktionen und - Attribute
Brennstoffzelle	Akkumulator	Mikroturbine		Hochleistungskondensator	
Sub-System-Ebene: untergeordnete Technologien					
Teilfunktion: Energie wandeln	Teilfunktion: Energie speichern		Teilfunktion: System regeln		Potenzial zur Leistungssteigerung der Produkttechnologien durch Weiterentwicklungen der untergeordneten Technologien
Katalysator	Metallhydridspeicher	Carbon-Faser-Speicher	Steuerung		
Elektroden			Sensorik		
Leiterbahnen	Flüssigkeitstank		Ventil		
Diffusionsschicht			Lüfter		

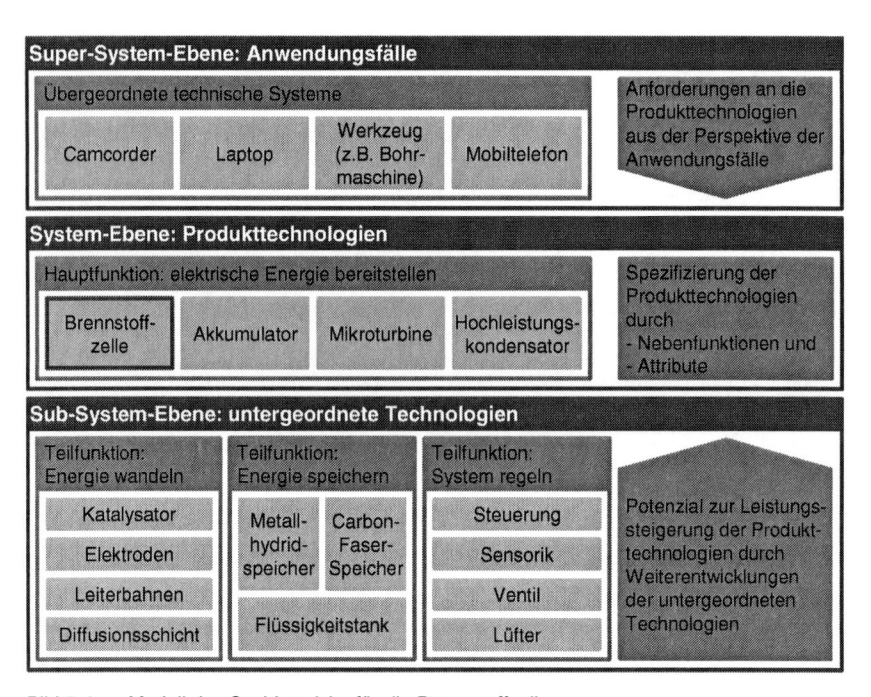

Bild 5-4: Modell des Suchbereichs für die Brennstoffzelle

Aus diesen Anwendungsfällen ergeben sich unterschiedliche Anforderungen: Prinzipiell werden von potenziellen Nutzern portabler Elektrogeräte neben der primären Funktionalität ein geringes Gewicht und Volumen bei hoher Leistungsdauer gefordert. Das Gerät sollte dabei möglichst wenig kosten – wobei hier Betriebskosten im Vergleich zu Anschaffungskosten vernachlässigt werden können. Mit Bezug auf existente portable Elektrogeräte können Ladezeiten, Selbstentladungen sowie die Größe des Ladegeräts ebenfalls vernachlässigt werden, da die meisten Geräte nicht kontinuierlich im Betrieb sind und so ein Aufladen kaum stört. Ebenso kann die Lebensdauer der Energiequelle vernachlässigt werden, da die meisten Elektrogeräte nur für einige wenige Jahre ausgelegt sind. Allerdings ist bei Elektrogeräten, die in der Nähe des Kopfes betrieben werden, zu beachten, dass sich mögliche Emissionen der Brennstoffzelle – wie Schall und Wasserdampf – als störend erweisen können.

Technologien, die die primäre Funktion „elektrische Energie bereitstellen" und die oben genannten zusätzlichen Anforderungen erfüllen, sind neben der Brennstoffzelle beispielsweise der Akkumulator, die Mikroturbine und der Hochleistungskondensator. Andere Energiespeicher wie Schwungräder oder Druckbehälter werden nicht weiter betrachtet, da sie nicht die Anforderungen nach einer hohen Leistungsdauer bei geringem Gewicht und Volumen erfüllen und aus physikalischen Gründen auch nicht erfüllen können. Für die weitere Betrachtung werden Brennstoffzellen nur Akkumulatoren gegenübergestellt, da sich aufladbare Batterien bereits in portablen Elektrogeräten etabliert haben und die anderen Technologien in der öffentlichen Diskussion kaum Beachtung finden.

Zur Analyse der Systemkomponenten einer Brennstoffzelle wird die Funktionsweise der Polymer-Elektrolyt-Membran-Brennstoffzelle (PEM) des Technologieeigners stellvertretend für die Technologiealternativen beschrieben. Prinzipiell besteht dieser Brennstoffzellentyp aus einem Energiespeicher, in dem sich der Energieträger befindet, einem Stack, in dem die Energie umgewandelt wird, und der Peripherie, die das System betreibt und regelt. Als Energieträger wird Wasserstoff benutzt, der beispielsweise aus Metallhydridspeichern bereitgestellt wird. Alternativ können Kohlenwasserstoffe wie Methanol oder Erdgas in einem Reformer in Wasserstoff umgewandelt werden. Der eigentliche Energiewandler besteht aus mehreren Einzelzellen, die zu einem Stack gebündelt werden. Kernstück solch einer Einzelzelle ist die protonenleitende Elektrolyt-Membran, durch die die Wasserstoffionen wandern, bevor sie sich mit dem Sauerstoff zu Wasser verbinden. Ein Katalysator sorgt für die Abscheidung der Elektronen und eine Elektrode für deren Transport. Die Funktionen, das System zu kühlen und die Stoffe zu transportieren bzw. gleichmäßig über der Membranfläche zu verteilen, erfüllen die Bipolarplatten. Zur unterstützenden und regelnden Peripherie gehören Gebläse, die die Brennstoffzelle mit Luft versorgen, Druckregler für die Wasserstoff- und Luftversorgung, ein Kühlsystem zur Abführung der Überschusswärme und ein System zur Sicherheitsüberwachung [vgl. TILL01, S. 63-69].

Lithium-Ionen-Akkumulatoren sind heutzutage die Akkumulatoren mit der höchsten Energiedichte (Wattstunden pro Kilogramm oder Quadratmeter). Es ist nicht zu erwarten, dass diese Leistungsfähigkeit durch andere Akkumulatorkonzepte übertroffen wird, da Lithium nicht nur das Metall mit dem höchsten negativen Standardpotenzial, sondern auch das leichteste Metall ist [vgl. HALA98, S. 128]. Aus diesem Grund wird die Brennstoffzelle diesem Akkumulatortyp gegenübergestellt.

Die Funktionsstruktur des Lithium-Ionen-Akkumulators ist durch eine geringere Komplexität gekennzeichnet als die der Polymer-Elektrolyt-Membran-Brennstoffzelle: Eine Festelektrolytzelle besteht im Wesentlichen aus der Lithiumanode, dem Polymerelektrolyt, der Kathode und dem Stromkollektor. Bei der Entladung wandern die Lithiumionen aus der Lithiumanode durch den lithiumleitenden Elektrolyt zur Kathode und lagern sich dort in der Kristallstruktur der positiven Elektrode an. Im Gegensatz zur Brennstoffzelle weist die Lithium-Ionen-Zelle eine viel niedrigere Energiedichte auf, zeichnet sich aber durch eine höhere Sicherheit, Stabilität und Lebensdauer aus. Diese Eigenschaften werden dadurch erreicht, dass das Lithium in seiner metallischen Form nicht in der Zelle präsent ist. Stattdessen wird die Anode beispielsweise durch eine Elektrode auf Kohlenstoffbasis ersetzt. Der Ladungsaustausch zwischen den Elektroden erfolgt über Lithium-Ionen [vgl. HALA98, S. 131-139]. Die Funktionen „Energie speichern" und „Energie wandeln" werden somit von der Zelle gleichzeitig erfüllt. Sicherheitssysteme werden durch (Thermo-)Schalter realisiert, die beispielsweise vor Überhitzung schützen. Deren Größe, Gewicht und Kosten können vernachlässigt werden.

Somit sind mögliche Andendungsfälle, alternative Technologien und deren untergeordnete Systeme definiert. Im Folgenden gilt es zusätzliche Informationen zu recherchieren, um die Technologien im Lebenszyklusmodell zu positionieren und anschließend zukünftige Entwicklungsmöglichkeiten zu erarbeiten.

5.1.4 Lebenszyklus

Wie bereits einleitend festgestellt, befindet sich die Brennstoffzellen-Technologie in einer entscheidenden Phase. Ob die Brennstoffzellentechnologie ein hohes Potenzial für den Markterfolg besitzt, soll im Folgenden zunächst mit Hilfe des Lebenszyklusmodells überprüft werden. Dazu wird die Brennstoffzellen-Technologie der Akkumulator-Technologie anhand verschiedener Indikatoren gegenübergestellt.

Zunächst wird die Entstehung der Akkumulator-Technologien betrachtet: In einer alten babylonischen Siedlung in der Nähe von Bagdad wurde ein Tongefäß gefunden, das eine Konstruktion enthielt, die unseren galvanischen Zellen ähnelt [vgl. HALA98, S. 21]. Mit diesem Relikt, das auf den Zeitraum zwischen 250 und 225 vor Christus datiert wurde, hätte ein Strom von 250 mA bei einer Spannung von 0,25 V erzeugt werden können. Die erste galvanische Zelle der Neuzeit wurde allerdings erst 1796 von VOLTA gebaut [vgl. HALA98, S. 21]. Etwa hundert Jahre später – 1891 – erfinden WADDEL und ENTZ den ersten alkalischen Akkumulator [vgl. HALA98, S. 23]. Obwohl LEWIS schon im Jahr 1921 mit Arbeiten an einer Lithium-Batterie beginnt, ist das Patent über das Lithium-Batteriesystem auf das Jahr 1949 datiert. Die erste nicht aufladbare Lithium-Batterie ist 1970 im Handel erhältlich [vgl. BUCH01, S. 1]. 1991 bringt SONY den ersten Lithium-Ionen-Akkumulator in den Handel. 1995 rüstet SONY ein Elektroauto mit einem entsprechenden Akkumulator aus, der aus 96 Zellen besteht, 385 kg wiegt und bei einer Spannung von 345 V 35 kWh Energie liefert [vgl. BUCH01, S. 2].

Heutzutage werden alleine in Deutschland jedes Jahr knapp eine Milliarde Batterien und rund 90 Millionen Akkumulatoren verkauft [vgl. IBZ05b, S.1]. Entsprechend hoch ist die unternehmerische und geographische Verbreitung der Technologie. Das spiegelt sich auch in der Patentsituation wieder. In der Datenbank DELPHION wurden unter dem Suchbegriff „Battery" 37.769 Einträge gefunden; allerdings nur 2.021 bei der Begriffskombination „rechargable battery". Im Gegensatz dazu wurden 4.843 Patente bei der Suche nach „fuel cell" aufgelistet [vgl. DELP05]. Forschungsförderungen im Bereich der Akkumulatortechnologie konnten nicht gefunden werden. Forschungsaktivitäten konzentrieren sich auf die Erhöhung der Energiedichte sowie der Zyklenstabilität und Sicherheit bei gleichzeitiger Senkung der Herstellkosten [vgl. SUED05, S. 11]. Die Akkumulatortechnologie weist somit die Merkmale einer Technologie, die sich beim Übergang von der Wachstums- zur Reifephase befindet, auf (vgl. Bild 5-5).

1939 gilt als der Ursprung der Brennstoffzellen-Technologie. In diesem Jahr zeigte GROVE, dass sich aus Wasserstoff und Sauerstoff in einem galvanischen Element elektrischer Strom gewinnen lässt [vgl. IBZ05a, S. 1]. Allerdings erlebte diese Technologie erst in den vergangenen Jahrzehnten eine Renaissance. So erzeugte beispielsweise eine Polymer-Brennstoffzelle den Strom für den Bordcomputer und den Funkverkehr der amerikanischen Gemini-Raumkapsel [vgl. IBZ05a, S. 2]. Bis zum Jahr 2004 wurden über 11.000 Brennstoffzellen hergestellt [vgl. ADAM04, S. 1 f.], wobei ein starker Zuwachs in den letzten drei Jahren zu verzeichnen ist [vgl. JOLL04, S. 3]. Allerdings sind Brennstoffzellen auch erst seit den letzten Jahren frei auf dem Markt erhältlich [vgl. JOLL04, S. 9-26].

Es wurden weltweit etwa 5.000 Patente im Bereich Brennstoffzelle verliehen [vgl. DELP05; GEIG03, S. 5]. Dabei verteilen sich die Patentanmeldungen auf den nordamerikanischen, europäischen und japanischen Raum [vgl. ADAM04, S. 4]. Etwa 150 Unternehmen und

Institute konnten als Entwickler und Produzenten von Brennstoffzellensystemen und deren Komponenten identifiziert werden [vgl. FUEL05; JOLL04, S. 9-25].

Bevor die Brennstoffzellen-Technologie wettbewerbsfähig wird, gilt es eine Vielzahl von Entwicklungsbarrieren zu überwinden, die sich von der technischen Machbarkeit über die Leistungssteigerung bis hin zur Kostenreduzierung erstrecken [vgl. FLAC01, S. 140-142; HEIN01, S. 214]. Auf Grund der erwarteten ökologischen Vorteile werden Forschungsaktivitäten zur Überwindung dieser Barrieren durch öffentliche Gelder stark gefördert [vgl. FLAC01, S. 5; GEIG03, S. 8; GEIP01, S. 37-42].

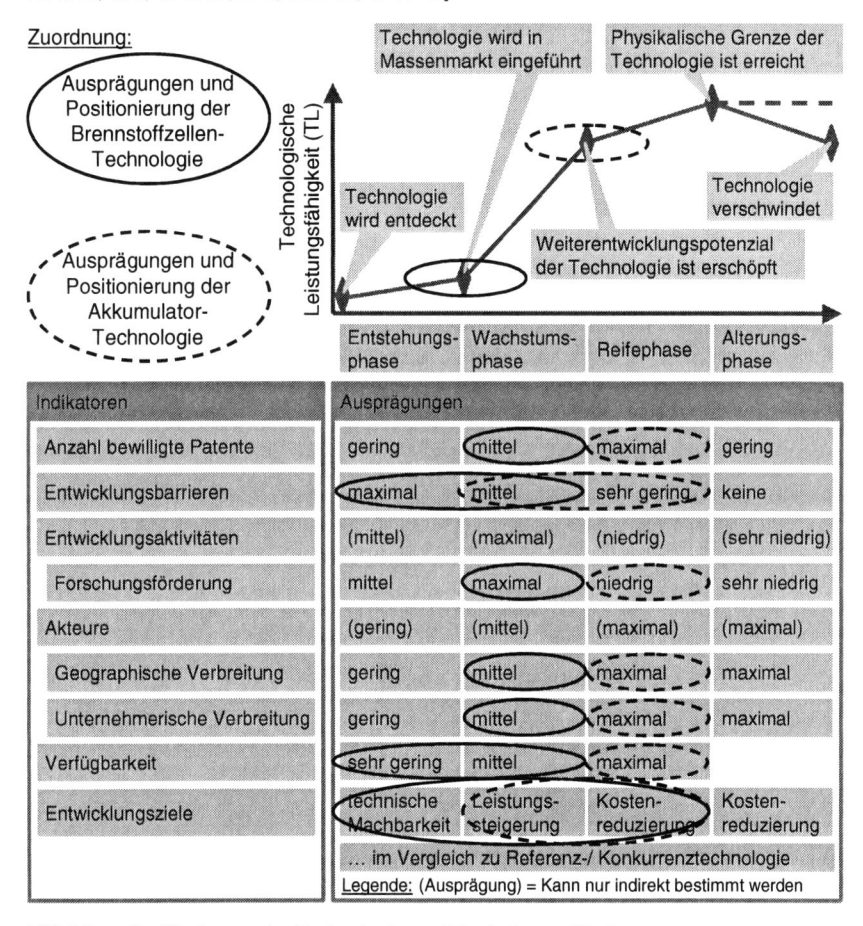

Indikatoren	Ausprägungen			
	Entstehungsphase	Wachstumsphase	Reifephase	Alterungsphase
Anzahl bewilligte Patente	gering	mittel	maximal	gering
Entwicklungsbarrieren	maximal	mittel	sehr gering	keine
Entwicklungsaktivitäten	(mittel)	(maximal)	(niedrig)	(sehr niedrig)
Forschungsförderung	mittel	maximal	niedrig	sehr niedrig
Akteure	(gering)	(mittel)	(maximal)	(maximal)
Geographische Verbreitung	gering	mittel	maximal	maximal
Unternehmerische Verbreitung	gering	mittel	maximal	maximal
Verfügbarkeit	sehr gering	mittel	maximal	
Entwicklungsziele	technische Machbarkeit	Leistungssteigerung	Kostenreduzierung	Kostenreduzierung
	... im Vergleich zu Referenz-/ Konkurrenztechnologie			
	Legende: (Ausprägung) = Kann nur indirekt bestimmt werden			

Bild 5-5: Positionierung der Technologien auf der Lebenszykluskurve

Die Gegenüberstellung der beschriebenen Indikatoren bestätigt die eingangs formulierte Hypothese, dass sich die Brennstoffzellen-Technologie auf der Schwelle von der Entstehungs- zur Wachstumsphase befindet (vgl. Bild 5-5). Sie liegt damit in der Entwicklung noch weit hinter der Akkumulator-Technologie zurück.

Fallbeispiel

5.1.5 Technologische Leistungsfähigkeit

Die Formel zur Berechnung der technologischen Leistungsfähigkeit ist in Bild 5-6 beschrieben:

Ist-Situation für Akkumulator und Brennstoffzelle

Leistungs-parameter	Symbol	Einheit	Optimierungs-richtung	Gewichtung	Lithium Ionen Akkumulator (Inspiron 8500m) *Referenz*	Brennstoff-zelle (VE100v2 + PortaPack Metal Hydride Canister)
Energie	W	Ws	↑	9	263.736	432.000
Volumen	V	m³	↓	9	0,00037	0,01656
Masse	m	kg	↓	9	0,4635	7,650
Spannung	S	V	↑	3	11,1	13,8
Kosten	K	€	↓	3	137,85	4.700,00
Emissionen	E	j/n	↓	1	nein → $p_E = 0$	ja → $p_E = 9$
Betriebskosten	K_B	€	↓	1	<<1	<<1
Ladezeit	T_L	Ws/s	↓	1	263.736	0
Selbstentladung	T_S	%/s	↓	1	3600	0
Lebensdauer	T_L	Zyklus	↑	1	400	900
Masse Ladegerät	m_L	kg	↓	1	0,25	-

Technische Leistungsfähigkeit

$$TL = \frac{9 \times \frac{W}{W_{A,ist}} + 9 \times \frac{S}{S_{A,ist}}}{9 \times \frac{V}{V_{A,ist}} + 9 \times \frac{m}{m_{A,ist}} + 3 \times \frac{K}{K_{A,ist}}} \times \frac{9+9+3}{9+3}$$

$$TL_{A,ist} = \frac{9 \times \frac{263.736}{263.736} + 9 \times \frac{11,1}{11,1}}{9 \times \frac{0,00037}{0,00037} + 9 \times \frac{0,4635}{0,4635} + 3 \times \frac{137,85}{137,85}} \times \frac{9+9+3}{9+3} = 1$$

$$TL_{B,ist} = \frac{9 \times \frac{432.000}{263.736} + 9 \times \frac{13,8}{11,1}}{9 \times \frac{0,01656}{0,00037} + 9 \times \frac{7,650}{0,4635} + 3 \times \frac{4.700}{137,85}} \times \frac{9+9+3}{9+3} = 0,052$$

Legende:
A,ist aktuelle Leistungsfähigkeit des Beispielakkumulators
B,ist aktuelle Leistungsfähigkeit der Beispielbrennstoffzelle

Widersprüche

Energie ↑ ∕ ∕ Volumen ↓
Energie ↑ ∕ ∕ Masse ↓
Spannung ↑ ∕ Volumen ↓
Spannung ↑ ∕ Masse ↓

Legende:
∕ einfacher Widerspruch
∕ ∕ starker Widerspruch

Referenztechnologie

W = 263.736 Ws
V = 0,00037 m³
m = 0,4635 kg
S = 11,1 V
K = 137,85 €

Bild 5-6: Technologische Leistungsfähigkeit

Aus den Anforderungen an die portable Energiequelle (vgl. Kapitel 5.1.3) ergeben sich im Wesentlichen die Leistungsparameter Energie, Spannung, Volumen, Masse und Kosten. Im Sinne einer Technologieoptimierung gilt es, die Energiedichte und die Spannung zu erhöhen und dabei das Volumen, die Masse und die Kosten konstant zu halten bzw. zu reduzieren. Anforderungen an Betriebskosten, Ladezeit, Selbstentladung, Lebensdauer und die Masse des Ladegeräts werden für die Bestimmung der technologischen Leistungsfähigkeit vernachlässigt. Den Leistungsparametern Energie, Volumen und Masse wird der Gewichtungsfaktor „9" zugeordnet – den weniger wichtigen Parametern der Faktor „3" bzw. „1".

Zur relativen Bestimmung der technologischen Leistungsfähigkeit wird ein am Markt erhältlicher und vielfach eingesetzter Lithium-Ionen-Akkumulator – der Inspiron 8500m – als Referenzprodukt ausgewählt. Ihm wird eine der wenigen am Markt erhältlichen Brennstoffzellen inklusive Speichereinheit gegenübergestellt – die VE100v2 in Kombination mit dem Porta-Pack Metal Hydrid Canister. Für beide Produkte sind sämtliche Werte für die ermittelten Leistungsparameter bekannt. Somit kann die Berechnungsvorschrift für die technologische Leistungsfähigkeit aufgestellt und der Wert für beide Produkte berechnet werden: Für die Referenztechnologie ergibt sich der Wert „1". Die Brennstoffzelle besitzt mit 0,052 ein deutlich niedrigeres Leistungsniveau (vgl. Bild 5-6). Bei 64% höherer Energie und 24% höherer Spannung weist die Brennstoffzelle ein um den Faktor „44" höheres Volumen, den Faktor „17" höheres Gewicht und den Faktor „34" höhere Kosten auf. Bis keine deutlich verbesserte Brennstoffzelle auf den Markt kommt, kann daher – mit der Ausnahme weniger Nischenmärkte – noch nicht von einer Konkurrenzfähigkeit der Brennstoffzellen-Technologie für portable Anwendungen gesprochen werden.

Ob die Brennstoffzellen-Technologie in Zukunft konkurrenzfähig wird und die Akkumulator-Technologie substituieren kann, hängt von den Entwicklungsmöglichkeiten und den technologischen Grenzen beider Technologien ab.

5.1.6 Entwicklungsmöglichkeiten.

Wird das Evolutionsmodell auf die Anwendungsfälle, die beiden konkurrierenden Technologien sowie deren untergeordnete Systeme angewendet, werden noch nicht ausgeschöpfte Entwicklungsmöglichkeiten deutlich (vgl. Bild 5-7):

Zwei Evolutionsprinzipien haben sich als besonders relevant für die Entwicklung der Anwendungsfälle und die daraus entstehenden Anforderungen für die Energiequelle erwiesen. Durch die in den letzten Jahren beobachtbare Systemkombination und -integration werden die Funktionen portabler Elektrogeräte kontinuierlich erweitert. Im Zuge dieses Trends wird zwangsläufig der Energiebedarf weiter steigen. Dem gegenüber steht der Trend in Richtung immer „idealerer" Produkte, die möglichst nichts wiegen und unauffällig klein sind. Diese Trends bestätigen die vorgenommene Gewichtung der Leistungsparameter auch für zukünftige Entwicklungen von Energiequellen.

Für die Optimierung der Brennstoffzellentechnologie ist das Evolutionsprinzip „Systemkombination, -integration und -reduktion" ebenfalls relevant. Allerdings muss hier der Trend eher zur Vereinfachung gehen. So könnte beispielsweise die Membran die Funktionen „Medium leiten", „Strom leiten" und „Ionen übertragen" erfüllen, wenn Elektroden und Katalysatoren als poröse Strukturen aufgebracht werden und die Membran dreidimensional strukturiert wird. Denkbar ist dann auch eine Substitution der Bipolarplatten, so dass die Wasserstoffio-

Fallbeispiel

nen zu beiden Seiten der Zelle in den Raum des Luft-Wasser-Gemisches diffundieren könnten. Allerdings muss das System dann anders vor Überhitzung geschützt werden. Möglicherweise könnte eine Selbstregelung diese Funktion übernehmen, indem beispielsweise thermische Bimetallschalter oder andere miniaturisierte Komponenten die Treibstoffzufuhr regeln.

Super-System-Ebene: Anwendungsfälle

Systemkombination, -integration und -reduktion
Gesteigerter Energiebedarf durch Funktionserweiterung

Idealität
- Miniaturisierung
- Gewichtsreduzierung

System-Ebene: Brennstoffzelle

Koordinierung
Koordinierung verschiedener Energiespeicher (z.B. Hochleistungskondensator), um Leistungsspitzen abzufangen

Regelbarkeit, Selbstregelung, Automatisierung
Effizienter Betrieb durch (Selbst-) Regelung

System-Ebene: Akkumulator

Koordinierung
Koordinierung verschiedener Energiespeicher (z.B. Hochleistungskondensator), um Leistungsspitzen abzufangen

Regelbarkeit, Selbstregelung, Automatisierung
Effizienter und sicherer Betrieb durch (Selbst-) Regelung

Sub-System-Ebene: Brennstoffzelle

Systemkombination, -integration und -reduktion
Membran integriert die Funktionen Medium leiten, Strom leiten und Protonen übertragen (Diffusion)

Dynamisierung und Einsatz von Feldern
- Effizienzsteigerung durch Ionisierung (z.B. elektrisch) der Reaktionsmedien
- Poröse Elektroden und Katalysatoren

Idealität
Miniaturisierung der Komponenten (z.B. Mikrosensoren und Aktoren aus Silizium; (Re-)aktive Komponenten)

Die Brennstoffzellentechnologie weist wesentlich mehr Entwicklungsmöglichkeiten auf als die Akkumulatortechnologie.

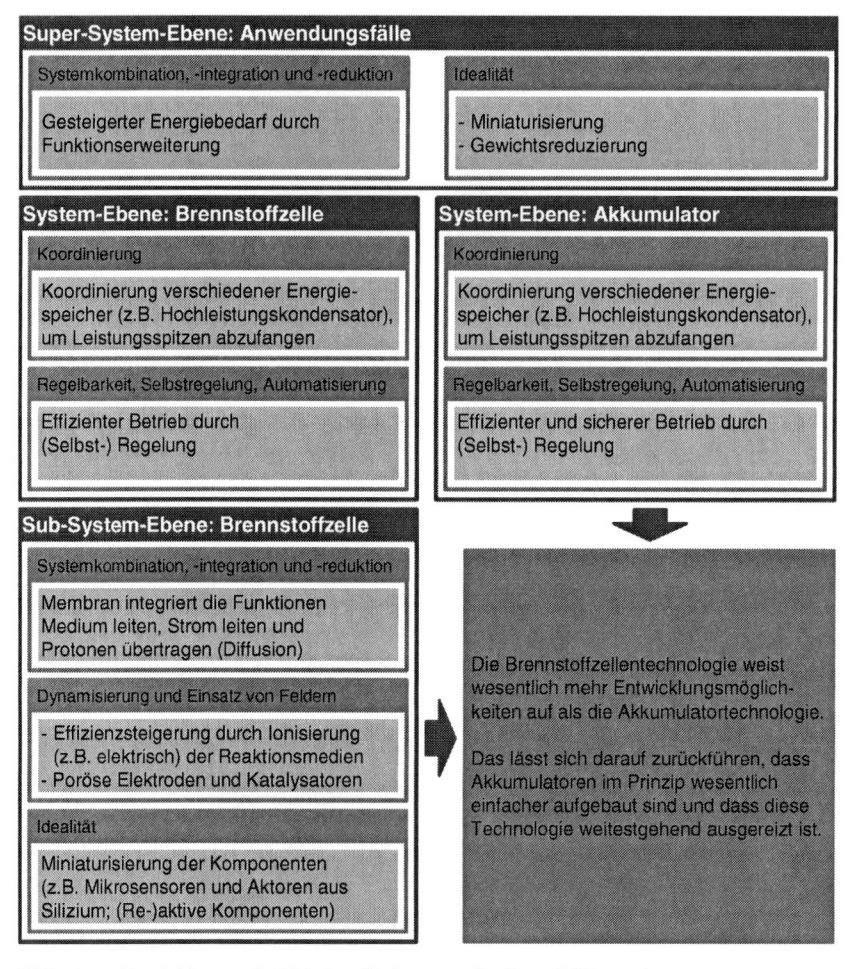

Das lässt sich darauf zurückführen, dass Akkumulatoren im Prinzip wesentlich einfacher aufgebaut sind und dass diese Technologie weitestgehend ausgereizt ist.

Bild 5-7: Entwicklungsmöglichkeiten für Brennstoffzelle und Akkumulator

Ausschlaggebend für die Energiedichte des Energiewandler-Energiespeicher-Systems ist aber primär der Wirkungsgrad des Energiewandlers und die Energiedichte des Brennstoffs inklusive des Tanks. Eine signifikante Steigerung des Wirkungsgrades durch elektrochemische Innovationen kann auf Grund der hohen Anzahl möglicher Stoffpaarungen als sehr wahrscheinlich angenommen werden [vgl. GEBE04, S. 16-26; STOL02]. So kann beispielsweise durch verbesserte Katalysatoren oder den Einsatz elektromagnetischer Felder die

Ionisierung optimiert werden. Weitere Leistungssteigerungen können auch von Membranen, die einen besseren Ionentransfer ermöglichen, erwartet werden. Da sich die Brennstoffzellen-Technologie auf der Schwelle von der Entstehungs- zur Wachstumsphase befindet (vgl. Lebenszyklusanalyse in Kapitel 5.1.4), sind drastische Erfolge im Bereich der Miniaturisierung zu erwarten. Allerdings setzt das voraus, dass die Brennstoffzelle zum Massenprodukt wird.

Zur Zeit wird an effizienteren Lösungen zur Speicherung von Wasserstoff in Druckbehältern gearbeitet [vgl. FLAC01, S.134; KURZ03, S. 226]. Allerdings kann damit keine Energiedichte erzielt werden, die mit der von flüssigen Treibstoffen vergleichbar ist. Bei flüssigen Medien kann darüber hinaus auf aufwändige Druckbehältersysteme und entsprechende Sicherheitstechnik weitestgehend verzichtet werden. Für die portable Anwendung werden sich die Entwicklungsaktivitäten daher auf Systeme mit flüssigen Treibstoffen konzentrieren müssen.

Lithium-Akkumulatoren sind wesentlich einfacher aufgebaut und technologisch weiter ausgereizt als Brennstoffzellen (vgl. Lebenszyklusanalyse in Kapitel 5.1.4). Daher sind für diese Technologie in Zukunft auch weniger Innovationen zu erwarten. Denkbar sind auch hier weitere elektrochemische Verbesserungen sowie Optimierungen durch entsprechende Regelungen. Hier gilt es insbesondere, Lithium-Akkumulatoren vor Überhitzung und Überladung zu schützen.

Für beide Technologien ist im Sinne des Evolutionsprinzips „Systemkombination, -integration und -reduktion" zu erwarten, dass diese Energiequellen mit anderen Energiequellen kombiniert werden, wie dies zur Zeit in ähnlicher Weise bei Hybridautos der Fall ist. Denkbar ist beispielsweise eine Kombination von Brennstoffzellen oder Akkumulatoren mit Hochleistungskondensatoren, um Bedarfsspitzen abzudecken.

Vor dem Hintergrund der verschiedenen Entwicklungsmöglichkeiten wird deutlich, dass sich die Brennstoffzellentechnologie noch beträchtlich weiterentwickeln kann. Die Akkumulatortechnologie scheint hingegen weitestgehend ausgereizt. Wie weit die Entwicklungen gehen können, soll im Folgenden mit der Berechnung der technologischen Grenze bestimmt werden.

5.1.7 Technologische Leistungsgrenze

Zur Berechnung der technologischen Leistungsgrenze müssen die Korrelationen zwischen den einzelnen Leistungsparametern sowie deren individuelle und verknüpfte technologische Grenzen bestimmt werden.

Bei der Brennstoffzelle ist die zur Verfügung stehende Energie mit der Menge des Brennstoffs und somit mit dem Volumen und der Masse des Energiespeichers verknüpft. Aus diesem Grund wurde der Begriff der Energiedichte eingeführt, der die Energie mit dem Volumen bzw. der Masse in Verbindung setzt. Die abgegebene Energie hängt darüber hinaus vom Wirkungsgrad des Energiewandlers ab. Die Spannung der Brennstoffzelle wird hingegen durch die Anzahl der kombinierten Einzelzellen und somit die Größe des Stacks definiert. Die Kosten sind primär durch konstruktive Eigenschaften festgelegt, können aber durch Mengeneffekte drastisch reduziert werden. Sie werden losgelöst von den übrigen Parametern betrachtet.

Fallbeispiel

Es wurde bereits festgestellt, dass hohe Energiedichten nur durch ein flüssiges Medium erzielt werden können. Da Volumen und Masse der Energiequelle als gleich wichtig bewertet wurden und die verschiedenen Brennstoffe zueinander unterschiedliche Energie-Masse- und Energie-Volumen-Verhältnisse aufweisen, wird das Flüssiggas Propan als Energieträger mit einem günstigen Verhältnis zwischen Energie, Volumen und Masse ausgewählt (vgl. Bild 5-8): Propan hat eine massenbezogene Energiedichte von 12,9 kWh/kg und eine volumenbezogene Energiedichte von 7,5 kWh/l [vgl. HYWE05]. Metallhydridspeicher weisen im Vergleich Energiedichten von 0,58 kWh/kg bzw. 3,18 kWh/l auf [vgl. HYWE05].

Maximal-Leistung Brennstoffzelle				
Leistungsparameter			**Bemerkung**	**Maximalwert**
Energie	W	Ws	Es wird ein Wirkungsgrad von maximal 50% angenommen. Energiewandler und Peripherie machen idealerweise nur 10% des Volumens des Energiespeichers aus. Maximale Energiedichte für metallhydridgebundenen Wasserstoff ist 3,18 kWh/l; für Propan 7,5 kWh/l. Für die ideale Propan-Brennstoffzelle ergibt sich daraus: $W = \left(V \times 7,5 \frac{kWh}{l} \times 50\%\right) \div (1 + 10\%) = 1,26 kWh$	4.540.909
Volumen	V	m³	Alle Berechnungen werden auf das Volumen des Referenzakkumulators bezogen.	0,00037
Masse	m	kg	Maximale Energiedichte für metallhydridgebundenen Wasserstoff ist 0,58 kWh/kg; für Propan 12,9 kWh/kg. Somit gilt für Propan: 1 kWh = 0,133 l = 0,078 kg. $m = V \times \frac{0,078 kg}{0,133 l} = 0,22 kg$	0,22
Spannung	S	V	Zielwert wird vereinfachend als konstant angenommen.	11,1
Kosten	K	€	Auf Grund der höheren Komplexität kann die Brennstoffzelle auch als Produkt für den Massenmarkt nicht das Preisniveau des Akkumulators erreichen. Es wird ein vierfach höherer Preis angenommen.	183,8
Technische Leistungsfähigkeit				
$TL_{B,max} = \dfrac{9 \times \dfrac{4.540.909}{263.736} + 9 \times \dfrac{11,1}{11,1}}{9 \times \dfrac{0,00037}{0,00037} + 9 \times \dfrac{0,22}{0,4635} + 3 \times \dfrac{183,8}{137,85}} \times \dfrac{9+9+3}{9+3} = \dfrac{154,96+9}{9+4,27+4} \times 1,75 = 16,6$				
Legende: B,max technologische Grenze der Brennstoffzellentechnologie				

Bild 5-8: Maximale Leistungsfähigkeit der Brennstoffzelle

Sollen weiterhin Polymer-Elektrolyt-Membran-Brennstoffzellen zum Einsatz kommen, muss der Brennstoff vorher umgewandelt werden, was eine entsprechende Reformation notwendig macht und eine Reduzierung des Wirkungsgrades zur Folge hat. Aus diesem Grund wird vereinfachend angenommen, dass ein Wirkungsgrad von 50% erzielt werden kann und dass Energiewandler und Peripherie im portablen Bereich minimal 10% des Volumens und der Masse des Energiespeichers ausmachen. Die Spannung wird dazu mit 11,1 V festgelegt. Wird das Volumen von 0,00037 m³ des Referenzakkumulators vorgegeben, ergibt sich daraus eine maximale Energie von 1,26 kWh. Über das Massen-Volumen-Verhältnis von Propan (1 kWh = 0,133 l = 0,078 kg) kann dann die Masse des Energiespeichers zuzüglich des Energiewandlers mit 0,22 kg berechnet werden. Eine Optimierung des Verhältnisses von Masse, Energie und Volumen zueinander entfällt, da alle Werte im tolerablen Bereich liegen.

Ebenso wie bei der Brennstoffzelle sind auch beim Akkumulator Energie, Masse und Volumen miteinander verknüpft. Auf Grund der herausragenden elektrochemischen Eigenschaften des Lithiums wurde bereits festgestellt, dass bei der Akkumulatortechnologie keine Technologiesprünge hin zu Lösungen, die auf einem anderen Material basieren, erwartet werden können. Allerdings gibt es verschiedene Batterie- und Akkumulatorkonzepte, die auf Lithium basieren. Auch die Sicherheitssysteme zum Schutz vor Überladung und Überhitzung sind noch nicht ausgereizt [vgl. HALA98, S. 128-153]. Zur Abschätzung der maximalen Leistungsfähigkeit wird daher die nicht wieder aufladbare Lithium-Ionen-Batterie e2-Lithium (Größe AA; Spannung 1,5 V) der Firma Energizer ausgewählt [vgl. ENER05]. Diese Batterie weist die höchste am Markt erhältliche Energiedichte auf, ist aber nicht aufladbar [vgl. IFE05]. Idealisiert wird angenommen, dass alle konstruktiven Elemente, die ein Aufladen ermöglichen, soweit miniaturisiert werden, dass die Energiedichte der Batterie auch mit einem Akkumulator erzielt werden kann. Diese Annahme kann getroffen werden, da keine Technologiesprünge mehr erwartet werden.

Dieser Annahme steht zwar eine theoretische Energiedichte von 6,254 kWh/kg bzw. von 6,442 kWh/l einer Lithium-Fluor-Reaktion gegenüber [vgl. GABA83, S. 3], aber bis heute ist keine Möglichkeit bekannt, wie diese hohe Energiedichte praktisch erreicht werden kann. Ein Technologiesprung, der signifikant höhere Leistungsdichten ermöglicht, kann daher als sehr unwahrscheinlich angenommen werden. Es ist jedoch kritisch anzumerken, dass diese Aussage nicht endgültig im Rahmen dieser Arbeit getroffen werden kann.

Aus dem Durchmesser von 14,5 mm, der Höhe von 50,5 mm, dem Gewicht von 0,014 kg, der Nennspannung von 1,5 V und der Kapazität von 3 Ah wird eine volumenbezogene Energiedichte von 485,67 Wh/l und eine massenbezogene Energiedichte von 279,3 Wh/kg abgeleitet. Ebenso wie bei der Brennstoffzelle wird ein Volumen von 0,00037 m^3 für den Akkumulator festgelegt. Daraus ergibt sich eine maximale Energie von 0,1797 kWh bei einer Masse von 0,473 kg. Die Spannung 11,1 V wird beibehalten, da sie von den anderen Leistungsparametern weitestgehend unabhängig ist (vgl. Bild 5-9).

Die Kostenentwicklung kann nur grob abgeschätzt werden. Es wird vermutet, dass die Kosten für Akkumulatoren durch Mengeneffekte und eine optimierte Fertigung maximal auf ein Drittel der heutigen Kosten reduziert werden können. Für Brennstoffzellen werden um ein Vierfaches höhere Kosten angenommen, da Brennstoffzellen komplexer als Akkumulatoren sind.

Aus den beschriebenen Abschätzungen und Berechnungen ergibt sich für die Brennstoffzelle eine technologische Grenze von 16,6 und für den Akkumulator eine Grenze von 4,94. Die große Differenz ist im Wesentlichen auf die unterschiedlichen Energiedichten zurückzuführen und setzt eine drastische Miniaturisierung sowie signifikante Kosteneinsparungen insbesondere bei der Brennstoffzellen-Technologie voraus.

Fallbeispiel

Maximal-Leistung Akkumulator

Leistungsparameter			Bemerkung	Maximalwert
Energie	W	Ws	Aus der angenommenen maximalen Energiedichte von 485,67 Wh/l ergibt sich: $W = 485670 \frac{Wh}{m^3} \times 0,00037 m^3 = 0,1797 kWh$	646.912
Volumen	V	m³	Alle Berechnungen werden auf das Volumen des Referenzakkumulators bezogen.	0,00037
Masse	m	kg	Aus der angenommenen maximalen Energiedichte von 279,3 Wh/kg ergibt sich: $W = 179,7 Wh \div 379,3 \frac{Wh}{kg} = 0,473 kg$	0,473
Spannung	S	V	Zielwert wird vereinfachend als konstant angenommen.	11,1
Kosten	K	€	Auf Grund von Mengeneffekten wird eine Reduzierung des Preises auf ein Drittel angenommen.	45,95

Technische Leistungsfähigkeit

$$TL_{A,max} = \frac{9 \times \frac{646.912}{263.736} + 9 \times \frac{11,1}{11,1}}{9 \times \frac{0,00037}{0,00037} + 9 \times \frac{0,473}{0,4635} + 3 \times \frac{45,95}{137,85}} \times \frac{9+9+3}{9+3} = \frac{22,1+9}{9+1,02+1} \times 1,75 = 4,94$$

Legende:
A,max   technologische Grenze der Akkumulatortechnologie

Bild 5-9:   Maximale Leistungsfähigkeit des Akkumulators

5.1.8 Technologisches Potenzial

Aus den vorangegangenen Betrachtungen zur Entwicklungshistorie und dem Lebenszyklus, zur aktuellen technologischen Leistungsfähigkeit, zu Entwicklungsmöglichkeiten und zur technologischen Grenze kann nun das Potenzial der Brennstoffzellen-Technologie im Vergleich zur Akkumulator-Technologie für die portable Anwendung abgeleitet werden. Dazu werden die gesammelten Informationen im S-Kurven-Modell verdichtet (vgl. Bild 5-10).

Aus den historischen Entwicklungen beider Technologien können die Zeiten für die Entdeckung der Technologien und der jeweiligen Markteinführung festgelegt werden. Die technologischen Leistungsfähigkeiten zu diesen Zeitpunkten lassen sich aus den recherchierten Informationen abgeschätzen. Eine genaue Berechnung ist allerdings nicht möglich, da nicht alle Informationen, wie Kosten und Volumen, recherchiert werden konnten.

Als Zeitpunkt für die Entdeckung des ersten Akkumulators gilt das Jahr 1891. Die technologische Leistungsfähigkeit wird mit 0 abgeschätzt, da es sich um einen Laborversuch handelt. Lithium-Ionen-Akkumulatoren wurden erstmalig 1991 von Siemens angeboten und kamen 1995 in einem Elektroauto zum Einsatz. Die Daten zu diesem Akkumulator werden genutzt, um die technologische Leistungsfähigkeit zu berechnen. Dazu werden die Leistungswerte der 385 kg schweren Energiequelle bezogen auf die 0,4635 kg des Referenzakkumulators umgerechnet. Dadurch berechnet sich die Energie auf 0,042 kWh bzw. 152.086 Ws. Es wird davon ausgegangen, dass die Spannung von 11,1 V auch bei dem kleineren Akkumulator durch Reihenschaltung der einzelnen Zellen erreicht werden kann. Da weder zu Kosten noch zum Volumen Angaben vorliegen, werden diese Leistungsparameter bei der Berechnung der technologischen Leistungsfähigkeit nicht berücksichtigt. Dadurch ergibt sich ein Wert von 0,53 für die technologische Leistungsfähigkeit des Lithium-Ionen-Akkumulators aus dem Jahre 1995. Es kann aber davon ausgegangen werden, dass sowohl Kosten als auch Volumen damals wesentlich ungünstiger ausgefallen sind als heutzutage. Aus diesem Grund wird die reale technologische Leistungsfähigkeit sicherlich unter dem berechneten Wert gelegen haben.

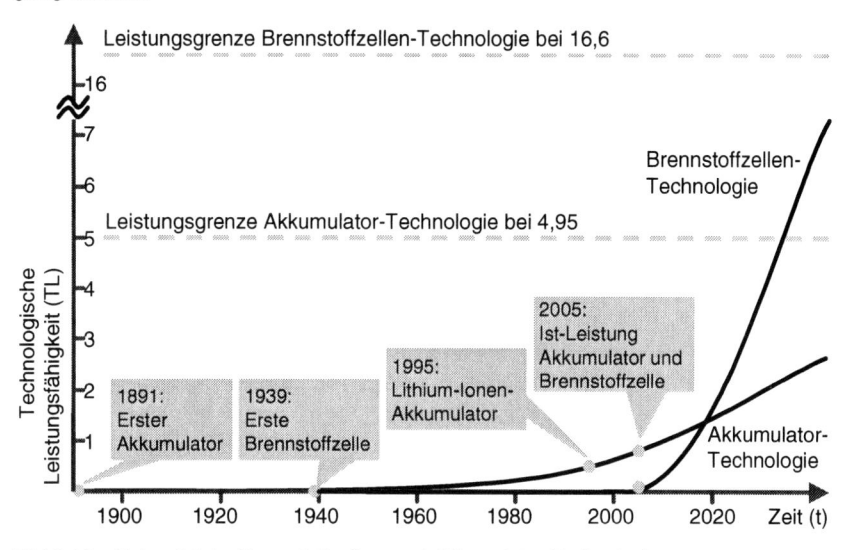

Bild 5-10: Potenzial der Brennstoffzellen- und Akkumulator-Technologie

Die Brennstoffzellen-Technologie wurde 1939 entdeckt und in einem Demonstrator umgesetzt. Obwohl seither eine Vielzahl von Prototypen gebaut wurde, wird das Jahr 2003 als Termin für die Markteinführung festgelegt. Die Brennstoffzelle VE100v2, die frei am Markt erhältlich ist, weist eine technologische Leistungsfähigkeit von 0,052 auf.

Als technologische Grenze wurde für die Akkumulator-Technologie der Wert 4,54 berechnet – für die Brennstoffzellen-Technologie 16,6. Wie schnell diese Grenzen erreicht werden, kann aus der Entwicklungshistorie, dem Lebenszyklusmodell und den Entwicklungsmöglichkeiten abgeleitet werden: Bei Akkumulatoren konnte zwar in den letzten Jahren immer wieder eine Erhöhung der Energiedichte verzeichnet werden, jedoch scheinen sich die Entwicklungsmöglichkeiten langsam zu erschöpfen. Es wird daher von einer zunächst kontinuierlich ansteigenden und dann langsam abflachenden Leistungssteigerung ausgegangen, die sich asymptotisch der Leistungsgrenze nähert. Anders sieht es bei der Brennstoffzellen-Technologie aus. Da sie gerade in die Wachstumsphase eintritt, wird eine stark wachsende Leistungssteigerung in den nächsten Jahrzehnten angenommen. Es gibt eine Vielzahl von Entwicklungsmöglichkeiten, die diese rasante Leistungssteigerung unterstützen. Daher kann davon ausgegangen werden, dass die Brennstoffzellen-Technologie frühestens in fünfzehn Jahren die Leistungsfähigkeit von Akkumulatoren erreicht. Nach diesem Punkt wird die

Fallbeispiel

Leistungsfähigkeit der Brennstoffzellen-Technologie schneller ansteigen als die der Akkumulator-Technologie.

Der beschriebene Verlauf der technologischen Evolution könnte allerdings gestört werden, wenn beispielsweise eine Technologie entwickelt würde, die die hohe Energiemenge von Lithiumreaktionen wesentlich effektiver als herkömmliche lithiumbasierte Akkumulatoren nutzt. Auch das technologische und soziale Umfeld könnte die rasante Weiterentwicklung der Brennstoffzelle stören: Wenn keine Tanksysteme bereitgestellt werden oder die Emissionen nicht drastisch reduziert werden können, wird der potenzielle Anwender die Brennstoffzelle kaum akzeptieren.

Schließlich gilt es für Entwickler und Hersteller von Brennstoffzellen, die Hürde bis zur Konkurrenzfähigkeit der Brennstoffzellentechnologie zu nehmen. Zur Zeit ist die Brennstoffzelle noch nicht wettbewerbsfähig und eine Anwendung nur für Nischenmärkte interessant. Forschungs- und Entwicklungsaktivitäten können sich daher noch nicht selber tragen und müssen demzufolge in den nächsten Jahren speziell gefördert werden. Eine mangelnde Finanzierung, bis die Brennstoffzelle das Niveau von Lithium-Akkumulatoren erreicht hat, kann somit das Aus für die Brennstoffzellen-Technologie bedeuten oder eine Weiterentwicklung drastisch verzögern.

5.2 Fazit aus den Methodenbeispielen

Im vorliegenden Kapitel wurde die praktische Anwendung der entwickelten Methodik an zwei Fallbeispielen gezeigt. Dabei wurden sowohl die Anwendbarkeit als auch die Praktikabilität belegt. Dem Aufwand für die Methodikanwendung steht ein signifikanter Nutzen der Erkenntnisse gegenüber.

In dem Fallbeispiel „das Potenzial der Schraubenvakuumpumpe" wurden primär das Modell des Suchbereichs und das Potenzialmodell angewendet. Mit Hilfe des Modells des Suchbereichs wurden Anwendungsfälle sowie alternative und untergeordnete Technologien strukturiert. Durch Recherchen in Effektedatenbanken und Konstruktionskatalogen wurde das Modell mit alternativen Technologien gefüllt. Anwendungsfälle und untergeordnete Technologien wurden in Workshops erarbeitet und ebenfalls im Modell des Suchbereichs dokumentiert. Marktrecherchen gaben Aufschluss über die Leistungsfähigkeit der Wettbewerbstechnologien. Das Potenzial der untergeordneten Technologien wurde hingegen in Workshops abgeschätzt und im modifizierten Potenzialmodell eingetragen. Die so gewonnen Erkenntnisse führten zu einer unternehmensinternen Ausrichtung der Grundlagenforschung und erfüllten somit bei angemessenem Aufwand die an die Methodik gestellten Anforderungen.

Im Fallbeispiel „das Potenzial der Brennstoffzelle als portable Energiequelle" wurden alle Modelle gleichermaßen zur Potenzialbestimmung herangezogen. Die Einzelergebnisse ließen sich mit Hilfe der S-Kurvendarstellung verdichten. Somit konnte das Potenzial fundiert abgeleitet werden. Auch dieses Fallbeispiel bestätigte, dass die entwickelte Methodik praktikabel ist und zu aussagekräftigen Ergebnissen führt. Allerdings müssen einige Punkte kritisch angemerkt werden: So hat es sich beispielsweise als schwierig erwiesen, die Leistungsparameter alter Technologien zu recherchieren. Der historische Verlauf der Leistungssteigerung konnte daher nur abgeschätzt werden. Ferner hat sich gezeigt, dass die technologische Leistungsfähigkeit nicht eindeutig berechnet werden kann, da die Gewichtung der einzelnen Leistungsparameter immer subjektiv erfolgt. Ferner ergaben sich durch unterschiedliche Paarungen der Leistungsparameter unterschiedliche Werte für die technologische Leistungsfähigkeit. Aus diesem Grund wurden möglichst viele Leistungsparameter gleichgesetzt; es wurden Brennstoffzellen und Akkumulatoren mit gleicher Spannung und gleichem Bauraum verglichen. Kritisch anzumerken ist auch, dass nicht alle Entwicklungsmöglichkeiten abgedeckt werden konnten: Ein technologischer Durchbruch, der das hohe Potenzial von Lithium-Reaktionen ausschöpft, ist zwar nicht zu erwarten, würde aber die Brennstoffzellen-Technologie für die portable Anwendung möglicherweise kurzfristig verdrängen.

Die Frage, ob das Potenzial von Produkttechnologien, die dieselbe primäre Funktion erfüllen, durch die Kombination von TRIZ, Systemtechnik und Morphologie aus der Sicht eines Technologieeigners abgeschätzt werden kann, wird somit bis zur Falsifizierung der Hypothese bejaht. Die Methodenbeispiele haben gezeigt, dass die entwickelten Modelle und somit die gesamte Methodik anwendbar sind und die Qualität der gewonnenen Erkenntnisse dem Aufwand gerecht wird. Darüber hinaus konnten durch die Anwendung der Methodik Erkenntnisse gewonnen werden, die über die Potenzialbestimmung weit hinaus gehen und somit einen signifikanten Zusatznutzen stiften.

6 Zusammenfassung

DARWINS natürliche Auslese beruht auf Anpassung und dem Überleben des Tüchtigsten [vgl. HEND01, S. 4]. Dieses Prinzip gilt nicht nur für die Biologie, sondern ist ebenso auf die globale Wirtschaft und sogar die technische Evolution übertragbar. Allerdings kann sich der Mensch über die der Evolution innewohnenden Gesetze der zufälligen Mutation und natürlichen Auslese erheben. Er kann evolutionäre Entwicklungen antizipieren, indem er seine Vorstellungskraft und Fähigkeit zum vernetzten Denken nutzt. Mit Phantasie und Logik kann er seine eigene Situation wahrnehmen, Zukunftsszenarien ausarbeiten und Strategien ableiten, um sich zukünftigen Veränderungen rechtzeitig anzupassen. Diese Fähigkeit ist seine wirkungsvollste Waffe im Überlebenskampf und hat dem Menschen geholfen, sich in den letzten Jahrtausenden mehr und mehr in der Natur zu behaupten.

Im internationalen Wettbewerb kämpft der Mensch gegen seinen gefährlichsten Gegner – gegen seinesgleichen. Hier wird der Kampf um eine einzige Ressource ausgetragen – den Markt. Im Wettbewerb technologie-intensiver Unternehmen spielen dabei Technologien und ihre Beherrschung eine entscheidende Rolle. Allerdings sind auch Technologien evolutionären Veränderungen unterworfen. Unternehmen müssen sich daher dem ständigen und teilweise rasanten technologischen Wandel anpassen. Auch hier gilt: Survival of the fittest! Und auch hier überleben auf Dauer nur die tüchtigsten Unternehmen. Mit einer konsequenten Technologiefrüherkennung haben Unternehmen die Chance, technologische Entwicklungen zu antizipieren, um darauf aufbauend frühzeitig Überlebensstrategien zu entwickeln.

Vor diesem Hintergrund war es das Ziel der vorliegenden Arbeit, eine effiziente und praktikable Methodik zu entwickeln, mit der das Potenzial von Produkttechnologien, die dieselbe primäre Funktion erfüllen, ermittelt werden kann. Auf den Erkenntnissen der Methodikanwendung können Unternehmen ihre Technologiestrategie aufbauen, um so aktiv an der technologischen Evolution zu partizipieren und von ihr zu profitieren. Zur Erreichung dieses Ziels wurde ein Vorgehen im Sinne des Forschungsprozesses für die angewandte Wissenschaft nach ULRICH gewählt.

Nach der Klärung grundlegender Begriffe und Zusammenhänge wurde der Bezugsrahmen der Arbeit auf das technologische Umfeld begrenzt sowie der Potenzialbegriff und der Prozess der Technologiefrüherkennung definiert. Auf dieser Basis wurden bestehende Ansätze im Untersuchungsbereich analysiert. Es zeigte sich, dass kein praxistaugliches Verfahren existiert, mit dem das Potenzial von Produkttechnologien hinreichend genau abgeschätzt werden kann. Als Überleitung zum daraus entstehenden Handlungsbedarf und zur Formulierung der Lösungshypothese wurden danach die Systemtechnik, die Morphologie und die TRIZ-Methodik als adaptierbare Konzepte vorgestellt. Die Kombination und Modifikation dieser drei Konzepte erwies sich als vielversprechender Ansatz zur Erfüllung der Aufgabenstellung, da durch die Kombination eine Potenzialbewertung aus mehreren Blickwinkeln möglich wird. Neben dieser mehrdimensionalen Bewertung war eine wesentliche Neuerung gegenüber den bestehenden Ansätzen die Bewertung von Produkttechnologien relativ zueinander. Durch die Fokussierung auf Produkttechnologien, die dieselbe primäre Funktion erfüllen, wurden die Technologien vergleichbar. Darüber hinaus konnte auch der potenzielle Anwendungsumfang als Bewertungskriterium ausgegrenzt werden, da für alle Produkttechnologien mit gleicher Funktionalität die gleichen Marktanforderungen gelten: Der Marktbe-

Zusammenfassung

darf an einer Produktfunktion wurde als Konstante determiniert. Die Marktdiffusion von Konkurrenzprodukten gleicher Funktionalität wird dann nur durch die Leistungsunterschiede bzw. Zusatzfeatures bestimmt.

Im Sinne der Lösungshypothese wurde im dritten Kapitel das Grobkonzept der TRIZ-basierten Technologiefrüherkennung erarbeitet. Zunächst wurde der Untersuchungsbereich systemtechnisch analysiert, indem Zielsystem, Objektsystem, Wirksystem und Programmsystem definiert wurden. Zur Erfüllung des Zielsystems wurden inhaltliche und formale Anforderungen an die Methodik gestellt: Die inhaltlichen Anforderungen wurden aus den Eigenschaften von Subjekt, Objekt, Prozess und Umfeld abgeleitet. Die formalen Anforderungen ergaben sich aus den Kriterien „formale Richtigkeit", „Zweckbezogenheit" und „Handhabbarkeit". Diesen Anforderungen entsprechend ließ sich das Modellsystem der Methodik konzipieren. Dabei besteht das System aus fünf Einzelmodellen, um die Forderung nach einer Potenzialbewertung aus mehreren Blickwinkeln zu erfüllen. Mit dem Modell des Suchbereichs wird das technologische Umfeld systemtechnisch strukturiert. Dadurch wird auf Elemente, die das Potenzial der relevanten Produkttechnologien wesentlich beeinflussen, fokussiert. Mit dem Lebenszyklusmodell wird das Potenzial retroperspektiv auf Basis der Technologiehistorie bewertet. Im Gegensatz dazu wird mit dem Modell der Leistungsgrenze und dem Evolutionsmodell die zukünftige Technologieentwicklung antizipiert. Dabei wird mit der Leistungsgrenze beurteilt, wie weit die Leistung einer spezifischen Produkttechnologie gesteigert werden kann. Mit dem Evolutionsmodell lässt sich der Weg dorthin abschätzen, indem die nächsten Evolutionsschritte der relevanten Technologien vorgedacht werden. Die Erkenntnisse, die mit den vier Modellen erzielt werden können, werden im Potenzialmodell zum Technologiepotenzial aggregiert und dabei einer letzten Interpretation unterzogen.

Durch diese Ausführungen wird deutlich, dass die einzelnen Modelle aufeinander abgestimmt sind und voneinander abhängen. Aus diesem Grund musste die Aufbaustruktur des Modellsystems durch eine Ablaufstruktur erweitert werden. Dabei wurde ein Prozess entwickelt, der sich an das Vorgehensmodell des Systems Engineering und den allgemeinen Früherkennungsprozess nach LICHTENTHALER anlehnte. Als relevante Phasen wurden „Informationsbedarf bestimmen", „Technologien recherchieren" und „Entwicklungen antizipieren" herausgearbeitet.

Die Detaillierung der Methodik richtete sich nach den drei Phasen des Vorgehensmodells. Die fünf Modelle der Aufbaustruktur wurden diesem Prozess untergeordnet: Zur Bestimmung des Informationsbedarfs wurde der Suchbereich mit dem entsprechenden Modell eingegrenzt. Dabei wurde ein Suchraum, bestehend aus Anwendungsfällen, untergeordneten Technologien und alternativen Technologien, um eine Referenztechnologie aufgespannt. In der Recherchephase wurden Recherchestrategien aufgezeigt, mit denen sich Technologien für die Elemente des Suchraums identifizieren lassen. Darüber hinaus wurden Indikatoren für das Lebenszyklusmodell ausgearbeitet, die im Zuge der Recherche mit Informationen gefüllt werden können. Der Phase „Entwicklungen antizipieren" wurden die verbleibenden drei Modelle zugeordnet. Aus den im Vorfeld identifizierten Anwendungsfällen können Anforderungen an die Leistung der Produkttechnologien abgeleitet werden. Auf Basis dieser Anforderungen kann mit dem Modell der Leistungsgrenze sowohl die aktuelle Leistungsfähigkeit als auch die Entwicklungsgrenze durch eine Kennzahl beschrieben werden. Durch welche technologischen Innovationen diese Leistungsgrenze zu erreichen ist, wird bei der TRIZ-basierten Technologiefrüherkennung durch Workshops erarbeitet. Als unterstützendes

Zusammenfassung

Medium dient das entwickelte Evolutionsmodell. Damit kann z.B. erarbeitet werden, von welchen Verbesserungen der untergeordneten Technologien die Leistungssteigerung einer Produkttechnologie abhängt. Daraus lässt sich die Geschwindigkeit der Leistungssteigerung abschätzen. Um aus diesen Erkenntnissen möglichst einfach das Potenzial einer Produkttechnologie abzuleiten, wurde das Potenzialmodell entwickelt. Hiermit werden zwei Möglichkeiten geboten, das Potenzial zu visualisieren und die Erkenntnisse anschaulich zu dokumentieren. Werden bis zu drei Produkttechnologien einander gegenübergestellt, bietet sich die S-Kurven-Darstellung an. Aus Gründen der Übersichtlichkeit müssen bei einer größeren Menge von Produkttechnologien die S-Kurven in ein Portfolio transferiert werden.

Die praktische Anwendung wurde abschließend exemplarisch an zwei Fallbeispielen gezeigt. Dabei wurde nicht nur die Praktikabilität der Methodik belegt, sondern auch nachgewiesen, dass dem hohen Nutzen der Methodikanwendung ein durchaus vertretbarer Aufwand gegenübersteht. Damit konnte die Hypothese verifiziert werden, dass sich durch die Kombination von TRIZ, Systemtechnik und Morphologie das Potenzial von Produkttechnologien, die dieselbe primäre Funktion erfüllen, aus der Sicht eines Technologieeigners abschätzen lässt. Dadurch wurde auch der Lösungsansatz einer mehrdimensionalen und relativen Technologiebewertung sowie die Eingrenzung auf Technologien gleicher Funktionalität bestätigt.

Mit der TRIZ-basierten Technologiefrüherkennung wurde somit ein effizientes Werkzeug entwickelt, das für das stetig komplexer werdende technologische Umfeld und den sich verstärkenden Wettbewerb ausgelegt ist. Dabei wurden sowohl neue informationstechnische Möglichkeiten als auch neue methodische Erkenntnisse genutzt. Es zeigte sich deutlich, dass die entwickelte Methodik neben der eigentlichen Funktion der Technologiefrüherkennung auch dazu genutzt werden kann, technologisches Wissen beim Technologieeigner zu verankern und technologische Inventionen zu generieren. Das Konzept darf dabei keinesfalls als starres Werkzeug verstanden werden, sondern muss flexibel an die individuelle Situation und an zukünftige Veränderungen des technologischen und unternehmerischen Umfeldes angepasst werden.

Die Zukunft wird zeigen, wie viele Technologieeigner die TRIZ-basierte Technologiefrüherkennung nutzen, um sich gegenüber ihren Wettbewerbern einen Zeitvorteil zu sichern, indem sie frühzeitig Chancen erkennen und Risiken rechtzeitig in Chancen wandeln.

E) Literaturverzeichnis

[ABT73]   Abt, C.; Foster, R.; Rea, R.: A Scenario Generating Methodology. In: Bright, J.; Schoeman, M: A Guide to Practical Technological Forecasting. Englewood Cliffs: Prenticel-Hall, 1973, S. 191-214

[ADAM04]   Adamson, K.-A.; Baker, A.; Jollie, D.: Fuel Cell Systems: A survey of worldwide activity. URL: http://fuelcelltoday.com [Stand: 12.2004]

[AKAO92]   Akao, Y.: QFD – Quality Function Deployment. (Dt. Übers.: Liesegang, G. (Hrsg.)). Landsberg/Lech: Moderne Industrie, 1992

[AKIY94]   Akiyama, K.: Funktionsanalyse: der Schlüssel zu erfolgreichen Produkten und Dienstleistungen. Landsberg: Moderne Industrie, 1994

[ALTS73]   Altschuller, G. S.: Erfinden – (k)ein Problem?. Anleitung für Neuerer und Erfinder. Berlin: Tribüne Berlin, 1973

[ALTS84]   Altschuller, G. S.: Erfinden. Wege zur Lösung technischer Probleme. Berlin: VEB, 1984.

[AMBE99]   Amberg, D.: Planung und Entscheidung. Modelle, Ziel, Methoden. 3. Aufl. Wiesbaden: Gabler, 1993

[AWK99]   Eversheim, W.; Klocke, F.; Pfeifer, T.; Weck, M. (Hrsg.): Wettbewerbsfaktor Produktionstechnik – Aachener Perspektiven. Aachener Werkzeugmaschinen-Kolloquium AWK `99, Aachen: Shaker, 1999

[AYRE69]   Ayres, R.: Technological Forecasting and Long-Range Planning. New York: McGRAW-HILL, 1969

[BAIN62]   Bain, J. S.: Barriers to New Competition: Their Characters and Consequences in Manufacturing Industries. Cambridge: Harvard University Press, 1962

[BIND96]   Binder, V.; Kantowsky, J.: Technologiepotenziale. Neuausrichtung der Gestaltungsfelder des strategischen Technologiemanagements. Wiesbaden: Deutscher Universitätsverlag, 1996

[BLEI95]   Bleicher, K.: Das Konzept Integriertes Management. 3. Aufl. Frankfurt: Campus, 1995

[BRAN02]   Brandenburg, F.: Methodik zur Planung technologischer Produktinnovationen. Diss. RWTH Aachen, 2002

[BRAN71]   Brankamp, K.-B.: Planung und Entwicklung neuer Produkte. Berlin: De Gruyter, 1971

[BRAU77]   Braun, G. E.: Methodologie der Planung. Eine Studie zum abstrakten und konkreten Verständnis der Planung. Meisenheim am Glan: Anton Hain, 1977

Anhang

[BREI93] Breiing, A.; Flemming, M.: Theorie und Methoden des Konstruierens. Berlin: Springer, 1993

[BREI93] Breiing, A.; Flemming, M.: Theorie und Methoden des Konstruierens. Berlin: Springer, 1993

[BREU99] Breuer, T.: Frühaufklärung durch Trendmanagement. In: Donnersmarck v. Henkel, M.; Schatz, R. (Hrsg.): Frühwarnsysteme. Bonn: InnoVatio, 1999, 69-82

[BRIG68] Bright, J. (Hrsg.): Technological Forecasting for Industry and Government. Methods and Applications. Englewoods Cliffs: Prentice-Hall, 1968

[BROC92] Enzyklopädie. Wiesbaden: Brockhaus Verlag, 1992

[BROC93] Brockhoff, K.: Technologiemanagement – Das S-Kurven-Konzept. In Grün, O.; Hauschild, J. (Hrsg.): Ergebnisse empirischer betriebswirtschaftlicher Forschung. Zu einer Realtheorie der Unternehmung. Festschrift für Eberhard Witte: Stuttgart: 1993, S. 327-353

[BRUN91] Bruns, M.: Systemtechnik – Ingenieurwissenschaftliche Methodik zur interdisziplinären Systementwicklung. Berlin: Springer, 1991

[BUCH01] Buchmann, I.: Werden Lithium-Ion Akkus sich im neuen Millennium behaupten? URL: http://www.cadex.com/german/g_default.asp [Stand: 05.2001]

[BUCK98] Buck, A.; Herrmann, C.; Lubkowitz, D.: Handbuch Trendmanagement. Innovation und Ästhetik als Grundlage unternehmerischer Erfolge. Frankfurt/Main: FAZ, 1998

[BUER02] Bürgel, H.; Reger, G.; Ackel-Zakour, R.: Technologie-Früherkennung in multinationalen Unternehmen: Ergebnisse einer empirischen Untersuchung. In: Möhrle, G.; Isenmann, R.: Technology-Roadmapping. Zukunftsstrategien für Technologieunternehmen. 1. Aufl. Berlin: Springer, 2002, S. 19 – 46

[BULL94a] Bullinger, H.-J. (Hrsg.): Technikfolgenabschätzung. (Reihe: Technologiemanagement). Stuttgart: Teubner, 1994

[BULL94b] Bullinger, H.-J.: Einführung in das Technologiemanagement. Stuttgart: Taubner, 1994

[BURG01] Burgelman, R.; Maidique, M.; Wheelwright, S.: Strategic Management of Technology and Innovation. 3. Aufl. New York: McGraw-Hill/Irwin, 2001

[CETR68] Cetron, M.; Monahan, T.: An Evaluation and Appraisal of Various Approaches to Technological Forecasting. In: Bright, J. (Hrsg.): Technological Forecasting for Industry and Government. Methods and Applications. Englewoods Cliffs: Prentice-Hall, 1968, S. 144-182

[CETR69] Cetron, M.: Technological Forecasting. A Practical Approach. London: Gordon and Breach. 1969

[DAFT86]   Daft, R. L.; Lengel, R. H.: Organizational information requirements. Media richness and structural design. In: Management Science, 1986, Vol. 32, No. 5, S. 554-570

[DARW00]   Darwin, C.: Über die Entstehung der Arten durch natürliche Zuchtwahl oder die Erhaltung der begünstigten Rassen im Kampfe um's Dasein.
Köln: Parkland, 2000

[DEGE04]   Degen, H.: Zuverlässigkeitssteigerung im Maschinenbau durch Kooperation. Diss. RWTH Aachen, 2004

[DELP05]   Delphion. URL: http://www.delphion.com [Stand: 31.03.2005]

[DIER92]   Dierkes, M.; Hoffmann, U.: Understanding technological development as a social process: An introductory note. In: Dierkes, M.; Hoffmann, U. (Hrsg.): New Technology at the Outset. Social Forces in the Shaping of Technological Innovations. Frankfurt: Campus, 1992

[DIET91]   Dieter, W.: Technologiemanagement – Theorie und Praxis. In: Müller-Böling; Seibt, D.; Winand, U. (Hrsg.): Innovations- und Technologiemanagement 1. Aufl. Stuttgart: Poeschel, 1991, S. 27 – 38

[DOUM84]   Doumeingts, G.: Methodology to Design Computer Integrated Manufacturing Units. In: Rembold, U.; Dillmann, R. (Hrsg.): Methods and Tools for Computer Integrated Manufacturing. Berlin: Springer, 1984

[DREI04]   Dreifert, M.: Chips an der Grenze
http://www.quarks.de/quanten/0604.htm [Stand: 09.08.04]

[DUBB97]   Beitz, W.; Grote, K.-H. (Hrsg.): Dubbel. Taschenbuch für den Maschinenbau. 19. Aufl. Berlin: Springer, 1997

[DUDE00]   Duden: Die deutsche Rechtschreibung. 22. Auflage. Mannheim: Dudenverlag, 2000

[DUDE63]   Duden: Etymologie. Mannheim: Bibliographisches Institut, 1963

[DYCK98]   Dyckhoff, H.; Ahn, H.: Integrierte Alternativengenerierung und –bewertung. In: DBW, 58. Jg, Heft 1, 1998, S. 49-63

[EDOS89]   Edosomwan, J. A.: Integrating Innovation and Technology Management.
New York: 1989

[EHRL95]   Ehrlenspiel, K.: Integrierte Produktentwicklung: Methoden für Prozessorganisation, Produkterstellung und Konstruktion. München: Hanser, 1995

[EISE99]   Eisenführ, F.; Weber, M.: Rationales Entscheiden. 3. Auf. Berlin: Springer, 1999

[ENER05]   Fa. Energizer: Search Result „Lithium Batteries". URL: http://data.energizer.com [Stand: 22.03.2005]

[ERKE88]   Erkes, K. F.: Gesamtheitliche Planung flexibler Fertigungssysteme mit Hilfe von Referenzmodellen. Diss. RWTH-Aachen, 1988

[ERNS96]	Ernst, H.; Brockhoff, K. (Hrsg.): Patentinformationen für die strategische Planung von Forschung und Entwicklung. Diss. Kiel, Univ.; Wiesbaden: DUV, 1996
[EVER03]	Eversheim, W.: Innovationsmanagement für technische Produkte. Berlin: Springer, 2003
[EVER96]	Eversheim, W.; Schuh, G.: Betriebshütte. Produktion und Management. 7. Auflage. Berlin: Springer, 1996
[EVER99]	Eversheim, W.; Schuh, G.: Integriertes Management. Berlin: Springer, 1999
[FEYV97]	Fey, V.; Rivin, E.: The Science of Innovation. A Managerial Overview Of The TRIZ Methodology. USA, 1997
[FLAC01]	Flach, U.; Buchardt, U.; Fischer, A.; Fell, H.-J.; Marquardt, A.: Bericht des Ausschusses für Bildung, Forschung und Technikfolgenabschätzung (19. Ausschuss) gemäß § 56a der Geschäftsordnung. Technikfolgenabschätzung. hier: TA-Projekt "Brennstoffzellen-Technologie". Deutscher Bundestag, 2001
[FLOO93]	Flood, L.; Carson, R.: Dealing with complexity. An Introduction into the Theory of System Science. Second Edition. New York: Plenum Press, 1993
[FLOY68]	Floyd, A.: A Methodology for Trend-Forecasting of Figures of Merit. In: Bright, J. (Hrsg.): Technological Forecasting for Industry and Government. Methods and Applications. Englewoods Cliffs: Prentice-Hall, 1968, S. 95-109
[FRAU00]	Frauenfelder, P.; Tschirky, H. (Hrsg.): Strategisches Management von Technologie und Innovation. (Reihe: Technologie, Innovation und Management, Bd. 4). Zürich: Industrielle Organisation, 2000
[FRAU98]	Fraunhofer-Institut für Systemtechnik und Innovationsforschung: Delphi '98 Umfrage. Studie zur globalen Entwicklung von Wissenschaft und Technik. Zusammenfassung der Ergebnisse. Karlsruhe: Symbolog GmbH., 1998
[FUEL05]	Fuelcells.org: Micro Fuel Cells – Operating Info. URL: http://www.fuelcells.org/MicroOperating.pdf [Stand: 12.03.2005]
[GABA83]	Gabano, J.P.: Lithium Battery Systems. An Overview. In: Gabano, J.P. (Hrsg.): Lithium Batteries. 1. Aufl. London: Academic Press, 1983
[GABL02]	Specht, D.; Möhrle, M.: Gabler Lexikon Technologiemanagement. Wiesbaden: Gabler, 2002
[GABL04]	Gabler Wirtschafts Lexikon. 16. Aufl. Wiesbaden: Gabler, 2004
[GAHI05]	Gahide, S.: Application of TRIZ to Technology Forecasting. Case Study: Yarn Spinning Technology. URL: http://www.TRIZ-journal.com [Stand: 13. Februar 2005]

[GAUS00]	Gausemeier, J.; Kespohl, H.: Plattform Kooperatives Produktengineering – Ein Innovatives Transferinstrument. In: Gausemeier, J.; Lück, J. (Hrsg.): Auf dem Weg zu den Produkten von morgen. Paderborn: Universität Paderborn, 2000
[GAUS01]	Gausemeier, J.; Ebbesmeyer, P.; Kallmeyer, F.: Produktinnovation. Strategische Planung und Entwicklung der Produkte von morgen. München: Hanser, 2001
[GAUS04]	Gausemeier, J.; Lindemann, U.; Schuh, G.: Planung der Produkte und Fertigungssysteme für die Märkte von morgen – Ein praktischer Leitfaden für mittelständische Unternehmen des Maschinen- und Anlagenbaus. Frankfurt: VDMA Verlag, 2004
[GAUS96]	Gausemeier, J.; Fink, A.; Schlake, O.: Szenario-Management. Planen und Führen mit Szenarien. 2. Aufl. München: Hanser, 1996
[GAUS97]	Gausemeier, J.; Fink, A.: Neue Wege zur Produktentwicklung. Kurzbericht über die Untersuchung des Berliner Kreises. Karlsruhe: Forschungszentrum Karlsruhe, 1997
[GAYN96]	Gaynor, H.: Handbook of Technology Management. New York: Mc-Graw-Hill, 1996
[GEBE04]	Gebert, M.: Benchmarking-Methodik für Komponenten in Polymerelektrolyt-Brennstoffzellen. Jülich: Forschungszentrum Jülich, 2004
[GEIG03]	Geiger, St.: Brennstoffzellen in Deutschland – Marktanalyse relevanter Aktivitäten. URL: http://www.fuelcelltoday.com [Stand: 18.06.2003]
[GEIP01]	Geipel, H.; Menzen, G.: Förderung der Brennstoffzellentechnik. In: Ledjeff-Hey, K.; Mahlendorf, F.; Roes, J. (Hrsg.): Brennstoffzellen. Entwicklung Technologie Anwendung. 2. Aufl. Heidelberg: C.F.Müller, 2001
[GERA73]	Gerardin, L.: Study of Alternative Future: A Scenario Writing Method. In: Bright, J.; Schoeman, M: A Guide to Practical Technological Forecasting. Englewood Cliffs: Prenticel-Hall, 1973, S. 276-288
[GERH02]	Gerhards, A.: Methodik zur Interaktion von F&E und Marketing in den frühen Phasen des Innovationsprozesses. Diss. RWTH Aachen, 2002
[GERP99]	Gerpott, T.: Strategisches Technologie- und Innovationsmanagement. Eine konzentrierte Einführung. Stuttgart: Schäffer-Poeschel Verlag, 1999
[GIBS05]	Gibson, N.: The Determination of the Technological Maturity of Ultrasonic Welding. http://www.TRIZ-journal.com [Stand: 13. Februar 2005]
[GIMP00]	Gimpel, B.; Herb, R.; Herb, T.: Ideen finden, Produkte entwickeln mit TRIZ. München: Hanser, 2000
[GLIN04]	Glinz, M.: Einführung in die Modellierung. URL: http//www.ifi.unizh.ch/groups/req/ftp/inf_II/kapitel_1.pdf [Stand: 11.05.2004]

[GOME99]	Gomez, P.; Probst, G.: Die Praxis des ganzheitlichen Problemlösens. Vernetzt denken, unternehmerisch handeln, persönlich überzeugen. 3. Aufl. Stuttgart: Haupt, 1999
[GORD73]	Gordon, T.; Raffensperger, M.: The Relevance Tree Method for Planning Basic Research. In: Bright, J.; Schoeman, M: A Guide to Practical Technological Forecasting. Englewood Cliffs: Prenticel-Hall, 1973, S. 126-146
[GRAW03]	Grawatsch, M.: TRIZ-based Technology Intelligence. In: Tagungsband: ETRIA: TRIZ Future 2003. World Conference. Aachen: Fraunhofer IPT, 2003
[GRAW04a]	Grawatsch, M.; Schröder, J.: Straßenkarte für den Unternehmenserfolg. Technology Roadmapping als komplexe Managementaufgabe. In: Brecher, C.; Klocke, F. Pfeifer, T.; Schmitt, R.; Schuh, G.: Tools. Informationen der Aachener Produktionstechniker. Nr. 4. Voerde: Rhiem, 2004, S. 8-9
[GRAW04b]	Grawatsch, M.: TRIZ-based Technology Intelligence. In: Tagungsband: IAMOT Conference. Washington, 2004
[GRAW05]	Grawatsch, M.: TRIZ-based Technology Intelligence. URL: http://www.TRIZ-journal.com [Stand: 13. Februar 2005]
[GRES02]	Greschka, H.; Schauffele, J.; Zimmer, C.: Explorative Technologie-Roadmaps – Eine Methodik zur Erkundung technologischer Entwicklungslinien und Potentiale. In: Möhrle, G.; Isenmann, R.: Technologie-Roadmapping. Zukunftsstrategien für Technologieunternehmen. 1. Aufl. Berlin: Springer, 2002, S. 105 – 128
[GROT05]	Grotelüschen, F.: Die Geschichte und Entwicklung der Akkutechnik. In: Süddeutsche Zeitung. 05.01.2005, Nr. 3, S. 11
[GRUP92]	Grupp, H.: Nutzung von Wissenschafts- und Technikindikatoren bei Identifikation und Bewertung von Innovationsprozessen. In: VDI Technologiezentrum (Hrsg.): Technologiefrühaufklärung. Stuttgart: Schäffer-Poeschel, 1992, S. 43-72
[GUTE83]	Gutenberg, E.: Grundlagen der Betriebswirtschaftslehre, Band 1: Die Produktion, 24. Aufl. Berlin: Springer, 1983
[HABE99]	Haberfellner, R.; Nagel, P.; Becker, M.; Büchel, A.; v. Massow, H.; Daenzer, W. F.; Huber, F. (Hrsg.): System Engineering. 10. Aufl. Zürich: Industrielle Organisation, 1999
[HALA98]	Halaczek, Th.; Radecke, H.: Batterien und Ladekonzepte. 2. Auflage Poing: Franzis, 1998
[HANE94]	Hanewinckel, F.: Entwicklung einer Methode zur Bewertung von Geschäftsprozessen. Düsseldorf: VDI, 1994
[HARH01]	Harhoff, D.; Altmann, G.; Licht, G.; Kurz, S.: Innovationswege im Maschinenbau. Ergebnisse einer Befragung Mittelständischer Unternehmen. München: INNO-tec, 2001

[HARM02]	Harmann, B.-G.: Patente als strategisches Instrument zum Management technologischer Diskontinuitäten. Diss. St. Gallen, 2002
[HEIN01]	Heinzel, A.: Brennstoffzellen im kleinen Leistungsbereich – portable Anwendungen und Batterieersatz. In: Ledjeff-Hey, K.; Mahlendorf, F.; Roes, J. (Hrsg.): Brennstoffzellen. Entwicklung Technologie Anwendung. 2. Aufl. Heidelberg: C.F.Müller, 2001
[HEIS89]	Heist, F.; Fromm, H.: Qualität im Unternehmen: Prinzipien, Methoden, Techniken. München: Hanser, 1989
[HEND01]	Henderson, B. D.: Geht es um Strategie – schlag nach bei Darwin! In: Montgomery, C.; Porter, M. E. (Hrsg.): Strategie. Wien: Wirtschaftsverlag Ueberreuter, 2001
[HERB00]	Herb, R.; Herb, T.; Kohnhauser, V.: TRIZ, der Systematische Weg zur Innovation. Werkzeuge, Praxisbeispiele, Schritt-für-Schritt-Anleitungen. Landsberg/Lech: Moderne Industrie, 2000
[HERB98]	Herb, R.; Terninko, J.; Zusman, A.; Zlotin, B.: TRIZ. Ideen produzieren, Nischen besetzen, Märkte gewinnen. Landsberg/ Lech: moderne industrie, 1998
[HILL97]	Hill, B.: Innovationsquelle Natur. Naturorientierte Innovationsstrategie für Entwickler, Konstrukteure und Designer. Aachen: Shaker, 1997
[HILL98]	Hill, B.: Erfinden mit der Natur. Funktionen und Strukturen biologischer Konstruktionen als Innovationspotentiale für die Technik. Aachen: Shaker, 1998
[HILL99]	Hill, B.: Naturorientierte Lösungsfindung. Entwickeln und Konstruieren nach biologischen Vorbildern. Renningen-Malmsheim: Expert, 1999
[HOEC00]	Höcherl, I.: Das S-Kurven-Konzept im Technologiemanagement. Eine kritische Analyse. Frankfurt am Main: Europäischer Verlag der Wissenschaften, 2000
[HOPF02]	Hopfenbeck, W.: Allgemeine Betriebeswirtschafts- und Managementlehre. Das Unternehmen im Spannungsfeld zwischen ökonomischen, sozialen und ökologischen Interessen. 14. Aufl. München: moderne industrie, 2002
[HYWE05]	Hy Web, L-B-Systemtechnik GmbH: Vor- und Nachteile des Wasserstoffs. URL: http://www.hyweb.de/Wissen/w-i-energiew2.html [Stand: 08.03.2005]
[IBZ05a]	Initiative-Brennstoffzelle: Alte Idee, neue Technik. URL: http://www.initiative-brennstoffzelle.de [Stand: 14.03.2005]
[IBZ05b]	Initiative-Brennstoffzelle: Die Kleinsten werden die Ersten sein. URL: http://www.initiative-brennstoffzelle.de [Stand: 14.03.2005]
[IDEA99]	Ideation Research Group (Hrsg.): TRIZ in Progress. Transactions of the Ideation Research Group. Michigan: Ideation International, Inc., 1999

Anhang

[IFE05]	Institut für Elektronik, ETH Zürich: Die Ideale Batterie. URL: http://www.ife.ee.ethz.ch [Stand: 23.03.2005]
[INNO02]	Innovationswerkstatt: Strategische Produktplanung. Methoden kennenlernen und anwenden. Tagungsband: Nürnberg, 2002
[INNO04]	Innovationsagenda 2006 http://www.wzl.rwth-aachen.de/2006 [Stand: 19.12.04]
[INVE98]	Invention Machine (Hrsg.): TechOptimizer Professional Edition 3.0 (Softwareprodukt). Boston, Massachussetts, 1998
[JOLL04]	Jollie, D.: Fuel Cell Market Survey: Portable Applications. Fuel Cell Today. URL: http://www.fuelcelltoday.com [Stand: 01.09.2004]
[JONE78]	Jones, H.; Twiss, B.: Forecasting Technology for Planning decisions. Hong Kong: Shanghai Printing Press, 1978
[JUNG04]	Jung, R.: Basisbegriffe und Funktionsprinzip eines Brennstoffzellen-Stromerzeugungssystems. http://www.fuelcells.de/index.php?index=83 [Stand: 09.08.04]
[KAPL96]	Kaplan, S.: An Introduction to TRIZ. The Russian Theory of Inventive Problem Solving. USA: Ideation International, Inc., 1996
[KLEI02]	Klein, B.: TRIZ/TIPS – Methodik des erfinderischen Problemlösens. Wien: Oldenburg, 2002
[KLEV90]	Klevers, T.: Systematik zur Analyse des Informationsflusses und Auswahl eines Netzwerkkonzeptes für den planenden Bereich. Ein Beitrag zur Planung integrierter Informationssysteme. Diss. RWTH-Aachen. 1990
[KLOP99]	Klopp, M.; Hartmann, M. (Hrsg.): Das "Fledermaus-Prinzip". Strategische Früherkennung für Unternehmen. Stuttgart: Logis, 1999
[KOLL94]	Koller, R.: Konstruktionslehre für den Maschinenbau. Grundlagen zur Neu- und Weiterentwicklung technischer Produkte. 3. Aufl. Berlin: Springer, 1994
[KOON88]	Koontz, H., Weihrich, H.: Management. New York: MacGraw-Hill, 1988
[KRAH99]	Krah, O.: Prozessmodell zur Unterstützung umfassender Veränderungsprozesse. Diss. RWTH-Aachen, 1999
[KRYS93]	Krystek, U.; Müller-Stewens, G.: Frühaufklärung für Unternehmen. Identifikation und Handhabung zukünftiger Chancen und Bedrohungen. Stuttgart: Schäffer-Poeschel, 1993
[KRZE93]	Krzepinski, A.: Ein Beitrag zur methodischen Modellierung betrieblicher Informationsverarbeitungsprozesse. Diss. Univ. Karlsruhe, Aachen: Shaker, 1993
[KURR02]	Kurr, T.: Technologie "Due Diligence". Diss. RWTH Aachen, 2002
[KURZ03]	Kurzweil, P.: Brennstoffzellentechnik. Grundlagen, Komponenten, Systeme, Anwendungen. Wiesbaden: GWV, 2003

[LANG98]	Lang, H.; Tschirky, H. (Hrsg.): Technology Intelligence. Ihre Gestaltung in Abhängigkeit der Wettbewerbssituation. (Reihe: Technologie, Innovation und Management, Bd. 1). Frensdorf: Industrielle Organisation, 1998
[LEHM94]	Lehmann, A.; Brockhoff, K. (Hrsg.): Wissensbasierte Analyse technologischer Diskontinuitäten. (Reihe: Betriebswirtschaftslehre für Technologie und Innovation, Bd.1). Wiesbaden: Deutscher Universitäts Verlag,1994
[LEHN91]	Lehner, F.; et. Al.: Organisationslehre für Wirtschaftsinformatiker. München: Hanser, 1991
[LENK94]	Lenk, E.: Zur Problematik der technischen Bewertung. München: Hanser, 1994
[LENZ68]	Lenz, R.: Forecasts of Exploding Technologies by Trend Extrapolation. In : Bright, J. (Hrsg.): Technological Forecasting for Industry and Government. Methods and Applications. Englewoods Cliffs: Prentice-Hall, 1968, S. 57-76
[LEUV04]	Leuven: Halbleiterfertigung: Physikalische Effekte machen den Chipentwicklern das Leben schwer. Schwelle zur Nanoelektronik wird zum Stolperstein. In: VDI nachrichten: 15. Oktober 2004; Nr. 42; S. 11
[LICH02]	Lichtenthaler, E.: Organisation der Technology Intelligence. Eine empirische Untersuchung der Technologiefrühaufklärung in technologieintensiven Großunternehmen. In: Tschirky, H. (Hrsg.): Technology, Innovation and Management. Bd. 5, Zürich: Industrielle Organisation, 2002
[LIND05]	Lindemann, U.: Methodische Entwicklung technischer Produkte. Methoden flexibel und situationsgerecht anwenden. Berlin: Springer, 2005
[LIND93]	Linde, H.; Hill, B.: Erfolgreich erfinden. Widerspruchsorientierte Innovationsstrategie für Entwickler und Konstrukteure. Darmstadt: Hoppenstedt, 1993
[LITT81]	Little, A. (Hrsg.): The Strategic Management of Technology. Davos: European Management Forum, 1981
[LITT94]	Arthur D. Little (Hrsg.): Management erfolgreicher Produkte. Wiesbaden: Gabler, 1994
[LITT94]	Little, A.: Management erfolgreicher Produkte. Wiesbaden: Gabler, 1994
[LITT97]	Little, A.: Management von Innovation und Wachstum. Wiesbaden: Gabler, 1997
[LIVO03]	Livotov, P.: Differentiating the role of TRIZ in sustainable and disruptive innovation process. In: Tagungsband: ETRIA: TRIZ Future 2003. World Conference. Aachen: Fraunhofer IPT, 2003
[LOEW99]	Loew, H.-C.: Frühwarnung, Früherkennung, Frühaufklärung – Entwicklungsgeschichte und theoretische Grundlagen. In: Donnersmarck v. Henkel, M.; Schatz, R. (Hrsg.): Frühwarnsysteme. Bonn: InnoVatio, 1999, 69-82
[MANN02]	Mann, D.: Hands-on. Systematic Innovation. Belgium: Creax, 2002

[MANN03]	Mann, D.; Dewulf, S.; Zlotin, B.; Zusman, A.: Matrix 2003. Updating the TRIZ Contradiction Matrix. Ieper: Creax, 2003
[MANN05]	Mann, D.: Using S-Curves and Trends of Evolution in R&D Strategy Planning. http://www.TRIZ-journal.com [Stand: 13. Februar 2005]
[MARC87]	Marca, D. A.; McGowan, C. L.: SADT-Structured Analysis and Design Technique. New York: Mc-Graw-Hill, 1987
[MART73]	Martino, J.: Trend Extrapolation. In: Bright, J.; Schoeman, M: A Guide to Practical Technological Forecasting. Englewood Cliffs: Prenticel-Hall, 1973, S. 106-125
[MERT94]	Mertins, K.; Süssenguth, W.; Jochem, R.: Modellierungsmethoden für rechnerintegrierte Produktionsprozesse: Unternehmensmodellierung, Softwareentwurf, Schnittstellendefinition, Simulation. München: Hanser, 1994
[MEXE78]	Mexer Lexikon. Mannheim: Bibliographisches Institut, 1978
[MICR04]	MicroPatent: Aureka Online Service 2.5. Softwareentwicklung. East Haven (USA), 2004
[MILL91]	Millett, S.; Honton, E.: A Manager's Guide To Technology and Forecasting and Strategy Analysis Methods. USA: Battelle Press, 1991
[MINT04]	Mintzberg, H.: Der Managementberuf: Dichtung und Wahrheit. In Harvard Business manager. Oktober 2004, S. 72-91
[MOEH02]	Möhrle, G.: TRIZ-basiertes Technologie-Roadmapping. In: Möhrle, G.; Isenmann, R.: Technologie-Roadmapping. Zukunftsstrategien für Technologieunternehmen. 1. Aufl. Berlin: Springer, 2002, S. 129 – 148
[MUEL01]	Müller-Stewens, G.; Lechner, C.: Strategisches Management. Wie strategische Initiativen zum Wandel führen. Stuttgart: Schäffer-Poeschel, 2001
[MUEL91]	Müller, G.: Entwicklung einer Systematik zur Analyse und Optimierung des EDV-Einsatzes im planenden Bereich. Diss. RWTH-Aachen, 1991
[MUEL92]	Müller, S.: Entwicklung einer Methode zur prozessorientierten Reorganisation der technischen Auftragsabwicklung komplexer Produkte. Diss. RWTH-Aachen, 1992
[NEFI01]	Nefiodow, L. A.: Der sechste Kondratieff. Wege zur Produktivität und Vollbeschäftigung im Zeitalter der Information. 5. Aufl. Bonn: Rhein-Sieg, 2001
[NITZ98]	Nitzsch, von R.: Entscheidungslehre. Der Weg zur besseren Entscheidung. Aachen: Wissenschaftsverlag Mainz, 1998
[OEST05]	Oesterreich, Bernd: Objektorientierte Softwareentwicklung. Analyse und Design mit der Unified Modeling Language. 7. Aufl. München: Oldenbourg, 2005
[ORLO02]	Orloff, M.: Grundlagen der klassischen TRIZ. Ein praktisches Lehrbuch des erfinderischen Denkens für Ingenieure. Berlin: Springer, 2002

[OSSI05] Ossimitz, G.: Zwei Zugänge zum logistischen Wachstum. URL: http://www.uni-klu.ac.at/~gossimit/pap/logwachs.pdf [Stand. 2. Mai 2005]

[PAHL97] Pahl, G.; Beitz, W.: Konstruktionslehre. Methoden und Anwendung. 4. Aufl. Berlin: Springer, 1997

[PANN01] Pannenbäcker, T.: Methodisches Erfinden in Unternehmen. Bedarf, Konzept, Perspektiven für TRIZ-basierte Erfolge. 1. Aufl. Wiesbaden: Gabler, 2001

[PARK83] Parker, G.; Segura, E.: How to Get a Better Forecast. In: Dickson, D. (Hrsg.): Using Logical Techniques for Making better Decisions. New York: John Willey, 1983, S. 435-452

[PATZ82] Patzak, G.: Systemtechnik – Planung komplexer innovativer Systeme: Grundlagen, Methoden, Techniken. Berlin: Springer, 1982

[PEIF92a] Peiffer, S.; Barth, K.; Elschen, R.; Kaluza,B.; Müller-Stewens, G.; Rolfes, B.; Wohlgemuth, M. (Hrsg.): Technologie-Frühaufklärung. Identifikation und Bewertung zukünftiger Technologien in der strategischen Unternehmensplanung. (Reihe: Duisburger betriebswirtschaftliche Schriften, Bd. 3). Hamburg: S + W Steuer- und Wirtschaftsverlag, 1992

[PEIF92b] Peiffer, S.; VDI-Technologiezentrum (Hrsg.): Technologiefrühaufklärung. Identifikation und Bewertung von Ansätzen zukünftiger Technologien. Stuttgart: Schäffer-Poeschel, 1992

[PELZ99] Pelzer, W.: Methodik zur Identifizierung und Nutzung strategischer Technologiepotentiale. Diss. RWTH Aachen, 1999

[PERI87] Perillieux, R.: Der Zeitfaktor im strategischen Technologiemanagement. Berlin: Erich Schmidt Verlag, 1987

[PETR92] Petroski, H.: The evolution of useful things. How everyday Artefacts – from forks and pins to paper clips and zippers – came to be as they are. New York: Knopf, 1992

[PFEI89] Pfeiffer, W.; Schäffner, G.J.; Schneider, W.; Schneider, H.: Studie zur Anwendung der Portfolio-Methode auf die strategische Analyse und Bewertung von Patent-Informationen. Forschungsbericht Nr. 12. Nürnberg: Universität Erlangen-Nürnberg, 1989

[POPP69] Popper, K. R.: Logik der Forschung. 3. Aufl. Tübingen: Mohr, 1969

[POPP91] Popper, K.R.: Alles Leben ist Problemlösen. In: Popper, K.R.: Alles Leben ist Problemlösen. Über Erkenntnis, Geschichte und Politik. München: Piper, 1996, S. 255-264

[PORT01] Porter, M. E.: Wie die Wettbewerbskräfte die Strategie beeinflussen. In: Montgomery, C.; Porter, M. E. (Hrsg.): Strategie. Wien: Wirtschaftsverlag Ueberreuter, 2001

[PORT04]	Porter, M. E.: Wie die Kräfte des Wettbewerbs Strategien beeinflussen. In: Harvard Business manager: Oktober 2004, S. 49-63
[PORT80]	Porter, M. E.: Competitive Strategy: Techniques for Analyzing Industries and Competitors. The Free Press, a Division of Macmillan: 1980
[PORT85]	Porter, M. E.: Competitive Advantage: Creating and sustaining Superior Performance. The Free Press, a Division of Macmillan: 1985
[PORT91]	Porter, M. E.: Towards a Dynamic Theory of Strategy. In: Strategic Management Journal. Vol. 12, 1991, S. 95-117
[PORT92]	Porter, M. E.: Wettbewerbsstrategie. Methoden zur Analyse von Branchen und Konkurrenten (Competitive Strategy). 9. Aufl. Frankfurt/Main: Campus, 1995
[PORT97]	Porter, M. E.: Wettbewerbsvorteile (Competitive Advantage). Spitzenleistungen erreichen und behaupten. Frankfurt/Main: Campus 1997
[REES04]	Rees, J.: Airbus A380. Etablissement de Saint-Nazaire. In: Wirtschaftswoche. Nr. 20. 2004, S. 82-84
[REIC84]	Reichel, R.: Dialektisch-materialistische Gesetzmäßigkeiten der Technikevolution. Berlin: Urania, 1984
[ROPO73]	Ropohl, G.: Eine Systemtheorie der Technik. Zur Grundlegung der allgemeinen Technologie. München: Hanser, 1973
[ROSS77]	Ross, D. T.: Structured Analysis (SA). A Language for Communicating Ideas. In: IEEE Transactions on Software Engineering, Vol. SE-3, 1977, No. 1, S. 16-34
[SAAT97]	Saatweber, J,: Kundenorientierung durch Quality Function Deployment. Systematisches Entwickeln von Produkten und Dienstleistungen. München: Hanser, 1997
[SALA99]	Salamatov, Y.; Souchkov, V. (Hrsg.): TRIZ: The Right Solution at the Right Time. A Guide To Innovative Problem Solving. Enschede: Insytec B. V., 1999
[SAVI02]	Savioz, P.: Technology Intelligence in Technology-based SMEs – Design and Implementation of a Concept to Identify, Collect, Analyze, Disseminate and Apply Relevant Information from a Company's Technological Environment to Support Business Decision-Making Processes. Diss. Eidgenössische Technische Hochschule, 2002
[SCHA90]	Schaude, G.; Schumacher, D.; Pausewang, V.; Bartz, W. (Hrsg.): Quellen für neue Produkte. Nutzung von firmeninternen Potentialen, Lizenzbörsen, Datenbanken, Technologiemessen. (Reihe: Kontakt und Studium, Bd. 276). Ehningen bei Böblingen: Expert, 1990
[SCHE98a]	Scheer, A.-W.: ARIS – Vom Geschäftsprozess zum Anwendungssystem. 3. Aufl. Berlin: Springer, 1998

[SCHE98b] Scheer, A.-B.: ARIZ – Modellierungsmethoden, Metamodelle, Anwendungen. 3. Aufl. Berlin: Springer, 1998

[SCHL92] Schlicksupp, H.: Innovation, Kreativität und Ideenfindung. 4. Aufl. Würzburg: Vogel, 1992

[SCHM88] Schmoch, U.; Grupp, H.; Mannsbart, W.; Schwitalla, B.: Technikprognosen mit Patentindikatoren. Zur Einschätzung zukünftiger industrieller Entwicklungen bei Industrierobotern, Lasern, Solargeneratoren und immobilisierten Enzymen. Köln: TÜV Rheinland, 1988

[SCHM96] Schmitz, W.: Methodik zur strategischen Planung von Fertigungstechnologien: Ein Beitrag zur Identifizierung und Nutzung von Innovationspotenzialen. Diss. RWTH-Aachen, 1996

[SCHU00] Schuh, G.; Friedli, T.; Kunz, P.: Diskontinuitäten auf dem Weg zur Produktion der Zukunft. In: industrie Management: Technologiemanagement. 2000, Nr. 5, Oktober, S. 23-28

[SCHU01] Schuh, G.: Diskontinuitäten auf dem Weg zur Produktion der Zukunft. In: Fahrni, F.; Schuh, G. (Hrsg.): Technologiemanagement als Treiber nachhaltigen Wachstums. Wachstumspotenziale. Innovation & Logistik. Produktion. Qualität. Aachen: Shaker, 2001 S. 63-78

[SCHU04a] Schuh, G.; Deger, R.; Nonn, C.: Das sind die Kernfähigkeiten der Erfolgreichen. Die Lücke zwischen erfolgreichen und weniger erfolgreichen Unternehmen wächst. Wo liegt das Geheimnis des Erfolgs? In: io new management: 2004, Nr. 12, S. 40-44

[SCHU04b] Schuh, G.; Schröder, J.; Rosier, C.: Auswertung zur Studie „Trends im Technologiemanagement". Aachen: Fraunhofer-Institut für Produktionstechnologie, 2004

[SEID96] Seidel, M.: Zur Steigerung der Marktorientierung der Produktentwicklung – Analyse der Interaktion zwischen F&E und Marketing im Innovationsprozeß. Diss. Universität St. Gallen, 1996

[SEPP96] Sepp, H. M.: Strategische Frühaufklärung: Eine ganzheitliche Konzeption aus ökologieorientierter Perspektive. Wiesbaden: DUV, 1996

[SERV85] Servatius, H.-G.: Methodik des strategischen Technologie-Managements. Grundlage für erfolgreiche Innovationen. Berlin: E. Schmidt, 1985

[SERV92a] Servatius, H.-G.: Sicherung der technologischen Wettbewerbsfähigkeit Europas – Von der Technologie-Frühaufklärung zur visionären Erschließung von Innovationspotentialen. In: VDI Technologiezentrum (Hrsg.): Technologiefrühaufklärung. Stuttgart: Schäffer-Poeschel, 1992, S. 17-42

[SERV92b] Servatius, H.-G.; Pfeiffer, S.: Ganzheitliche und Evolutionäre Technologiebewertung. In: VDI Technologiezentrum (Hrsg.): Technologiefrühaufklärung. Stuttgart: Schäffer-Poeschel, 1992, S. 73-91

[SIMO86]	Simon, D.; Eschenbach, R. (Hrsg.): Schwache Signale. Die Früherkennung von strategischen Diskontinuitäten durch Erfassung von „weak signals". Wien: Service, 1986
[SINZ02]	Sinz, E.: Konstruktion von Informationssystemen, URL: http://www.seda.sowi.uni-bamberg.de/forschung/publikationen/bamberg-beitraege/no53.pdf [Stand 17.02.2002]
[SLOC05]	Slocum, M.: Technology Maturity Using S-curves Descriptors. http://www.TRIZ-journal.com [Stand: 13. Februar 2005]
[SMIT88]	Smith, G. W.; Wang, M.: Modelling CIM Systems. Tl I; Tl. II; In Butterworths, 1 (1988), Nr. 3, S. 169-178
[SPEC05]	Specker, A.: Modellierung von Informationssystemen. Ein methodischer Leitfaden zur Projektabwicklung. 2. Aufl. Zürich: Hochschulverlag, 2005
[SPEC96]	Specht, G.; Beckmann, C.: F&E-Management. Stuttgart: Schäffer-Poeschel, 1996
[SPEK00]	Lexikon der Physik in sechs Bänden. Heidelberg: Spektrum Akademischer Verlag, 2000
[SPUR93]	Spur, G.; Mertins, K.; Jochem, R.: Integrierte Unternehmensmodellierung. Berlin: Beuth, 1993
[SPUR98]	Spur, G.: Technologie und Management. Zum Selbstverständnis der Technikwissenschaften. München: Hauser, 1998
[STAC73]	Stachowiak, H.: Allgemeine Modelltheorie. Wien: Springer, 1973
[STAU01]	Staud, J.: Geschäftsprozessanalyse: Ereignisgesteuerte Prozessketten und objektorientierte Geschäftsprozessmodellierung für betriebswirtschaftliche Standardsoftware. 2. Aufl. Berlin: Springer, 2001
[STEL03]	Stelzner, J.; Palacios, C.; Swaton, T.: TRIZ on Rapid Prototyping – a case study for technology foresight. URL: http://www.triz-journal.com [Stand: 01.07.2003]
[STOL02]	Stolten, D; Wippermann, K.: Grundlagenuntersuchung und neue Entwicklungen von Brennstoffzellen-Membranen. Tagungsband. Jülich: Forschungszentrum Jülich, 2002
[STOW79]	Stowasser, J.: Der kleine Stowasser. Lateinisch-Deutsches Schulwörterbuch. München: Freytag, 1979
[SUES91]	Süssenguth, W.: Methoden zur Planung und Einführung rechnerintegrierter Produktionsprozesse. Diss. TU Berlin, 1991
[SUHN90]	Suh, N. P.:The Principles of Design. New York: Oxford University Press, 1990
[SUHN99]	Axiomatic Design. Advances and Applications. Working Paper MIT. New York: Oxford University Press, 1999

[TERN98a]	Terniko, J.; Zusman, A.; Zlotin, B.: Systematic Innovation. An introduction to TRIZ. USA: CRC Press LLC, 1998
[TERN98b]	Terniko, J.; Zusman, A.; Zlotin, B.; Herb, R. (Hrsg.): TRIZ. Der Weg zum konkurrenzlosen Erfolgsprodukt. Ideen produzieren Nischen besetzen Märkte gewinnen. Landsberg/ Lech: Moderne Industrie, 1998
[TEUF98]	Teufelsdorfer, H.; Conrad, A.; Siemens Aktiengesellschaft, Berlin und München (Hrsg.): Kreatives Entwickeln und innovatives Problemlösen mit TRIZ / TIPS. Einführung in die Methodik und ihre Verknüpfung mit QFD. Erlangen: Publics-MCD, 1998
[TILL01]	Tillmetz, W.; Homburg, G.; Dietrich, G.: Polymermembran-Brennstoffzellen-Systeme. In: Ledjeff-Hey, K.; Mahlendorf, F.; Roes, J. (Hrsg.): Brennstoffzellen. Entwicklung Technologie Anwendung. 2. Aufl. Heidelberg: C.F.Müller, 2001, S. 63-69
[TRAE90]	Tränckner, J.-H.: Entwicklung eines prozess- und elementenorientierten Modells zur Analyse und Gestaltung der technischen Auftragsabwicklung von komplexen Produkten. Diss. RWTH-Aachen, 1990
[TRIS02]	TriSolver Group: TriSolver Ideengenerator & Manager. Professional Edition. Softwareentwicklung. Hannover, 2002
[TSCH98a]	Tschirky, H.; Koruna, S. (Hrsg.): Technologie-Management. Idee und Praxis. Zürich: Industrielle Organisation, 1998
[TSCH98b]	Tschirky, H.: Konzepte und Aufgaben des Integrierten Technologiemanagements. In: Tschirky, H.; Koruna, S. (Hrsg.): Technologie-Management. Idee und Praxis. Zürich: Industrielle Organisation, 1998
[TVER86]	Tversky, A.; Kahneman, D.: Judgement under uncertainty: Heuristics and biases. In: Kahneman, D.; Slovic, P.; Tversky, A. (Eds.): Judgement under uncertainty: Heuristics and biases. 7. Aufl. Cambridge: Cambridge University, 1986
[TWIS74]	Twiss, B. C.: Managing technological innovation. London: Longman, 1974
[TWIS92]	Twiss, B. C.: Forecasting for technologists and engineers. A practical guide for better decisions. London: Peter Peregrinus, 1992
[ULRI76a]	Ulrich P.; Hill, W.: Wissenschaftstheoretische Grundlagen der Betriebswirtschaftslehre (Teil I). In: Dichtl, E.; Issing, O. (Hrsg.): WiSt Zeitung für Ausbildung und Hochschulkontakt. 5. Jg., 1976, Nr. 7, S. 304-309
[ULRI76b]	Ulrich P.; Hill, W.: Wissenschaftstheoretische Grundlagen der Betriebswirtschaftslehre (Teil II). In: Dichtl, E.;Issing, O. (Hrsg.): WiSt Zeitung für Ausbildung und Hochschulkontakt. 5. Jg., 1976, Nr. 8, S. 345-350
[ULRI84]	Ulrich, H.; Dyllick, T (Hrsg.); Probst, J. (Hrsg.): Management. Bern: Haupt, 1984

[ULRI88]	Ulrich, A.; Probst, G.: Anleitung zum ganzheitlichen Denken und Handeln: ein Brevier für Führungskräfte Bern: Haupt, 1988
[VDI93]	Richtlinie VDI 2221 (Mai 1993). Methodik zum Entwickeln und Konstruieren technischer Systeme und Produkte. Ausschuß Methodisches Konstruieren
[VDI96]	Richtlinie VDI 2803 (Oktober 1996). Funktionsanalyse Grundlagen und Methode.
[VDI97]	Richtlinie VDI 2222 (Juni 1997). Konstruktionsmethodik. Methodisches Entwickeln von Lösungsprinzipien. Ausschuß Konstruktionsmethodik
[VIJA05]	Vijayakumar, S,: Maturity Mapping of DVD Technology. URL: http://www.TRIZ-journal.com [Stand: 13. Februar 2005]
[WALK03]	Walker, R.: Informationssysteme für das Technologiemanagement. Diss. RWTH-Aachen, 2003
[WATZ78]	Watzlawick, P.: Die erfundene Wirklichkeit. Wie wissen wir, was wir zu wissen glauben? Beiträge zum Konstruktivismus. Pieper, 1978
[WEIN75]	Weinberg, G.: An Introduction to General System Thinking. New York: Dorset House Publishing Company, 1975
[WEIS97]	Weiß, E.; Volz, T.; Wettengl, S.; Pfeiffer, W. (Hrsg.): Funktionalmarkt-Konzept zum strategischen Management prinzipieller technologischer Innovationen. Innovative Unternehmensführung. (Reihe: Planung, Durchführung und Kontrolle von Innovationen, Bd. 28). Göttingen: Vandenhoeck und Ruprecht, 1997
[WENG00]	Kienzle, W.: Früherkennung im Beschaffungsmarketing. In: Koppelmann, U. (Hrsg.): Beiträge zum Beschaffungsmarketing. Bd. 16, Köln: Fördergesellschaft Produkt-Marketing, 2000
[WENG96]	Wengler, M. M.: Methodik für die Qualitätsplanung und –verbesserung in der Keramikindustrie – Ein Beitrag zum Qualitätsmanagement bei der Planung neuer und der Optimierung bestehender Prozesse. Diss. Technische Hochschule Aachen. Düsseldorf: VDI, 1996
[WEST87]	Westkämper, E.: Strategische Investitionsplanung mit Hilfe eines Technologiekalenders. In: Wildemann, H.: Strategische Investitionsplanung: Methoden zur Bewertung neuer Produktionstechnologien. Wiesbaden: Gabler, 1987
[WOEH02]	Wöhe, G.; Döring, U.: Einführung in die allgemeine Betriebswirtschaftslehre. 21. Aufl. München: Vahlen, 2002
[WOLF91]	Wolfrum, U.: Strategisches Technologiemanagement. Wiesbaden: Gabler, 1991
[WOLF93]	Wolfrum, U.: Erfolgspotenziale. Kritische Würdigung eines zentralen Ansatzes der strategischen Unternehmensführung. Stuttgart: Barbara Kirsch, 1993

[WOLF94] Wolfrum, B.: Strategisches Technologiemanagement. 2. Aufl. Wiesbaden: Gabler, 1994

[YOUR93] Yourden, E.: Yourden Systems Method. Prentice Hall, Englewood Cliffs. New Jersey, 1993

[ZAHN92] Zahn, E.; Braun, F.: Identifikation und Bewertung zukünftiger Trends. Erkenntnisstand im Rahmen der strategischen Unternehmensführung. In: VDI Technologiezentrum (Hrsg.): Technologiefrühaufklärung. Stuttgart: Schäffer-Poeschel, 1992, S. 3-16

[ZELE99] Zelewski, S.: Grundlagen der Betriebswirtschaftslehre. In: Corsten, H.; Reiß, M. (Hrsg.): Betriebswirtschaftslehre. 3. Aufl. München: Oldenbourg, 1999

[ZIEG02] Ziegler, L.: Systematische Erschließung von Innovationspotenzialen - Methodik mit Lösungsbeispielen für Kunststoffverarbeitungswerkzeuge. Dissertation an der Universität Stuttgart, 2002

[ZIMM93] Zimmermann, V.: Methodenprobleme des Technology Assessment. Eine methodologische Analyse: Karlsruhe: Kernforschungszentrum, 1993

[ZIMM95] Zimmermann, H.-J.: Neuro und Fuzzy. Technologien – Anwendungen. Düsseldorf: VDI, 1993

[ZLOT01] Zlotin, B.; Zusman, A.; Roza, V. (Hrsg.): Directed Evolution. Philosophy, Theory and Practice. Michigan: Ideation International, Inc., 2001

[ZOBE01] Zobel, D. (Hrsg.): Systematisches Erfinden. Methoden und Beispiele für den Praktiker. Renningen: Expert, 2001

[ZOBE85] Zobel, D. (Hrsg.): Erfinderfibel. Systematisches Erfinden für Praktiker. Berlin: Deutscher Verlag der Wissenschaften, 1985

[ZOBE91] Zobel, D. (Hrsg.): Erfinderpraxis. Ideenvielfalt durch systematisches Erfinden. Berlin: Deutscher Verlag der Wissenschaften, 1991

[ZWEC00] Zweck, A.: Technologiefrüherkennung als Teil integrierten Technologiemanagements. In: Steinmüller, K.; Kreibich, R.; Zöpel, C. (Hrsg.): Zukunftsforschung in Europa. (Reihe: Zukunftsstudien, Bd. 22). 1. Aufl. Baden-Baden: Nomos, 2000, S. 135-143

[ZWEC02] Zweck, A.: Technologiefrüherkennung. Ein Instrument der Innovationsförderung. In: Wissenschaftsmanagement. 2002, Nr. 2, März/ April, S. 25 - 30

[ZWEC99] Zweck, A.: Technologiefrüherkennung. Ein Instrument zwischen Technikfolgenabschätzung und Technologiemanagement. In: Bröchler, S.; Simonis, G.; Sundermann, K. (Hrsg.): Handbuch Technikfolgenabschätzung. (Reihe: Grundlagen der Technikfolgenabschätzung, Bd. 1). Berlin: Edition sigma, 1999, S. 155-164

[ZWIC66] Zwicky, F.: Entdecken, Erfinden, Forschen im Morphologischen Weltbild. München: Droemer Knaur, 1966

F) Knotenverzeichnis und Ablaufstruktur der Methodik

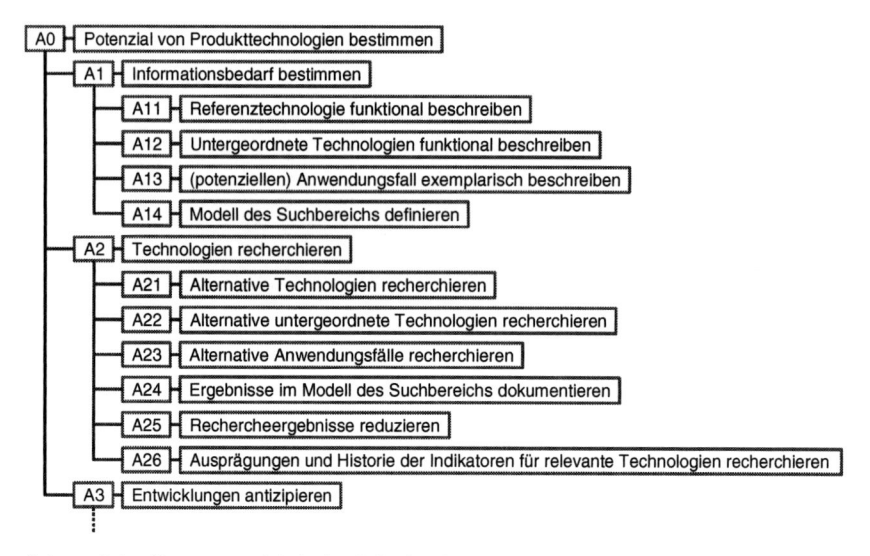

- A0 — Potenzial von Produkttechnologien bestimmen
  - A1 — Informationsbedarf bestimmen
    - A11 — Referenztechnologie funktional beschreiben
    - A12 — Untergeordnete Technologien funktional beschreiben
    - A13 — (potenziellen) Anwendungsfall exemplarisch beschreiben
    - A14 — Modell des Suchbereichs definieren
  - A2 — Technologien recherchieren
    - A21 — Alternative Technologien recherchieren
    - A22 — Alternative untergeordnete Technologien recherchieren
    - A23 — Alternative Anwendungsfälle recherchieren
    - A24 — Ergebnisse im Modell des Suchbereichs dokumentieren
    - A25 — Rechercheergebnisse reduzieren
    - A26 — Ausprägungen und Historie der Indikatoren für relevante Technologien recherchieren
  - A3 — Entwicklungen antizipieren

Anhang 6-1: Knotenverzeichnis der Ablaufstruktur I/II

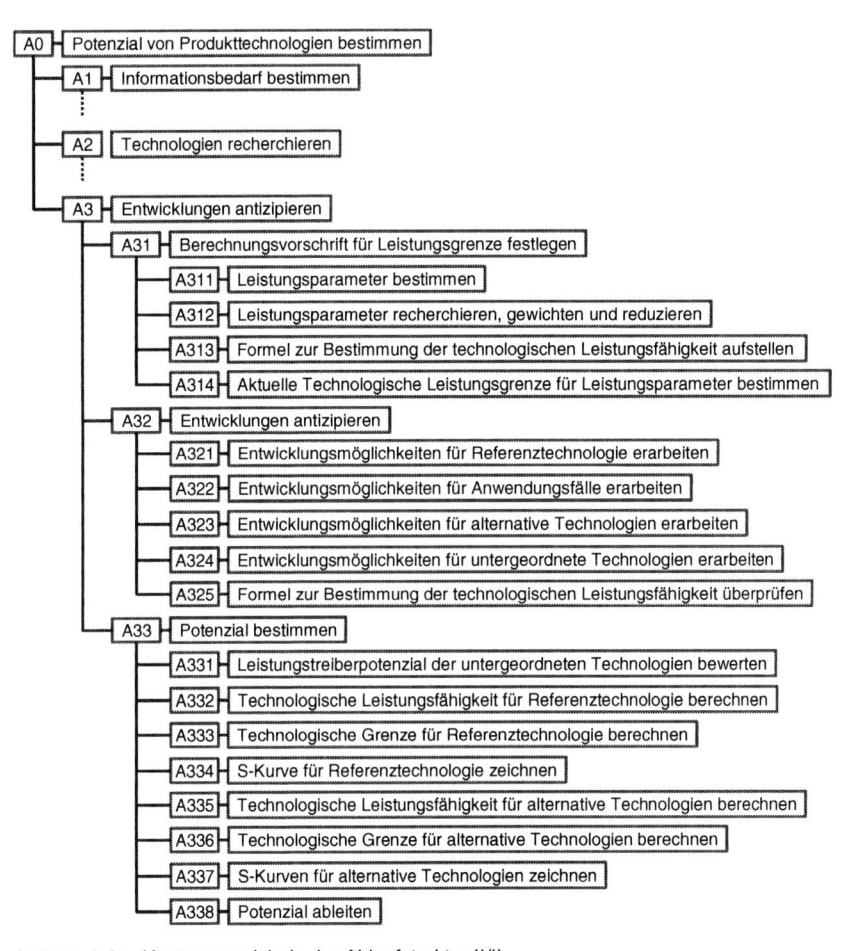

Anhang

- **A0** Potenzial von Produkttechnologien bestimmen
  - **A1** Informationsbedarf bestimmen
  - **A2** Technologien recherchieren
  - **A3** Entwicklungen antizipieren
    - **A31** Berechnungsvorschrift für Leistungsgrenze festlegen
      - **A311** Leistungsparameter bestimmen
      - **A312** Leistungsparameter recherchieren, gewichten und reduzieren
      - **A313** Formel zur Bestimmung der technologischen Leistungsfähigkeit aufstellen
      - **A314** Aktuelle Technologische Leistungsgrenze für Leistungsparameter bestimmen
    - **A32** Entwicklungen antizipieren
      - **A321** Entwicklungsmöglichkeiten für Referenztechnologie erarbeiten
      - **A322** Entwicklungsmöglichkeiten für Anwendungsfälle erarbeiten
      - **A323** Entwicklungsmöglichkeiten für alternative Technologien erarbeiten
      - **A324** Entwicklungsmöglichkeiten für untergeordnete Technologien erarbeiten
      - **A325** Formel zur Bestimmung der technologischen Leistungsfähigkeit überprüfen
    - **A33** Potenzial bestimmen
      - **A331** Leistungstreiberpotenzial der untergeordneten Technologien bewerten
      - **A332** Technologische Leistungsfähigkeit für Referenztechnologie berechnen
      - **A333** Technologische Grenze für Referenztechnologie berechnen
      - **A334** S-Kurve für Referenztechnologie zeichnen
      - **A335** Technologische Leistungsfähigkeit für alternative Technologien berechnen
      - **A336** Technologische Grenze für alternative Technologien berechnen
      - **A337** S-Kurven für alternative Technologien zeichnen
      - **A338** Potenzial ableiten

Anhang 6-2: Knotenverzeichnis der Ablaufstruktur II/II

Anhang

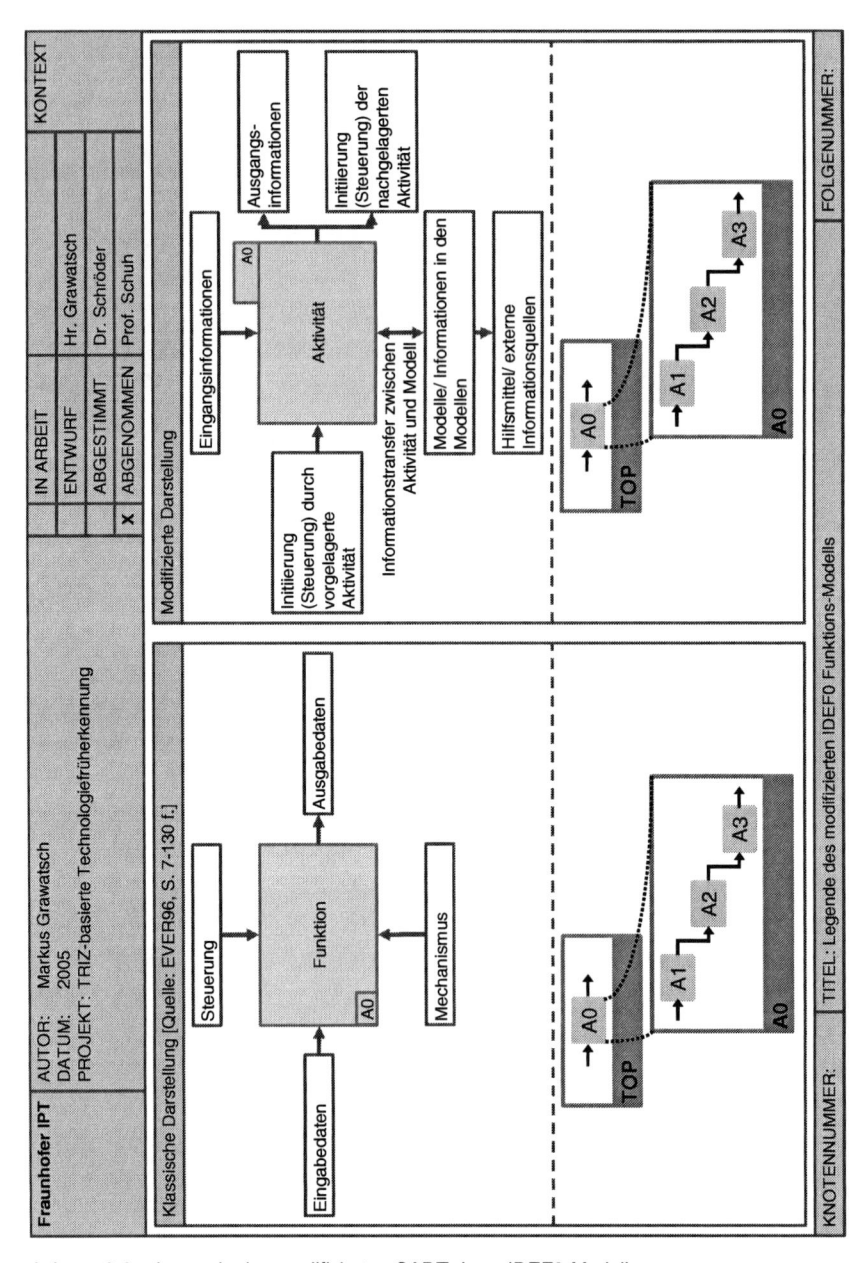

Anhang 6-3: Legende des modifizierten SADT- bzw. IDEF0-Modells

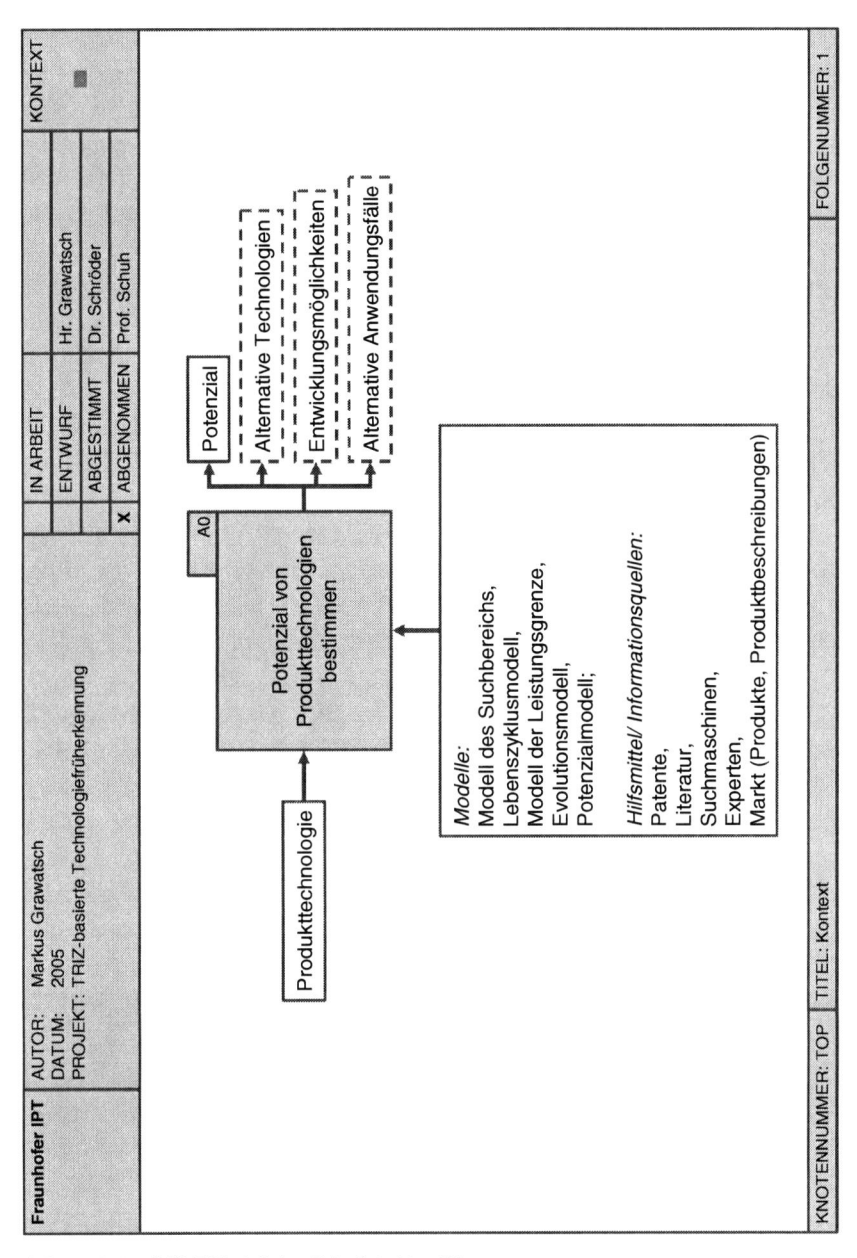

Anhang 6-4: SADT-Modell der Ablaufstruktur I/X

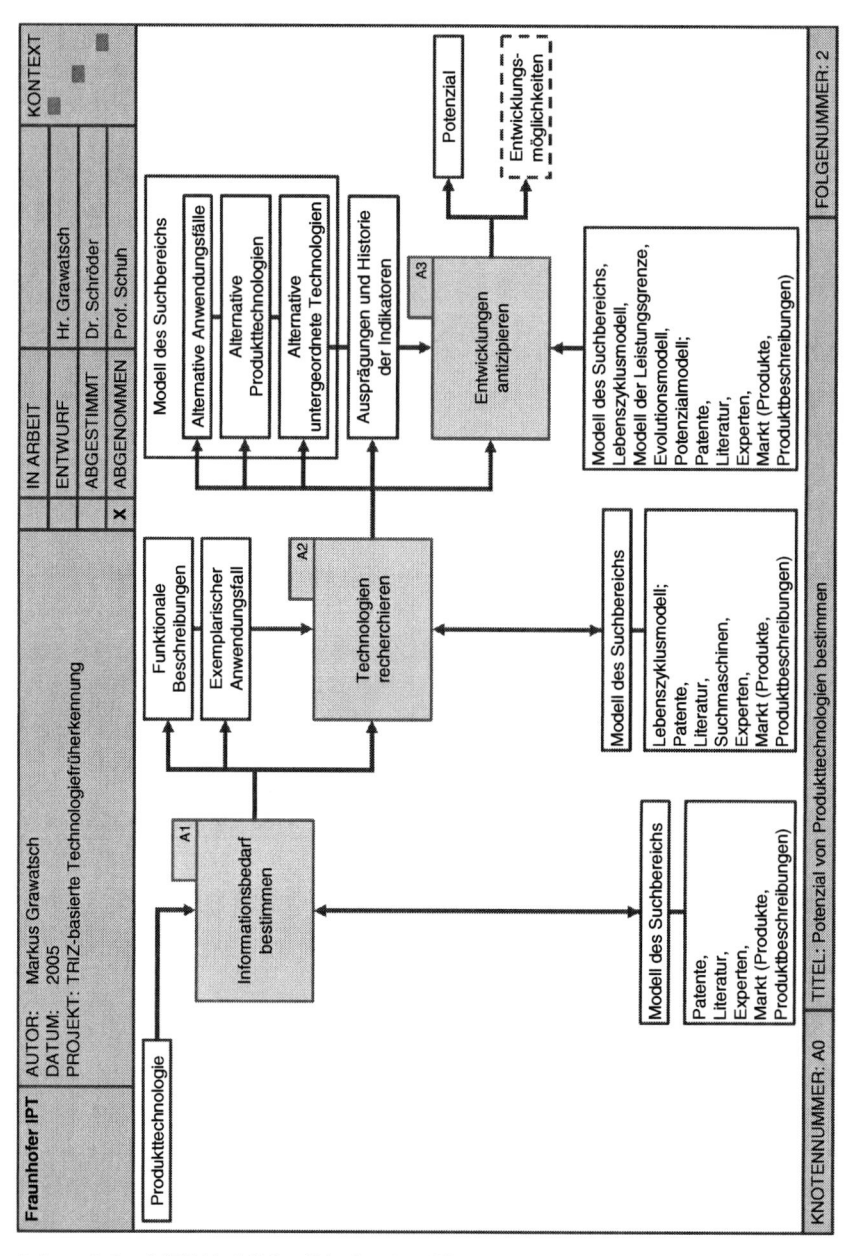

Anhang

Anhang 6-5 SADT-Modell der Ablaufstruktur II/X

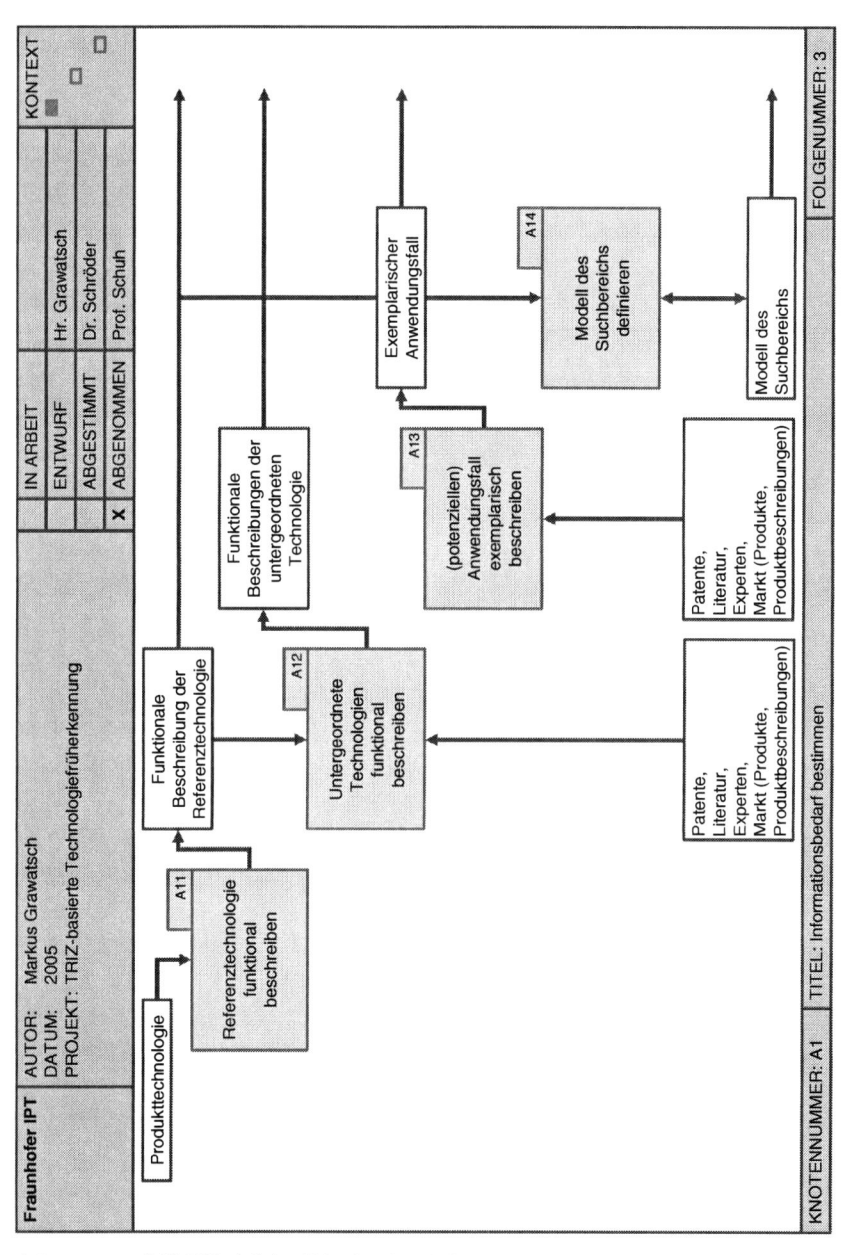

Anhang 6-6: SADT-Modell der Ablaufstruktur III/X

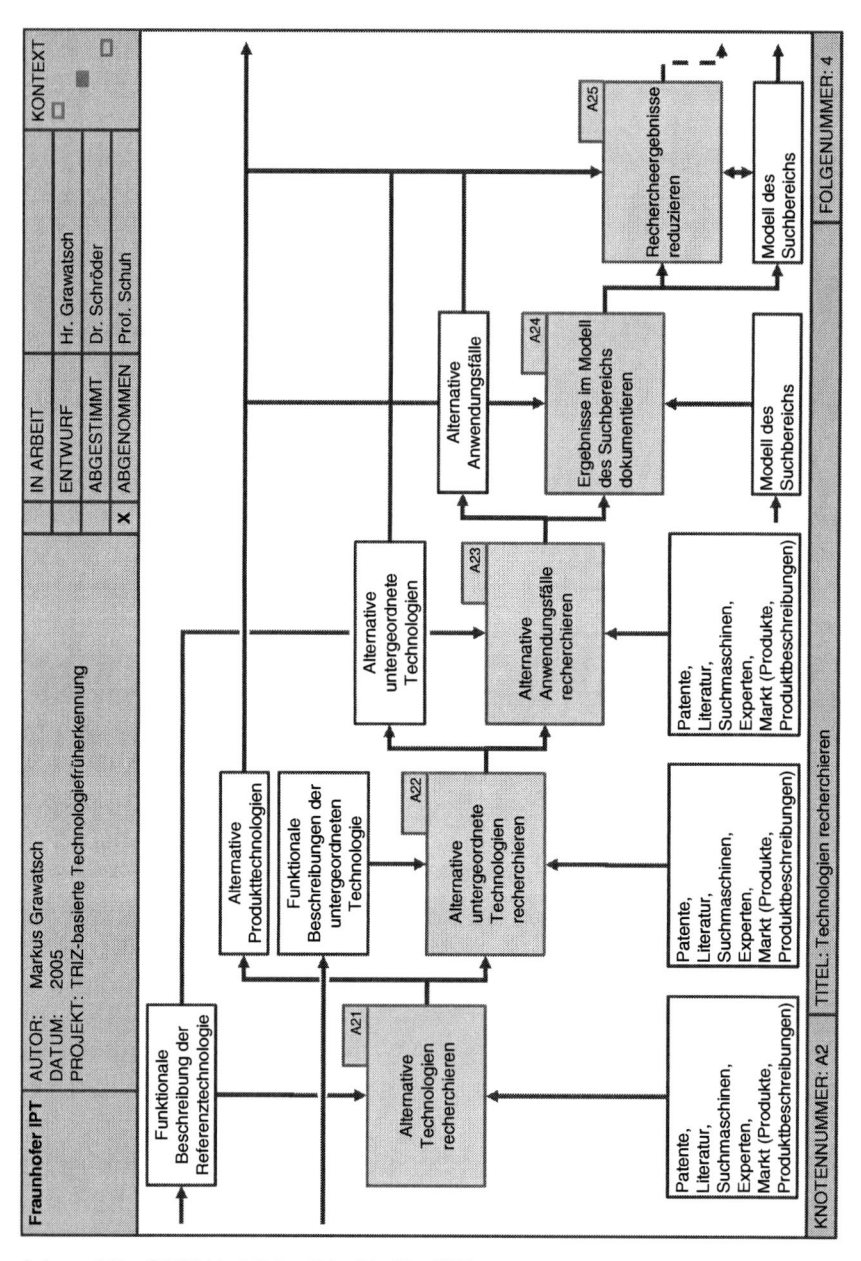

Anhang

Anhang 6-7: SADT-Modell der Ablaufstruktur IV/X

Seite 162

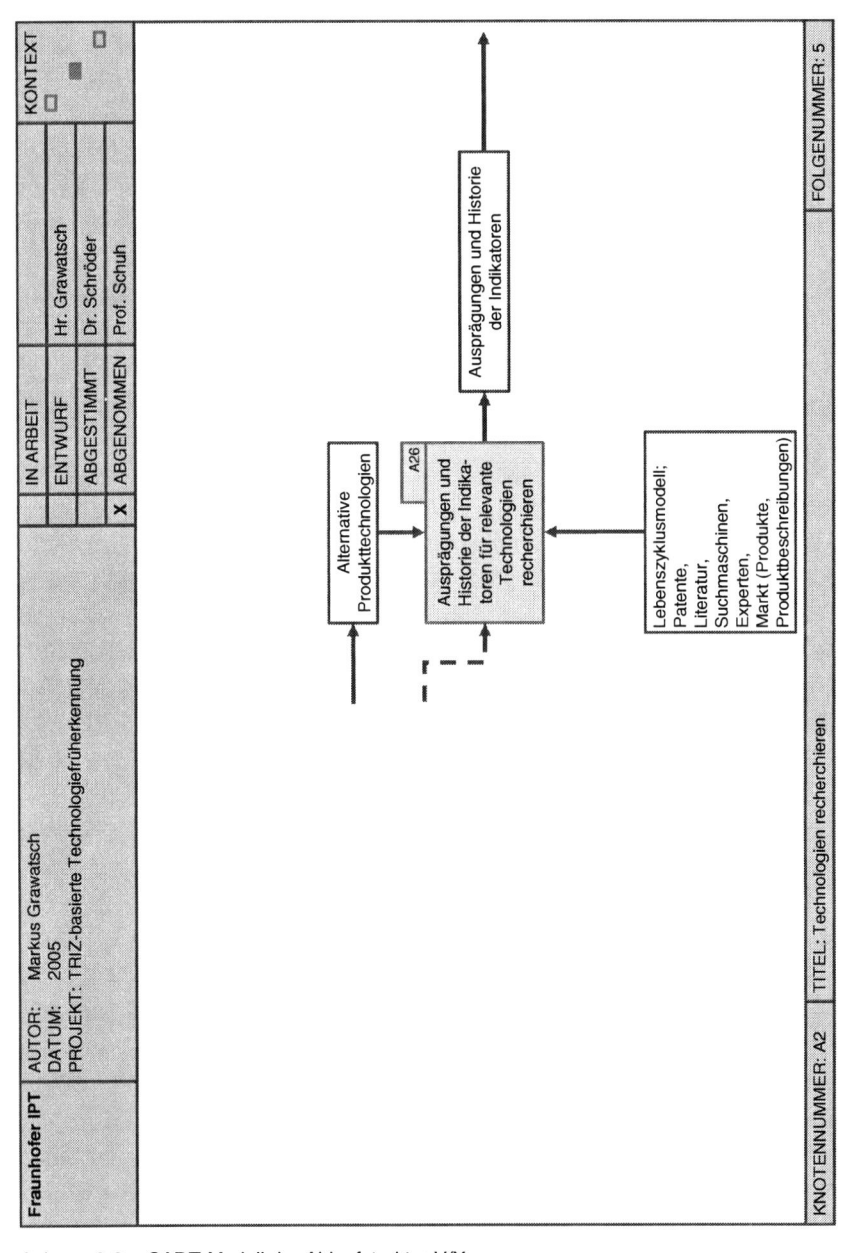

Anhang 6-8: SADT-Modell der Ablaufstruktur V/X

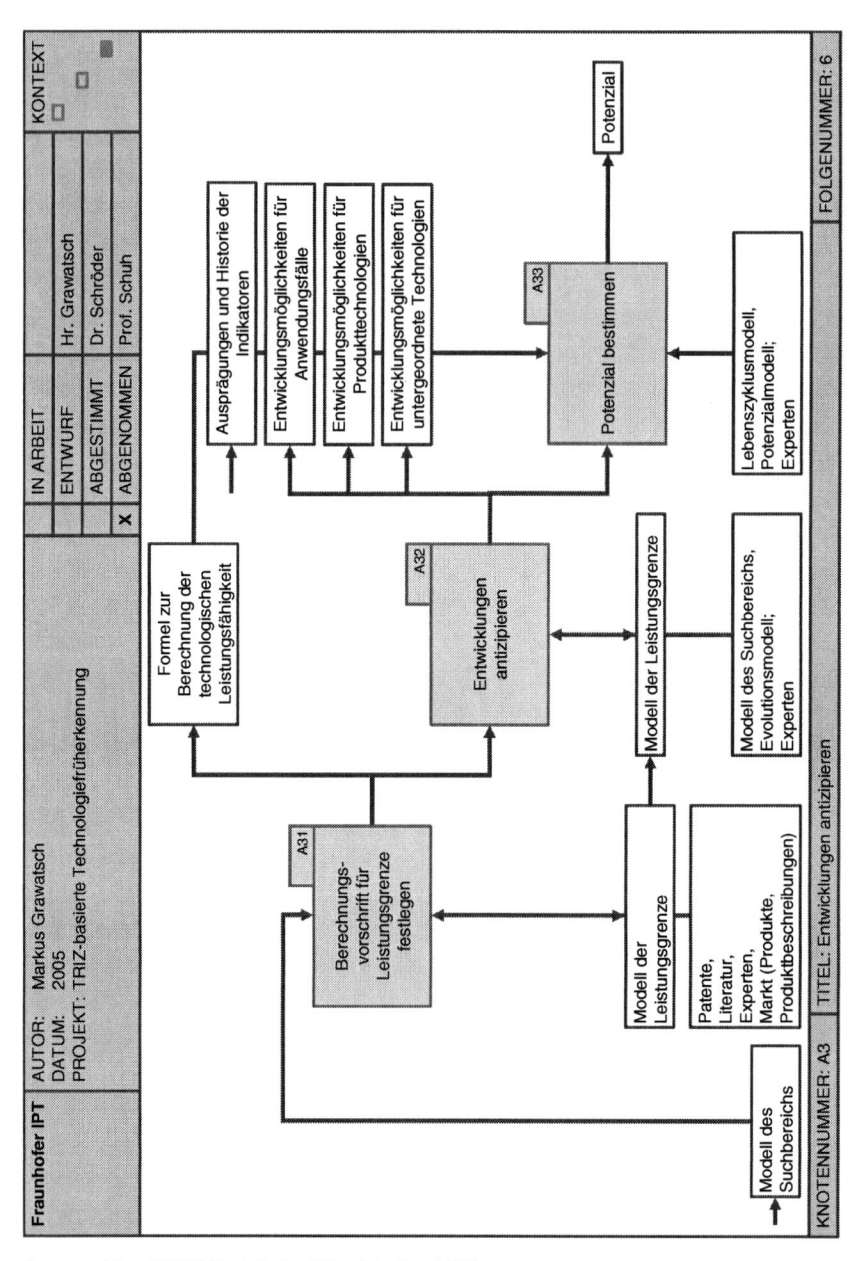

Anhang 6-9: SADT-Modell der Ablaufstruktur VI/X

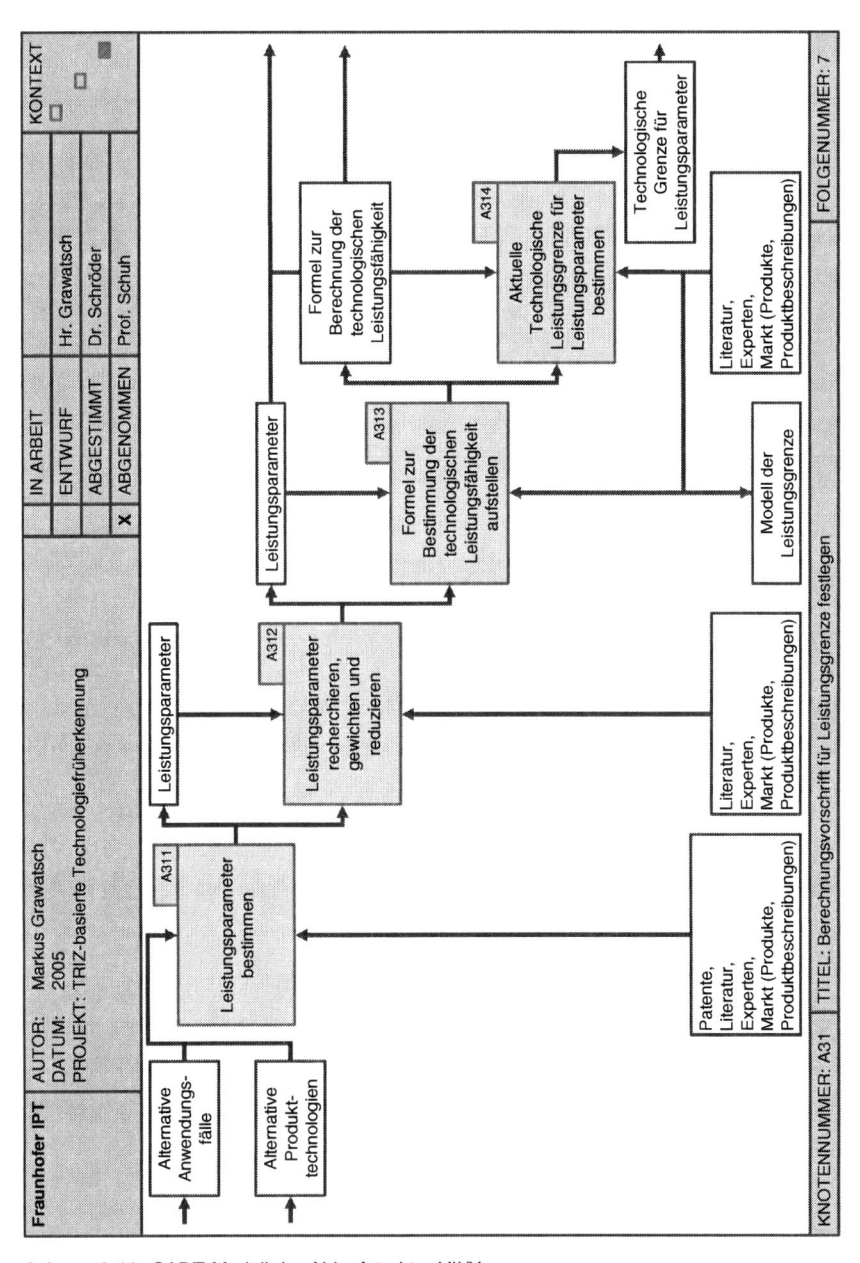

Anhang 6-10: SADT-Modell der Ablaufstruktur VII/X

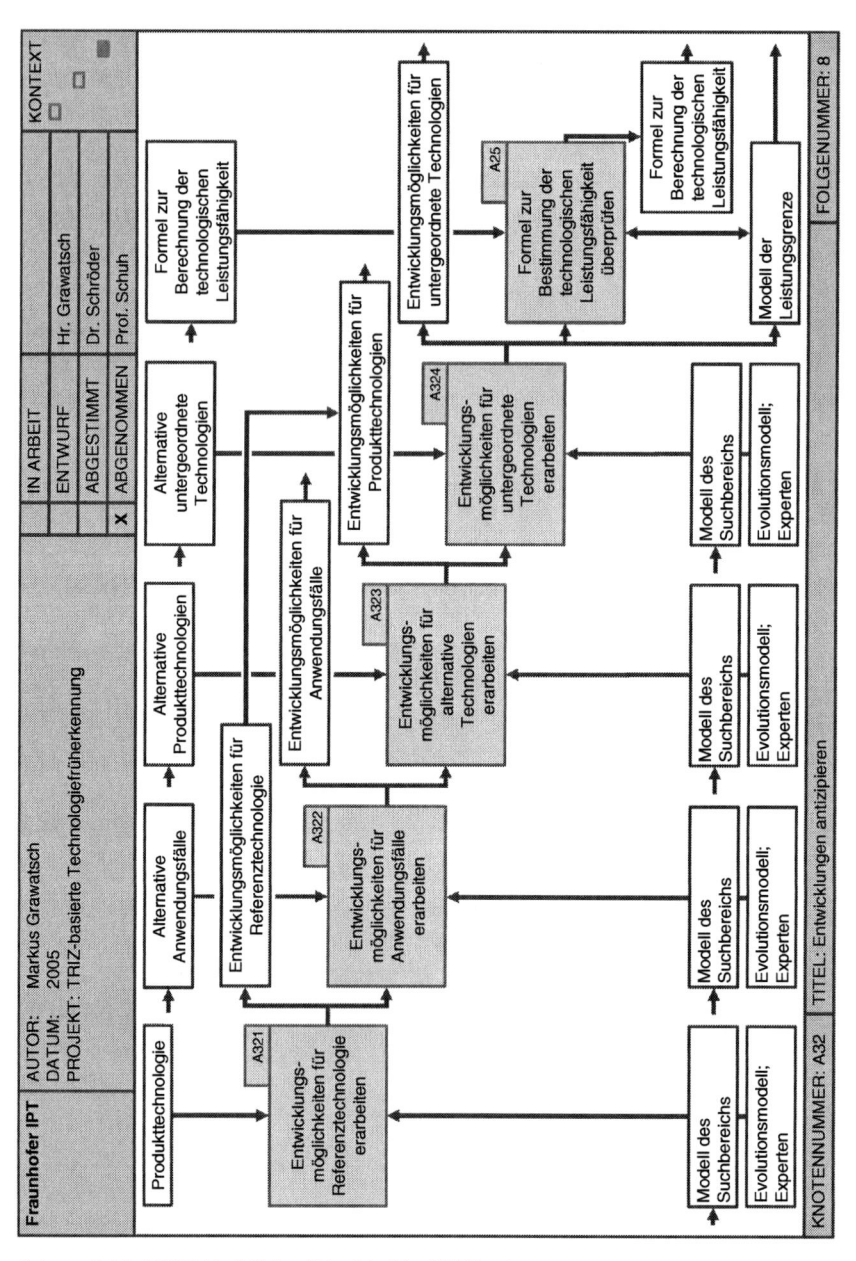

Anhang

Anhang 6-11: SADT-Modell der Ablaufstruktur VIII/X

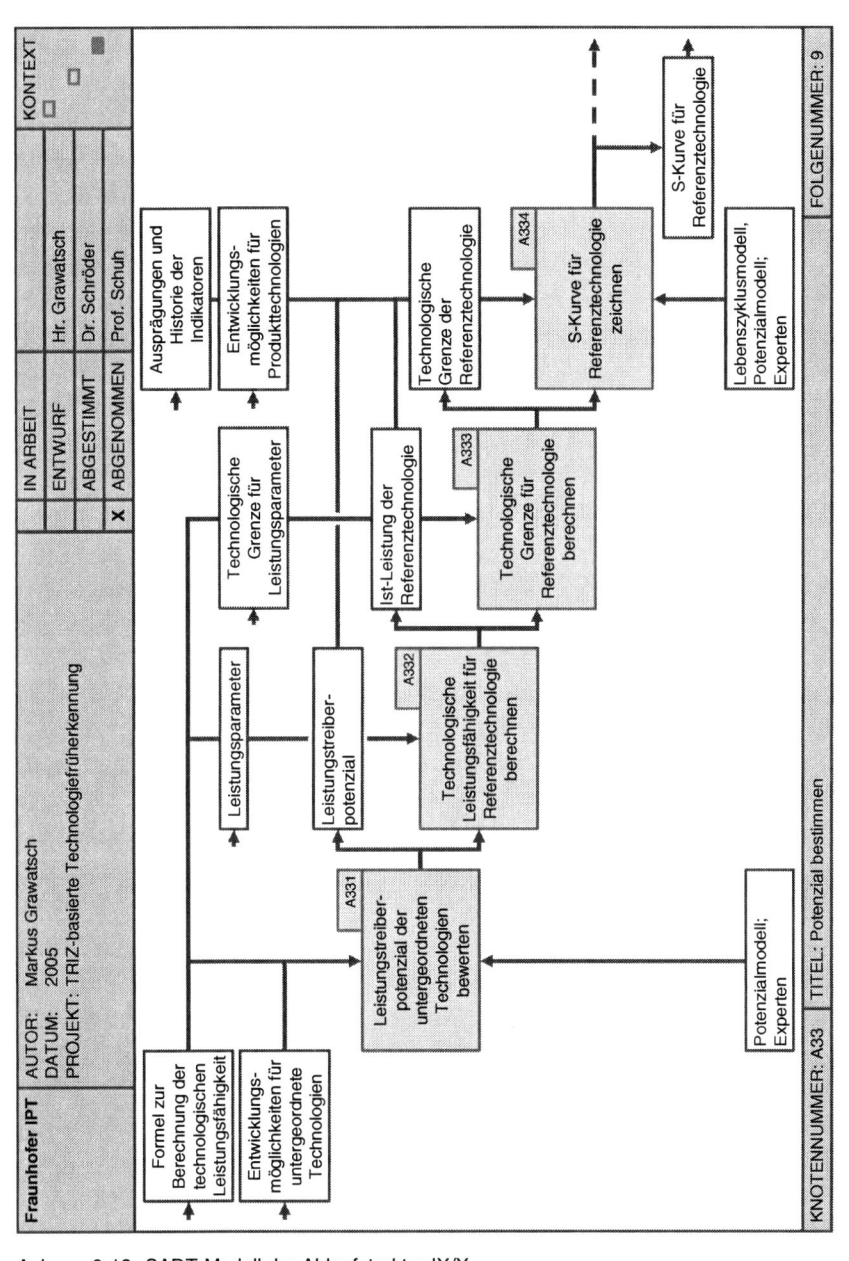

Anhang 6-12: SADT-Modell der Ablaufstruktur IX/X

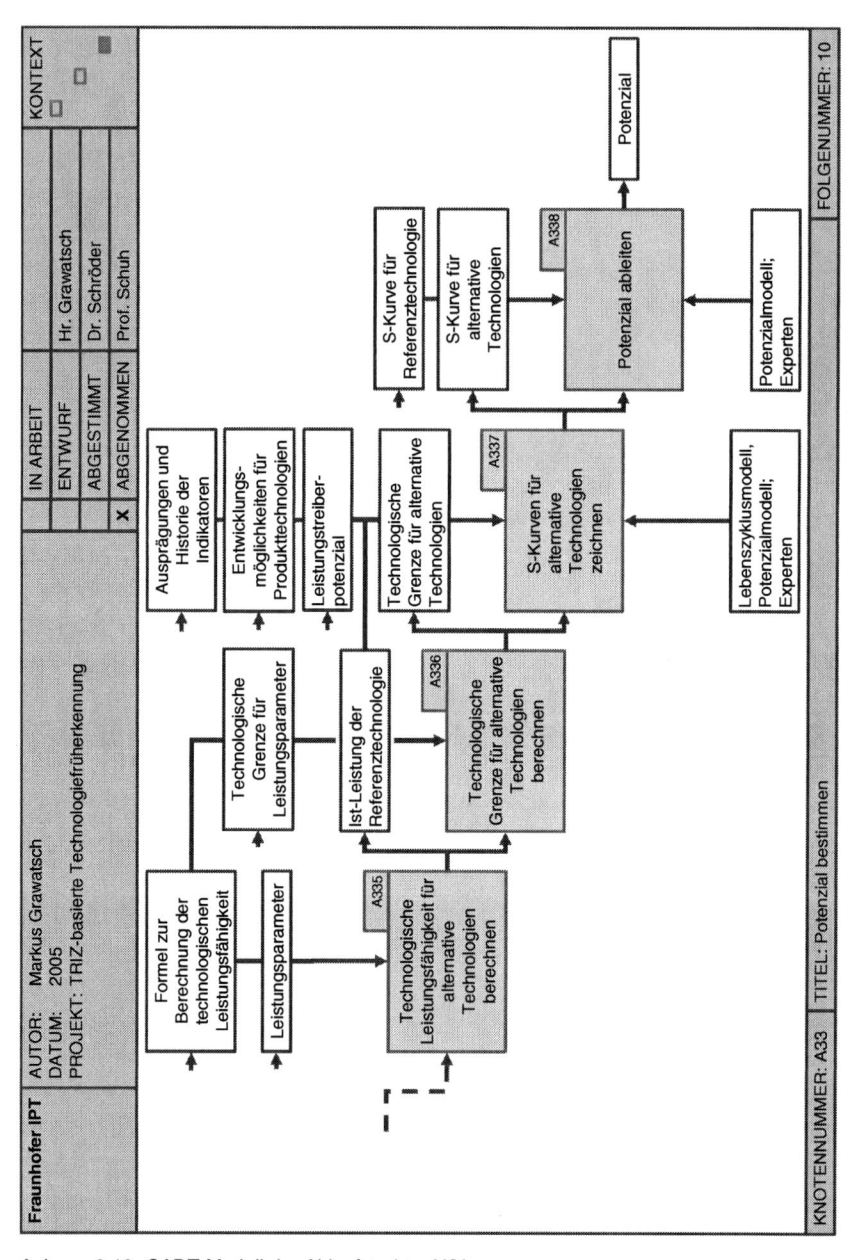

Anhang

Anhang 6-13: SADT-Modell der Ablaufstruktur X/X

Lebenslauf

Persönliche Daten:

Name:	Markus Grawatsch
Geburtsdatum:	09. Oktober 1975
Geburtsort:	Bergisch Gladbach
Familienstand:	ledig
Staatsangehörigkeit:	Österreich

Schulausbildung:

1986 - 1995	Gymnasium Haus Overbach in Jülich
1982 - 1986	GGS Jülich Ost

Hochschulausbildung:

1995 - 2001	Studium der Fachrichtung Maschinenbau mit der Vertiefungsrichtung Konstruktionstechnik an der Rheinisch Westfälische Technischen Hochschule Aachen (RWTH-Aachen)
1999	Studium der Fachrichtung biomedizinische Technik und Konstruktionstechnik an der University of New South Wales (UNSW)

Berufserfahrung:

Seit 2001	Wissenschaftlicher Mitarbeiter im Bereich Innovations- und Technologiemanagement am Fraunhofer-Institut für Produktionstechnologie IPT, Aachen
1997 - 1998 & 2000 - 2001	Studentische Hilfskraft am Fraunhofer-Institut für Produktionstechnologie IPT, Aachen
1995 - 2001	Verschiedene Praktika im In- und Ausland: - Produktentwicklung bei ResMed Ltd. (Sydney) - Gießereipraktikum bei Monforts GmbH (Möchengladbach) - Grundpraktikum bei RWE AG (Ausbildungsstätte Weisweiler)

Aachen, im Oktober 2005

Markus Grawatsch